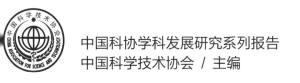

中国科协学科发展研究系列报告
中国科学技术协会 / 主编

REPORT ON ADVANCES IN LANDSCAPE
ARCHITECTURE

2020—2021
风景园林学
学科发展报告

中国风景园林学会 编著

中国科学技术出版社
·北京·

图书在版编目（CIP）数据

2020—2021风景园林学学科发展报告/中国科学技术协会主编；中国风景园林学会编著.--北京：中国科学技术出版社，2022.4

（中国科协学科发展研究系列报告）

ISBN 978-7-5046-9504-8

Ⅰ.①2… Ⅱ.①中…②中… Ⅲ.①园林设计—学科发展—研究报告—中国—2020—2021 Ⅳ.①TU986.2

中国版本图书馆CIP数据核字（2022）第046179号

策　　划	秦德继
责任编辑	韩　颖
封面设计	中科星河
正文设计	中文天地
责任校对	邓雪梅
责任印制	李晓霖

出　　版	中国科学技术出版社
发　　行	中国科学技术出版社有限公司发行部
地　　址	北京市海淀区中关村南大街16号
邮　　编	100081
发行电话	010-62173865
传　　真	010-62173081
网　　址	http://www.cspbooks.com.cn

开　　本	787mm×1092mm　1/16
字　　数	380千字
印　　张	17.75
版　　次	2022年4月第1版
印　　次	2022年4月第1次印刷
印　　刷	河北鑫兆源印刷有限公司
书　　号	ISBN 978-7-5046-9504-8 / TU·123
定　　价	88.00元

2020—2021

风景园林学
学科发展报告

总 顾 问 孟兆祯 陈 重

专题顾问 （按姓氏笔画排序）

王沛永	王泽民	王香春	王磐岩	车生泉
方 岩	左小平	田国行	白伟岚	丛日晨
包志毅	包满珠	成玉宁	朱祥明	刘 晖
刘晓明	刘滨谊	杜春兰	李延明	李炜民
李树华	李 雄	杨 锐	何 昉	张 浪
张启翔	陈 敏	罗言云	金荷仙	周如雯
胡运骅	秦 华	夏颖彪	高 翅	董 丽
韩 锋	韩丽莉	程绪珂		

首席科学家 贾建中 王向荣

编写人员 （按姓氏笔画排序）

干 靓 于 涵 马 琳 马浩然 王 欣

王 珂	王 辉	王 斌	王 鑫	王永格
王向荣	王国玉	王忠杰	王金刚	王笑时
戈晓宇	毛华松	仇兰芬	尹 豪	邓武功
叶 枫	史舒琳	付彦荣	包瑞清	冯义龙
冯娴慧	边思敏	师卫华	吕雄伟	朱 义
朱振通	朱祥明	任斌斌	邬东璠	庄优波
刘文平	刘柿良	刘艳梅	许 浩	孙 铁
孙 楠	孙卫国	孙秀峰	严 巍	杜 洁
李 欣	李 鑫	李云超	李方正	李运远
李梅丹	李婷婷	李路平	李新宇	李嘉乐
杨 阳	杨 恩	杨 晨	杨天晴	杨凌晨
吴 韵	吴丹子	吴毓仪	邱 冰	何 露
余 洋	沈 洁	宋 梁	宋松松	张 琳
张 斌	张 满	张 蔚	张 蕊	张天洁
张宝鑫	张诗阳	张晋石	张清彦	陈 筝
陈本祥	陈香波	陈宪章	陈崇贤	陈路平
陈嫣嫣	范苑苑	范舒欣	茅晓伟	林广思
林辰松	罗雨薇	周如雯	周宏俊	周春光
郑 曦	郑文俊	郑思俊	郑晓笛	赵 鹏
赵文斌	赵纪军	赵宏波	赵艳香	赵彩君
胡 永	胡远东	胡俊琦	钟 乐	段建强
段敏杰	侯晓蕾	姜 斌	姚 睿	贺风春
贺旭生	袁 嘉	袁旸洋	莫 非	贾 茵
贾建中	夏 晖	顾 凯	徐 忠	徐 琴
徐 锦	徐恩凯	高 飞	郭 湧	黄 晓
黄祯强	萧 蕾	康 宁	康晓旭	梁 庄

彭承宜　韩　笑　程　鹏　曾　颖　谢军飞
路　毅　蔡　明　蔺宇晴　薛　飞　戴子云
戴咏梅　魏　方

学术秘书组　刘艳梅　马　琳　吴丹子

序

　　学科是科研机构开展研究活动、教育机构传承知识培养人才、科技工作者开展学术交流等活动的重要基础。学科的创立、成长和发展，是科学知识体系化的象征，是创新型国家建设的重要内容。当前，新一轮科技革命和产业变革突飞猛进，全球科技创新进入密集活跃期，物理、信息、生命、能源、空间等领域原始创新和引领性技术不断突破，科学研究范式发生深刻变革，学科深度交叉融合势不可挡，新的学科分支和学科方向持续涌现。

　　党的十八大以来，党中央作出建设世界一流大学和一流学科的战略部署，推动中国特色、世界一流的大学和优势学科创新发展，全面提高人才自主培养质量。习近平总书记强调，要努力构建中国特色、中国风格、中国气派的学科体系、学术体系、话语体系，为培养更多杰出人才作出贡献。加强学科建设，促进学科创新和可持续发展，是科技社团的基本职责。深入开展学科研究，总结学科发展规律，明晰学科发展方向，对促进学科交叉融合和新兴学科成长，进而提升原始创新能力、推进创新驱动发展具有重要意义。

　　中国科协章程明确把"促进学科发展"作为中国科协的重要任务之一。2006年以来，充分发挥全国学会、学会联合体学术权威性和组织优势，持续开展学科发展研究，聚集高质量学术资源和高水平学科领域专家，编制学科发展报告，总结学科发展成果，研究学科发展规律，预测学科发展趋势，着力促进学科创新发展与交叉融合。截至2019年，累计出版283卷学科发展报告（含综合卷），构建了学科发展研究成果矩阵和具有重要学术价值、史料价值的科技创新成果资料库。这些报告全面系统地反映了近20年来中国的学科建设发展、科技创新重要成果、科研体制机制改革、人才队伍建设等方面的巨大变化和显著成效，成为中国科技创新发展趋势的观察站和风向标。经过16年的持续打造，学科发展研究已经成为中国科协及所属全国学会具有广泛社会影响的学术引领品牌，受到国内外科技界的普遍关注，也受到政府决策部门的高度重视，为社会各界准确了解学科发展态势提供了重要窗口，为科研管理、教学科研、企业研发提供了重要参考，为建设高质量教育体系、培养高层次科技人才、推动高水平科技创新提供了决策依据，为科教兴国、人才强国战略实施做出了积极贡献。

2020年，中国科协组织中国生物化学与分子生物学学会、中国岩石力学与工程学会、中国工程热物理学会、中国电子学会、中国人工智能学会、中国航空学会、中国兵工学会、中国土木工程学会、中国风景园林学会、中华中医药学会、中国生物医学工程学会、中国城市科学研究会等 12 个全国学会，围绕相关学科领域的学科建设等进行了深入研究分析，编纂了 12 部学科发展报告和 1 卷综合报告。这些报告紧盯学科发展国际前沿，发挥首席科学家的战略指导作用和教育、科研、产业各领域专家力量，突出系统性、权威性和引领性，总结和科学评价了相关学科的最新进展、重要成果、创新方法、技术进步等，研究分析了学科的发展现状、动态趋势，并进行国际比较，展望学科发展前景。

在这些报告付梓之际，衷心感谢参与学科发展研究和编纂学科发展报告的所有全国学会以及有关科研、教学单位，感谢所有参与项目研究与编写出版的专家学者。同时，也真诚地希望有更多的科技工作者关注学科发展研究，为中国科协优化学科发展研究方式、不断提升研究质量和推动成果充分利用建言献策。

中国科协党组书记、分管日常工作副主席、书记处第一书记

中国科协学科发展引领工程学术指导委员会主任委员

张玉卓

前言

　　风景园林学是人居环境科学的主导学科之一，以协调人与自然的关系为核心，以营造健康优美的人居环境为目标。中国风景园林学科有着深厚的历史文化底蕴和中国特色的学科体系。2021 年，是"两个一百年"的历史交汇点，是中国风景园林学科创立 70 周年，也是风景园林学一级学科独立设置 10 周年，学科面临总结过去、继往开来的现实任务。继《2009—2010 风景园林学科发展报告》编写以来，在我国生态文明建设背景下，风景园林学承担起保护自然文化资源、建设美丽中国等历史重任，学科内涵更加巩固，外延不断拓展，体系不断完善，研究领域、方向更加丰富，新理论、新成果、新方法和新技术等不断涌现。为更好地落实国民经济和社会发展"十四五"规划，肩负起推动国土空间优化、城市绿色高质量发展、乡村振兴、传承发展历史文化、创造高品质生活的重要使命，进一步推动风景园林学在国家发展中发挥更大的支撑作用，推动科技创新，提升科技水平，在中国科协的组织和支持下，2020 年 9 月，中国风景园林学会组织业内专家学者正式启动《2020—2021 风景园林学学科发展报告》编写工作。

　　《2020—2021 风景园林学学科发展报告》是中国风景园林学会学科建设的重要内容。学会领导对报告的编写高度重视，组成了由孟兆祯院士和陈重理事长担任总顾问，贾建中秘书长、王向荣教授担任首席科学家，30 余位业内专家担任专题顾问，100 余位教授、研究员参与编写的团队。在编写过程中，各位专家投入了大量精力，多次召开专题讨论会议，听取多方意见和建议，反复调整报告框架和内容，在中国科协规定的时间内完成了编写任务。

　　本报告分综合报告、专题报告和附录三部分，综合报告系统总结了近十年中国风景园林学学科的发展现状，梳理了学科知识体系，学科新成果、新理论、新观点、新方法和新技术等，分析比较了国内外学科发展趋势，进一步明确了中国风景园林学学科发展的新方向、新领域、新趋势、新目标、新需求。根据风景园林学学科研究领域的实际发展情况，设置12个专题编制了专题报告。在《2009—2010年风景园林学科发展报告》的基础上，延续了风景园林史学、园林植物、风景园林工程与技术、风景园林经济与管理、风景园林教育5个专题，将城市园林绿化调整为城市园林生态建设、风景名胜区调整为风景名胜与自然保护地，将风景园林规划与设计拆分为风景园林规划和风景园林设计2个专题，增加了城市生物多样性、风景园林与健康生活、风景园林信息化3个专题。

本报告能为广大风景园林及相关学科的科技工作者、行业从业者、学生等提供参考，为行业管理部门制定相关科技政策提供依据。限于研究时间短、水平有限，不当之处，敬请广大读者谅解并指正。

本报告的编写时间短、任务重，编写团队成员群策群力、集思广益，共同克服了新冠肺炎疫情带来的影响，顺利完成编写工作。在此，向所有参与、支持及帮助报告编写的人员表示真诚的感谢。

中国风景园林学会

2021年12月

目录
CONTENTS

ABSTRACTS

Comprehensive Report

Reports on Special Topics

综合报告

风景园林学学科发展研究

一、引言

风景园林学是运用科学和艺术手段研究、规划、设计、管理自然和人文环境的综合性学科。风景园林学以协调人和自然的关系为宗旨，保护和恢复自然环境，营造健康优美的人居环境。

风景园林学是人居环境科学的主导学科之一，与建筑学、城乡规划学共同构成人居环境学科体系的三大支柱。风景园林学是研究处理自然和人文环境构成的地表空间科学，内容包括：保护维护自然属性和自然演变过程，构建人与自然和谐环境的支撑系统，在满足合理利用的前提下降低人对自然系统的负面影响；管理建成环境，恢复自然演替和再野化过程，修复城乡生态，建立弹性的自然生态系统；延续历史与文化，创造健康、美学和艺术的空间环境，为人类提供合理的、高品质的生活境域。

风景园林学的内涵和外延不断发展，研究领域、方向和实践类型不断丰富，但其围绕不断提升和改善人文自然生态系统的定位未变，在资源环境保护和人居环境建设中发挥着独特且不可替代的作用。

2021年是"两个一百年"的历史交汇点，也是风景园林一级学科设立10周年和风景园林专业教育诞生70周年的年份。在国家繁荣富强、社会文明进步的大背景下，科学梳理近十年风景园林学学科的新成果、新理论、新观点、新方法和新技术等，清晰地展示学科的主要领域和重要进展，正确地评价学科作用和地位，将持续加强学科积累、助力风景园林学学科的高质量发展。

党的十八大将生态文明建设纳入中国特色社会主义事业"五位一体"总体布局，指出"建设生态文明，关系人民福祉、关乎民族未来"，提出"建设美丽中国"。此后，我国生态文明体制改革全面深化，各行各业认真践行"绿水青山就是金山银山"理念，坚持人与自然和谐共生的发展方向，坚持创新、协调、绿色、开放、共享的新发展理念，构建新的发展格局。党的十九大报告提出了习近平新时代中国特色社会主义思想，进一步强调生态文明是"中华民族永续发展的千年大计"，指出要"加快生态文明体制改革，建设美丽中国"；同时指出，我国社会主要矛盾已经转化为人民日益增长的美好生活需要和不平衡不充分的发展之间的矛盾。风景园林是生态文明建设的重要力量，肩负着维护国土生态安全、自然文化资源保护、建设美丽中国的历史重任，也承担着推动高质量发展、创造高品质生活的重要使命。

新型城镇化、区域协调发展、乡村振兴、健康中国、数字中国等国家战略和规划纲要、公园城市的全新理念和城市发展范式、以人民为中心的发展思想等成为近十年我国风景园林学蓬勃发展的宏大背景。此外，在气候变化、"一带一路"、地域文化、生物多样性、食品安全、健康和福祉等国际社会合作中，中国的风景园林学也取得了显著进展。

2011 年，风景园林学一级学科正式设立，学科地位的提升对学科发展发挥了重要支撑作用，学科各领域均有长足发展。主要表现在两方面：一方面，传统研究与实践领域的发展持续深入，包括风景园林史学、规划设计、园林植物、风景园林生态、风景名胜区、科学理论与工程技术等；另一方面，出现了基础理论和实践领域的新拓展，在国土景观、区域景观、城市自然系统、公园城市、国家公园与自然保护地、海绵城市、生态修复、生物多样性、社会参与、智慧景观、乡村景观、景观绩效、公共健康等方面均呈现出新的发展成果和发展趋势，促进了学科框架的完善。

风景园林学与社会经济发展的结合更为紧密，积极参与中国宏观政策制定，如国家生态保护红线框架规划、国家公园和自然保护地建设、城市与区域发展规划、生态保护规划与政策制定等。在这一发展过程中，中国风景园林学在诸多研究领域均取得了重要进展，集中体现在多学科交叉融合、专题领域深化探讨、典型地区特色工作、综合评估与应用实践等方面。在京津冀协同发展、长江经济带发展、粤港澳大湾区建设、长三角一体化发展、黄河流域生态保护和高质量发展等国家重大战略中，风景园林加强专题研究，开展理论体系的构建和探索创新，呈现出鲜明的价值理念和特色。

风景园林行业发展全面落实"以人民为中心"的发展思想，对城乡绿色生态空间体系提出更高和更丰富的要求，通过完善、系统的管理和服务让普惠民众的公共产品落实其综合功能。城乡绿色基础设施是生态系统服务功能的载体，风景园林作为其体系建设的重要抓手，支撑从宏观到微观、多层次、多目标的绿色网络结构的形成，从而为城市提供多元的生态系统服务，加快"宜居、绿色、韧性、智慧、人文城市"建设。

习近平总书记强调，"中华优秀传统文化是中华民族的突出优势，是我们最深厚的文化软实力。""园林文化是几千年中华文化的瑰宝，要保护好，同时挖掘它的精神内涵，这里面有我们中华优秀传统文化基因。"风景园林各行业践行文化自信，积极推动中华优秀传统文化创造性转化、创新性发展，向世界阐发中华优秀传统文化、传播中国话语体系，有力体现中华民族的"软实力";深入开展非物质文化遗产保护传承,挖掘和合理利用非物质文化遗产资源,守正创新,加强新型城镇化建设中的非物质文化遗产保护,弘扬其地方知识、美学品格、传承规律、实践方式、社会功能、文化意义等当代价值,增强人民群众的参与感、获得感、认同感。

在《2009—2010风景园林学科发展报告》的基础上撰写《2020—2021风景园林学学科发展报告》是近年来学科发展研究进展与成果的集中体现。2010年出版的《2009—2010风景园林学科发展报告》分风景园林史学、风景园林规划与设计、城市园林绿化、风景名胜区、园林植物、风景园林工程与技术、风景园林经济与管理、风景园林教育8个专题,对风景园林学学科发展进行了梳理,较好地涵盖了学科的理论和实践进展状况。2011年前后,结合一级学科的申请,一些专家将风景园林学归结为6个二级学科方向,分别为风景园林学历史与理论、园林与景观设计、生态修复与地景规划、风景园林遗产保护、风景园林植物应用、风景园林技术科学。

基于延续以往学科发展研究框架体系,并体现学科发展热点和最新领域两方面考虑,在专题报告部分设立13个专题,以对学科近年发展情况进行梳理。其中,风景园林史学研究、城市园林绿化研究、风景名胜区研究、园林植物研究、风景园林工程与技术研究、风景园林经济与管理研究、风景园林教育研究几个专题进行延续研究,并对部分专题名称进行了修订;将风景园林规划与设计研究专题进行拆分,调整为风景园林规划和风景园林设计2个专题;并根据相关领域的进展情况,将城市园林绿化调整为园林绿地生态建设,将风景名胜区调整为风景名胜与自然保护地,增加城市生物多样性、风景园林与健康生活、风景园林信息化3个专题。

二、近年来的最新研究进展

近十年,风景园林学学科地位不断提升,对学科发展发挥了重要支撑作用。风景园林学立足中国风景园林传统优势,面向国家重大战略需求,协同城市规划、建筑、生态、工程、环境等多学科,在风景园林历史与理论研究、风景园林规划与设计、风景园林生态研究、风景名胜区与自然保护地、园林植物、风景园林科学与技术、风景园林教育等方向均有长足发展,持续构建和谐宜居和生态平衡的可持续人居环境。

(一)风景园林历史与理论研究

中国风景园林的历史是中国人为了生产和生活需求对土地施加影响和改造的历史。这种对土地的梳理、改造与管理构筑了中国国土地表的景观系统,而这一系统的形成、发展和演变以及背后蕴含的思想就是中国风景园林史研究的主要内容。在这一背景下,中国风景园林历史的研究对象面向各个尺度视野下、各地域范围内、各类土地利用状况下国土的地表范畴。

在宏观的视野下，国土、区域及聚落尺度的地表空间景观形态及其包含的自然和人工环境系统是近十年来中国风景园林历史研究的重要范畴。随着这一领域研究内容的逐渐充实、深度与广度的逐步加强，中国风景园林的历史正逐步丰富其内涵、扩展其外延、完善其体系。中国人顺应自然、师法自然、利用和改造自然，在文化上留下思想、在大地上留下印记的历史及其背后蕴含的逻辑线索正逐渐变得清晰可循。中国风景园林历史的一支重要脉络为古代园林史，在过去的十年间，园林史研究在中国园林通史研究、断代史研究、地方史研究、外国风景园林研究和基础理论研究等方面均取得了可喜进展与突破，进一步巩固了中国园林史成果的完整性和体系性。

1. 中国国土景观历史研究

一个国家领土范围内地表景观的综合构成了这个国家的国土景观。中国疆域辽阔，拥有多样的地形、地貌、气候、温湿、动植物等自然条件，不同状况的自然条件叠加又形成了更多样的地域自然环境。几千年来，中国人为适应农业、定居和交通发展的需求，针对不同地区的地理环境和自然特征梳理土地、建造乡村与城市，并实现山水环境的风景化。中国国土上独特的土地整理和土地利用方式造就了人工与自然融合的中国传统国土景观。

中国国土景观历史的研究以中国国土地表形态、演变过程及背后的营建逻辑为对象，审视国土景观变迁过程中的历史事实、发展特点及主要矛盾，挖掘各时期、各区域的主要特征及演变规律，帮助我们从新的视角去认识国土空间，通过汲取古代经验与历史智慧保护国土上遗留下来的古代水利、农业、村落和城市遗产，并寻求与古代经验兼容并蓄的新的山水人居建设方式，甚至为世界人居环境的发展模式提供中国经验。

近十年，中国国土景观历史研究实现了快速而全面的发展，其研究体系逐步完善，研究涉及的领域逐步拓展，研究方法与手段日益丰富，基础研究内容逐渐充实，并呈现学科交叉的发展态势。

随着吴良镛《中国人居史》的面世，人居环境科学体系的构建日臻完善，对于中国人居环境发展历史的研究取得了突出成就。本着文化自觉、发展理论和资鉴当代的基本目标，广大学者以人居科学理论以及整体论、还原论为指导，对国土范围之上的地表空间展开了广泛而扎实的历史事实研究、历史再阐释研究以及历史理论的总结归纳。

部分研究以国土地表环境演进的历史进程为线索展开历史断代、分期研究，挖掘历史发展各个时期的阶段性特征和表现形式，兼顾各个地域文化的发展进程；部分研究以具体国土景观的代表性历史空间类型为线索，结合类型学、实证主义的方法梳理该类空间的演进脉络、营建逻辑并完善相关理论体系，如以古代运河、农田、长城、驿道等要素为对象的国土景观历史研究均取得了卓越成果，使得历史上覆盖中国国土范围的宏观支撑系统网络逐渐完整、明晰。另一些研究关注到蕴藏在国土景观历史空间背后的传统文化内核与思想基因，以传统自然观、审美观与价值观为基础，从社会礼制、空间治理、审美文化等方面展开理论研究，为国土景观历史事实的合理性和可循性提供支撑与铺垫，也为当代中国国土空间规划的历史传承与延续提供了准确而有力的锚点。

2. 区域景观历史研究

区域景观历史研究主要以我国因地理和文化差异形成的区域景观类型及开发历史演变为研究内容。中国广袤的国土空间、多样的自然环境、不同的气候类型、悬殊的降雨差异形成了我国多重的地理区域划分。各区域在历史发展中开发演变进程不一、土地整理方式不同，形成了各个区域景观面貌的特征，这是多元的自然景观和在此基础上不同的人工干预共同作用的结果。近十年，学科在区域景观方面的研究获得很大突破，对我国区域景观的分布和类型进行了梳理和总结，并选择典型类型进行了大量富有成效的历史沿革方面的探索，形成了一批扎实深入的成果。

由于农业是我国国土景观形成和发展的基本动力，其作用力影响范围之广、程度之深为世界罕见，并一直延续到 20 世纪大规模城市化之前。因此，近十年的研究主要聚焦于我国农业为主导的区域景观历史开发，相关的研究成果可以分成类型研究和案例研究。

（1）类型研究。部分研究依据历史学和地理学等学科成果，以区域景观的形态发育为特征，划分出我国区域景观的历史类型（如圩田平原、灌区盆地、梯田丘陵等），梳理各类型的空间演进脉络和土地经营逻辑，从而总结各类型及其亚类的分布和特征等（如以湖荡圩田、基塘圩田、溇港圩田等亚类构筑的圩田类型），由此形成我国区域景观完整翔实的类型系统。

（2）案例研究。部分研究在类型划分基础上选取较有代表性的地区进行案例研究，这是目前区域景观历史最主要开展的工作，如以太湖平原、滨海系列小平原等为代表的圩田平原研究，以川西平原、河套地区等为代表的灌区盆地研究，以东南、西南系列丘陵山地等为代表的梯田丘陵研究等。案例研究以区域演进的历史进程为线索，并与传统社会礼制、空间治理、审美文化等方面相结合，总结出研究案例各个时期的阶段性特征。

区域景观历史研究将视野扩大到历史时期传统土地经营管理的层面，大大拓展了学科历史研究的范围，相关研究是国土景观历史研究在区域尺度方面的落实和细化，加深了对区域景观的类型化和多样化的初步理解，大体摸清了家底，这对于目前如火如荼开展的国土空间生态评估和相关规划提供了扎实基础。

3. 聚落景观历史研究

聚落景观历史研究是在区域景观研究基础上，进一步聚焦各个区域景观下的历史时期聚落单体和聚落系统，借鉴城市历史地理和聚落考古学等相关学科的成果，在历史维度上研究聚落单体和聚落系统与自然景观体系之间的关系。我国区域景观的多元化突出反映在聚落景观的多样化方面，传统城市聚落和乡村聚落具有高度的地域特征，亦是自然和文化共同作用的结果。近十年来，学科在聚落景观历史研究方面进行了较为广泛而深入的研究，成果较为丰硕。

由于我国的聚落景观在快速城镇化之前大体还保留着传统结构，因此，历史研究的下限时间大体限定在20世纪80年代初期，相关研究主要集中在聚落历史布局、聚落历史形态和聚落传统社会结构等方面。

聚落历史布局主要聚焦于城市和乡村聚落在自然景观系统作用下的选址以及在特定区域内的分布，此类研究包括了城市历史景观和乡村历史景观。例如，在里下河平原等特定的地理和水文区域内将众多聚落作为一个整体，探讨运河等水利要素对聚落分布和形态发育的影响。

聚落历史形态主要探讨如水、地形、农业等自然要素与聚落历史形态及其演变之间的关系，此类研究主要集中在城市历史景观方面，如对我国宁波、温州、福州等滨海平原中心城市的系列研究揭示出传统水文干预对城市历史形态的巨大影响，并有望进一步形成聚落历史形态的谱系结构。

聚落传统社会结构将聚落视为具有一定社会网络的结构组织，研究自然景观资源与特定族群组织的关系并加以空间化，此类研究多集中在乡村历史景观方面。例如，传统灌区内根据对水利益和水责任的分配而划分的不同族群，形成分水和轮灌等机制，并由此形成了不同的社区组织。部分团队对我国东南地区乡村历史景观的研究深刻揭示出传统乡村具有的水利社会特征。

聚落景观历史研究从风景园林学学科的角度探讨了自然系统对聚落单体和聚落体系的作用力及其具体表现，有效拓展了学科历史研究的范围，并对目前乡村振兴和城市更新等国家发展战略提供了扎实的学术支持。

4. 园林史研究

近十年，中国园林史研究在通史研究、断代史研究、地方史研究和外国风景园林研究四方面均取得了可喜进展和丰硕成果。

在通史研究方面，数本重要的高等院校教材出版问世，《中国风景园林史》（五卷本）的编写也于2018年启动，该史采用集体修史的模式，将成为资料最为丰富、卷帙最为浩大的一套中国风景园林通史著作。《中国近代园林史》上篇和下篇完成出版，续篇即将完成。汪菊渊先生的《中国园林史纲》书稿等作为经典著作也在整理中。

在断代史研究方面，近现代园林史研究取得长足进展，古代各时期园林史也有丰硕成果。其中，元明清风景园林史研究出现热潮，特别是对历史名园和造园人物的研究是近十年来研究的一大亮点。

在地方风景园林史研究方面，新的成果不断涌现。针对北京、天津、河南、浙江、无锡、扬州、岭南等地园林研究的专著相继出版，针对各地园林风格和单个园林的研究论文更是层出不穷；在传统风景园林理论研究方面，传统园林美学、造园理法、园林文化等的研究热度不减，围绕园林大家及其学术成果的研究成为本时期园林理论研究的一个重要特点。

在外国风景园林研究方面，针对欧美风景园林史的研究仍是重点，亚洲园林的研究吸引了不少学者的注意力，也产生了丰富的成果。

古典园林研究涌现出许多更综合、更宏观的研究内容与研究视角，不是局限于园林内部空间，而是将不同尺度的园林空间、园林围墙内外、园林与城市、园林与人充分建立关联，使得古典园林的价值内核被进一步挖掘、其背后蕴藏的文化基因进一步明确，以古典园林为载体的中国风景园林传统理论体系得到了进一步充实与完善。

中国风景园林学会组织编写的《风景园林名家名师》陆续出版。值得一提的是，由中国科学技术协会立项资助、中国风景园林学会组织编写的《风景园林学学科史研究》成功完成，成为首次针对学科史学的系统性研究成果。《中国大百科全书》第三版风景园林卷主要条目已经编写完成。

5. 风景园林基础理论研究

风景园林基础理论研究主要从概念、价值、方法三个层面展开。对风景园林学科内涵的阐述依然是核心话题，主要集中在风景园林是一种生存空间或文化空间的讨论。外延讨论是一个研究热点，从生产景观到国土空间，风景园林该发挥何种作用深受关注。风景园林价值研究包括功能评判、美学标准和文化意义，特别体现在传统园林经典案例和造园典籍的阐发、跨学科交叉研究等方面。风景园林方法论研究主要集中在设计理法上，随着孟兆祯《园衍》的出版，传统风景园林设计理法构成了基础理论方法论研究的主体。总之，近十年的基础理论研究重在中国风景园林优秀传统文化的挖掘以及与当代社会发展需求的结合，传承创新是中国特色风景园林基础理论发展的主要途径。

（二）风景园林规划与设计

近十年，我国经历了新的城镇化高速发展阶段，为响应生态文明和建设美丽中国等新的政策要求，风景园林规划设计理论研究与实践有了显著扩展和变化，从生态人居规划设计、绿地系统与绿色空间规划设计和乡村规划设计等方面也涌现出生态价值优先、可持续发展、人本关怀、公众参与、循证反馈等新的理论及实践内容，具有较强的引领作用。结合学科发展、规划体系改革和国家"十四五"规划导向，我国的风景园林规划设计具有新的关注重点和成果特征。

1. 美丽中国建设与生态人居规划设计

（1）生态安全支撑体系建设与绿色生态空间保护管控。

在快速城镇化进程中，城镇空间的迅速扩张不可避免地出现以牺牲生态空间和资源环境为代价，城市扩张侵占生态空间，带来生态空间破碎化、生态系统服务能力持续下降、生态环境问题频发等一系列问题。自 2000 年，北京、深圳、上海、武汉等城市先后开展了限建区、山体控制线、生态网络、生态空间管控体系等方面的研究和探索，对限制城市无序蔓延、保护城市敏感生态系统、构建城市可持续发展的生态安全格局进行了有益探索。同时，全国多个城市统筹划定了市域生态控制线格局，并结合城市周边重要绿色生态空间、通风廊道、生态廊道和大型休闲游憩空间构建了中心城区及周边区域的生态网络格局，对城市绿色生态空间进行了全域管控和生态建设引导。通过划定不同绿色生态空间管控区域，实行分级分类管控，坚持生态优先、区域统筹、分级分类、协同共治的原则，并与生态保护红线制度和自然资源管理体制改革要求相衔接。

（2）城乡公园体系与生态基础设施体系。

人民对美好生态环境的需要对城市公园提出了更高的要求，随着社会、经济及城市发展理念的变化和不断发展，当前我国城市公园规划大多考虑分类体系化、网络层级化、定位精准化、文脉场所化等构建策略。其中，成都市按照"可进入、可参与、景区化、景观化"的要求构建全域公园体系，打造公园化场景，提出构建全域覆盖、类型多样、布局均衡、功能丰富、特色彰显、空间渗透、业态融合的全域公园体系，大力营造多元场景，创新服务项目和运营模式，实现生态价值的创造性转化。

2020年，住房和城乡建设部提出新时代绿色发展的"城市生态基础设施体系"的概念，提出建立连续完整的生态基础设施标准和政策体系，完善城市生态系统，保护城市山体自然风貌，修复河湖水系和湿地等水体，加强绿色生态网络建设。城市生态基础设施是由山水林田湖草沙等生命共同体组成的自然系统和生态化的市政基础设施系统组成的综合网络体系，是城市中有生命的基础设施。在城乡绿色基础设施、绿道与绿道网络等绿色空间规划中进一步强调"统筹山水林田湖草系统治理""全方位、全地域、全过程开展生态文明建设"，并且从城市雨洪管理、区域生态服务、健康城镇化、绿地系统构建与生态服务等视角对绿色基础设施和生态基础设施进行了多方位研究。

（3）低影响开发与近自然设计。

从2012年4月"海绵城市"概念被首次提出，到2015年12月中央城市工作会议将海绵城市列为未来城市建设的重点之一，在国家政策的强势推动下，海绵城市与低影响开发相关研究乘势而上。2015年之后，海绵城市建设试点的申报与颁布推动了低影响开发截流、促渗、调蓄技术的推广，相关技术在海绵城市建设中的应用成为研究热点。随着学科交叉的进一步推进，SWMM、SUSTAIN等低影响开发设计、评估工具普遍进入风景园林学者的视野，通过对规划设计方案与水文过程的时空耦合及模拟，评估不同低影响开发设施或组合削减径流及污染的效能，以反馈设计方案，成为新的研究蓝海。同时，针对海绵城市绩效评价体系构建、方法优化、实证测评的研究逐渐涌现并成为新一轮焦点。

近自然设计被逐步广泛地运用于各类绿地与生态治理领域，相关设计方法、技术与实践由河流、坡地整治向公园、植物群落、绿色公共空间设计等方向拓展，呈现出多样化、丰富性、跨尺度的特点。近自然设计倡导在尊重场地原有现状条件和自然环境的基础上，在植物配置上尽量利用地域性植被或乡土物种模拟生态的整体、协同、循环、自生原理，营建出在群落结构和生态功能上与自然状态接近并具有一定游憩功能的绿地，为城市生态系统输入正确信息流、逐步修复和营建可持续的生态群落，从而服务于生境优化调控、保障城市生态系统的健康运转。荒野保护和再野化是目前国际上生态保护修复领域的前沿和热点问题，近自然设计的思想在生境设计与再野化过程中尤其强调打破以往过度人工化设计的误区，包括在特定区域中荒野程度的提升过程；同时强调提升生态系统韧性和维持生物多样性，保护和合理利用城市自然资源的综合价值，并提高设计与人的亲和性。

2. 新型城镇化转型背景下的风景园林设计

（1）多类型城市绿色空间营建。

以国土空间规划格局为基础，城市绿地系统和城市绿色空间专项规划进一步聚焦高质量发展和绿色发展，多类型与多元化的绿色空间营建将提供更均衡、更充分的生态服务。在新型城镇化进程中，风景园林实践不断强化基础设施建设，实施山体绿化、城市景观整治，突出具有特色的园林城市特色，不断提升城市人居环境和公共服务。

在具体的城市绿色空间营建发展中，2013年中央城镇化工作会议中提出的"让城市融入大自然，让居民望得见山、看得见水、记得住乡愁"在全国城镇化建设不断推进的过程中体现了新型城镇化理念。文化传承更多体现在城镇化成果中，除了视觉上的城市面貌，风景园林规划设计逐步注重地域差异、观照人文情怀，努力保留当地独特的传统文化，守住熟悉的自然风貌，从场地的强化与补充、认知回归的触引与传导以及区域更新的重置与再生呵护弥足珍贵的"乡愁"。

近十年来，沿着山水城市设想，立足于学科的本源价值与当代需求，风景园林规划理论吸收了西方生态规划与系统性规划思想，经历了生态园林城市、公园城市规划理论的嬗变，围绕公园体系规划、绿色空间规划、绿道体系规划、绿地更新规划等不同方向，持续探索传统城市营建与风景系统规划思想在新历史阶段的理论创新路径。公园城市理论的提出与建设实践对于破除传统城镇化困境及增强城市的可持续性具有重要意义。受成都公园城市的建设实践和社会影响，目前已有15个省（直辖市）、近40余个城市开展或正在进行公园城市建设实践。

此外，自2015年国务院颁布《水污染防治行动计划》以来，全国大中型城市都加大了河道综合实力的技术研究和资金投入，通过城市河道的综合治理创建了生态城市的蓝色框架，取得了阶段性成果，体现了积极显著的社会效益，各地对水污染防治的理念、技术、项目模式等都发生了新的转变。滨水空间规划设计与碧道建设为市民提供了优质的亲水公共空间。滨水空间是城市发展的重要板块，以此科学构建滨水空间发展体系可真正做到水城共融。

（2）存量规划背景下的风景园林规划设计。

在《国家新型城镇化规划（2014—2020年）》中，由增量规划转向存量规划的城市建设对公共空间提出严控增量、盘活存量的原则，供地和用地政策实行增量供给与存量挖潜相结合。这一阶段的景观风貌研究从传统物质空间改造转向更关注社会综合效应与居民不断变化的真实需求，实践中也更加认识到街区文脉、社区关系在城市人文风貌发展中的重要意义。

在公园更新改造实践中，应对基础设施陈旧、绿地利用率低、林下空间绿量减少的问题，推动公园更新，打造宜居生态环境，以尊重自然为基础，传承与创新地域文化，适应人文环境，并对具体景观元素进行更新。2018 年《北京市老旧公园改造提升导则》就旨在全面提升全市公园的生态效益、社会效益和服务保障能力，丰富公园功能，并提出必须对存在安全隐患、基础设施老化、服务设施不足、园林品质下降的公园进行改造提升。

老旧社区更新是近年城市更新的关注重点，主要通过协调多方需求保证各使用群体的公平、合理使用。社区更新主要以闲置公共空间的微更新为主，是对社区小微尺度建成空间的品质和功能提升，基本投入小，但能实现多样的合作形式。以风景园林为视角的社区微更新致力于以问题为导向，通过设计介入和艺术激活的方式、采用社区营造和多元共治的途径解决小微的需求、实现小微功能的完善，但具有小中见大的特点。渐进式和参与式成为城市微更新的主要方式。在"车本位"向"人本位"发展过程中，步行交通和非机动车交通逐渐成为关注重点，调整机动车空间意味着对城市街道空间的重新解构和定义，促使城市街区改造朝着高品质、人性化、绿色、健康及公平的方向发展。街景重构通过建构慢行系统、突破红线局限、丰富街道形态、满足社区需求和延续文化表述的空间途径对人行道、街道绿化等空间构成要素提出了新要求。

3. 乡村振兴背景下的景观规划设计

（1）乡土文化景观与传统村落风貌保护。乡村景观是在一定的自然环境中，人类为了生存的目的对土地等自然资源加以利用形成的生产和居住的景观。自然、农业、聚落景观构成乡土景观的多重价值，可有效避免全球化趋势下的风景园林设计趋同现象。地域景观作为乡土文化的载体，对建设传统内涵的人类聚居环境具有重要作用。在此基础上发展出的国土景观概念，其多样性及地域景观的独特性拓宽了风景园林设计的视野。

（2）乡村风景规划与景观格局修复。美丽乡村建设与乡村振兴战略的提出，促进了乡村景观规划的进步，推动了乡村风景规划事业的发展。乡村风景规划以自然山水保护、田园风光维育、本土文化传承为基础，以乡村风景建设、乡情文化与休闲旅游融合为重点，带动乡村人居环境的全面改善和乡村产业的可持续发展。相关研究通过研究乡村聚落景观格局演变差异、分布格局形成的驱动因素，形成相关定量参考依据，为乡村景观优化整治提供理论依据。

（3）乡村农业转型与特色旅游。乡村旅游是实现乡村振兴的重要方法和必要手段。面对乡村资源环境破坏严重、乡村基础设施落后等问题，中国乡村旅游产业亟待转型升级，通过旅游市场转型、产品转型、服务转型和管理转型进而推进乡风文明、实现治理有效、促进乡村居民生活富裕。相关研究通过对乡村旅游的指导思想、升级原则、目标体系和实施路径的探索，形成新的特色旅游项目，并更新配套服务设施与基础建设，进一步振兴乡村经济、反哺乡村建设。

4. 关注人民福祉的公共生活空间环境设计

2015 年中央城市工作会议指出要坚持以人民为中心的发展思想，坚持人民城市为人民。当前，风景园林研究重点围绕"以人民为中心"开展，在大量实践中注重人性化设计、大数据量化分析，关注各类人群的需求和可实施性。人本视角的风景园林规划设计更关注弱势群体，在我国老龄化日益严重与代际关系变革的背景下，当前的适老化设计与儿童友好型设计以及社区代际互助价值剖析有助于进一步进行社区规模控制和设施功能完善。同时，公众参与式规划设计实践通过控制权下放的方式赋予使用者影响、塑造其所属空间的能力，让人们在共同参与的过程中认识到自己的价值，以此重塑人境社会联系，并帮助专业人员加深理解使用者的真正需求。

在人本视角下，绿色空间对健康的促进作用已经得到了广泛认可，社区环境与健康生活的相关研究从生理健康、心理健康、社会健康等不同维度都证实了这一功效。风景园林学学科在促进公共健康中的支撑内容和体系对于学科的发展有着重要意义。风景园林作为可提供高质量公共健康服务的绿色基础设施，可以促进公共健康中的空间与政策、要素与行为、景观与情感，相关研究也认为风景园林在主动响应城市公共健康和应对城市公共卫生危机中的供给、防控、调适三大响应对策可以为营造健康宜居的人居环境提供一定的专业支持。

5. 绩效研究与循证设计

景观绩效评价是实现风景园林循证的重要手段之一。近年来，多个国外风景园林相关机构和政府部门围绕开发以风景园林实践为对象的评价指标、方法和体系进行持续探索。景观绩效评价体系是循证设计实践在现阶段最有效的证据来源和发展框架，能够对建成的项目进行测试或监控，看它们是否达到规定目标、减少未来项目中犯下重复错误的概率并发现合理有效的设计策略。

（三）风景园林生态研究

虽然风景园林学学科范围不断拓展，但是风景园林生态一直是核心内容之一。风景园林生态的研究对象为风景园林生态系统，研究内容主要涉及三个方面：风景园林生态系统结构的认知，风景园林生态系统服务分析和评价，以及风景园林生态系统重建和修复。生态系统结构认知侧重于对风景园林生态系统组成、各组成要素间相互作用的研究；生态系统服务分析和评价侧重于风景园林生态系统（以城市绿地生态系统为主）的功能分析和效益评估；生态系统构建和修复侧重于运用生态学原理和对风景园林生态系统自身规律的认知和评价对其进行人为干预、优化和功能恢复，这一方面与风景园林规划设计理念和工程科学技术紧密结合、相互渗透、密不可分。

风景园林生态研究具有学科融合的特点，受生态学、景观生态学、城市生态学、恢复生态学等相关生态学学科的影响，同时又充分体现风景园林作为人工生态系统的特点，突出了人与自然相互作用的专业特色。

与过去相比，风景园林生态领域近十年的研究逐步呈现系统化趋势，由以往相对零散的研究逐步形成了相对完整的体系，风景园林生态学已具备雏形。在应对气候变化、生物多样性保护、污染环境治理、防范自然灾害、提升生态安全等背景下，风景园林生态系统的作用日益受到重视，相关研究也非常活跃，近年突出体现在城市生物多样性、城市绿地生态功能评价、生态修复理论和技术应用、生态基础设施等方面。

1. 城市生物多样性

生物多样性是人类赖以生存和发展的基础。城市生物多样性是指城市范围内除人以外的各种活的生物体，在有规律地结合的前提下所体现出来的基因、物种和生态系统的分异程度。全球正在经历第六次物种大灭绝，生物多样性的不断减少引起了人们的高度关注。

城市生物多样性作为全球生物多样性的一个特殊组成部分，体现了城市范围内除人以外的生物富集和变异程度。城市生物多样性是城市环境的重要组成部分，更是城市环境、经济可持续发展的资源保障。自20世纪90年代起，城市生物多样性的保护成为国内外研究的热点问题。围绕城市生物多样性状况调查和数据平台建设、生物多样性影响机制、生物栖息地体系构建、保护规划和政策管理等开展了持续的研究和实践。城市生物多样性是一个多学科研究的领域，吸引了风景园林学、生态学、城市学等学科领域研究人员的参与。

（1）城市生物多样性本底资源和分布调查。城市生物多样性本底资源和物种分布调查是实现有效保护的前提。截至2018年，全国大多数园林城市开展了生物多样性调查，充实了城市生物多样性数据资料。一些城市编写了地域性或城市园林树木名录、古树名录等。调查方法总体上仍采用生态学的方法，缺乏城市绿地专有调查方法研究。城市绿地生物多样性调查方法以地面调查为主、遥感手段为辅。遥感技术在生物多样性调查监测上的应用有直接和间接两种方式，直接应用主要用于群落物种、群落类型的识别；后者主要用于物种和生物多样性分布格局的预测。近年来，生物多样性制图技术发展迅速，即对生物多样性调查和监测数据进行可视化处理，有的与地理信息系统相结合，将生物分布与生境分布进行整合，从而更好地运用于生物多样性规划和管理。随着城市生物多样性调查监测数据和研究数据的不断积累，构建城市生物多样性大数据平台已启动，核心任务是通过跨学科、跨领域等各种可能的方式整合生物多样性相关的多元异构数据资源，从而解决当前信息资源整合度低下、数据碎片化、共享程度有限等问题。

（2）城市生物多样性影响因素和机制。城市生物多样性的影响因素和作用机制研究是城市生物多样性研究的另一个重要方面。城市化导致的生境破碎化和环境污染是城市生物多样性丧失的主要原因。生境破碎化影响内在机制包括面积效应、边缘效应、隔离效应、异质效应、干扰效应等。近年来，风景园林领域的研究更多关注生境破碎、环境污染对城市生物多样性的影响，针对鸟类等动物的研究有逐步增多趋势。全球城市化进程导致物理环境均质化，敏感物种的局部灭绝和城市适应物种的扩散进一步促进全球生物同质化。在不同类型生物中，城市化对植物同质性影响最为广泛。研究表明，广州、杭州、北京、锡林浩特和二连浩特等5个不同水热梯度上的城市绿地乔木物种存在同质化趋势。一些研究关注城市中生物多样性分布格局与城市化的响应关系，发现不同区域以及同一区域不同物种对城市化的响应存在差异。

（3）城市生物多样性生态服务评估。城市生物多样性与生态系统服务功能密切相关，较高的生物多样性水平有利于维持生态系统多功能性。近年来，国内学者围绕城市生物多样性的生态服务评估与功能优化开展了系列研究。在生态服务评估方面，主要围绕评估指标与数据、模型等展开研究。在功能优化方面，风景园林工作者围绕城市蓝绿空间体系开展了诸多研究，旨在利用有限空间提供丰裕优质、复合多元的生态供给，提升城市生态系统服务功能，保护城市生物多样性。相关工作包括城市绿地网络格局优化、城市公园生境多样性提升、城市建成环境生物多样性改善等。

（4）城市生物多样性保护。城市生态修复逐渐成为风景园林学研究的热点领域，生物多样性恢复和提升是生态修复的重要目标。在宏观尺度上，通过识别关键性生态空间和廊道，进而构建生态安全和保护修复格局，如广州陆域生物多样性生态安全格局和珠三角区域生态安全与修复格局构建。在中观尺度上，主要围绕郊野公园建设、城市河流治理、废弃地再利用等方面，并由单一性措施向系统性、综合性修复模式转变。在微观尺度上，主要围绕小尺度生境空间的设计和建造而展开。相关技术标准也相继推出，提升了生态修复的技术水平。

（5）城市生物迁地保育。植物园和动物园的建设持续推进，《植物园设计标准》《动物园设计规范》《动物园管理标准》等的编制，提升了植物园和动物园的设计建造和管理以及迁地保育水平。植物引种驯化和新品种培育工作持续开展，动物谱系不断完善，实现对迁地野生动物种群的科学管理。

（6）城市生物多样性规划和管理。城市生物多样性的管理研究开始增多。城市生物多样性保护规划依然是最主要手段，研究主要集中于规划案例的总结和比较。在立法方面，部分城市启动城市生物多样性专项法律制订，城市生物多样性保护的绿色金融机制研究也开始兴起。

2. 城市绿地生态功能评价

风景园林是城市人居环境的主要提供者，不仅具有视觉上的美学价值，也具有增湿固碳、保护生物多样性、改善空气、调节气候等一系列生态价值。以风景园林与人居环境建设视角开展城市绿地生态功能评价研究，无疑更能为城市绿地的规划布局与设计提供科学依据，从而建设更安全舒适、可持续的城市人居环境。

（1）城市绿地生态系统定位监测。多个城市生态定位监测站点的建立，尤其近年城市绿地生态系统定位监测站的建立，为系统持续开展相关研究提供了丰富的数据，为所在城市开展城市绿地领域热点研究提供了必要条件，也为科学评价绿地净化空气、缓解城市热岛、绿地固碳、雨水调蓄、文化服务等方面提供了重要的数据源。

（2）城市绿地碳汇功能评价。风景园林对建设低碳城市与韧性城市意义重大。在积极应对气候变化的大背景下，要积极推动园林可持续发展，促进碳中和园林、气候适应型园林发展，这既是风景园林应对气候变化的策略选择，也是行业发展转型的重要方向。近年研究明确了风景园林在实现城市碳中和中的重要作用，并且随着城市园林绿化水平的提高，这部分的增汇潜力很大。因此，风景园林绿地作为城市重要的自然碳汇，加强城市范围内绿地、森林、湿地等生态敏感区域的保护和管理，科学选择园林植物、绿量和配置方式以及后期养护管理方式等，可不断加强土壤、湿地、水体、植被等固碳能力与碳汇功能，同时减少对风景园林的人工干预程度，可强化自然的自我修复和维持能力。

（3）城市绿地净化空气功能评价。随着城市的不断扩张，$PM_{2.5}$ 污染凸显。城市绿地为城市生态服务系统提供至关重要的保障，是城市绿色基础的基本组成，是极好的天然过滤器，可以有效减少 $PM_{2.5}$ 污染，很多国家均把城市绿化作为首要举措来改善空气环境质量。近五年来，关于植被对 $PM_{2.5}$ 阻滞和吸收作用定量化的研究逐渐增多，这些研究明确了城市林木为城市环境提供了重要的生态保障，在调控、缓解、降低城市 $PM_{2.5}$ 污染危害等方面发挥极其重要的作用，可以通过筛选树种、优化配置结构、提高林木质量等方面进行城市林木前瞻性布局。

（4）城市绿地蓄渗雨水功能评价。城市绿地雨水调蓄功能评价一直是学者关注的重点，在海绵城市建设兴起前，行业学者主要将其作为一项重要的城市绿地生态系统服务功能开展相关研究。而在海绵城市建设过程中，行业更加关注新建和改建的城市绿地雨水调蓄的效果，形成了有不同研究对象、研究维度、研究方法的综合研究体系。此外，使用设计降雨情景模拟法对场地雨水系统设计进行评价优化，为案例及实际工程应用中的场地绿色雨水系统提高综合效益、优化设计方案、实现绿色雨水基础设施功能互补提供帮助和参考。

（5）城市绿地缓解城市热岛效应的功能评价。近十年来，许多研究者围绕城市绿地的热调节机制、热调节强度与范围、时空变化规律及其影响因素等内容开展了大量研究，并且伴随科学技术的进步与理论的不断发展，相关研究仍在进一步拓展与深入。在研究尺度方面，当前研究已覆盖植物单体、群落、绿地斑块乃至局地绿地系统等各个级别，甚至随着遥感反演技术实现了大尺度、周期性地表温度数据的便捷获取，城市、城市群乃至区域宏观尺度的研究也都有所报道。在研究方法方面，除了传统的实地移动与站点监测方法与日益成熟的遥感影像反演技术，数值模型、统计模型、过程模型、物理模型等适用于不同气候尺度的模型模拟方法逐渐在城市绿地热调节领域得到了更多应用。以风景园林与人居环境建设视角开展城市绿地热调节效应的评价研究无疑更能为城市绿地的规划布局与设计提供科学依据,从而建设热安全、可持续的城市人居环境。

（6）城市绿地生态文化服务和自然教育评价。城市园林绿化对于城市的文化服务具有不可替代的贡献,得到了大量过往研究的重视。近十年来,随着风景园林学和城市生态学等多个学科的发展,生态系统服务与风景园林研究交叉融合,对于生态系统文化服务的研究有所拓展,国内外在文化景观、地域文化、环境美化、景观审美、休闲游憩、身心健康、行为认知、生态文明、环境教育、社会公平、可持续发展等具体方面开展了研究并取得成果。

3. 生态基础设施理论探索和实践

生态基础设施的概念最早见于1984年联合国教科文组织的"人与生物圈计划"的研究。"人与生物圈计划"针对全球14个城市的城市生态系统研究报告提出了生态城市规划五项原则,其中生态基础设施表示自然景观和腹地对城市的持久支持能力。生态基础设施通常有两个层面的含义:一是自然区域和其他开放空间相互连接的生态网络系统,二是"生态化"的人工基础设施。

2010年以来,生态基础设施概念逐步引起国内学者关注,围绕其理论内涵、国外实践案例以及国内应用的可行性等开展了相关研究。当前,国内将生态基础设施建设作为城市更新的目标之一,强调建立连续完整的生态基础设施标准和政策体系,完善城市生态系统,保护城市山体自然风貌,修复河湖水系和湿地等水体,加强绿色生态网络建设;补足城市基础设施短板,加强各类生活服务设施建设,增加公共活动空间,推动发展城市新业态,完善和提升城市功能。

4. 生态修复理论研究和实践应用

近年来,以修复生态学理论指导,风景园林领域逐步将风景园林生态研究成果应用于大量城市生态修复实践,涉及河流生态治理、湿地生态修复以及城市搬迁地、采矿废弃地、垃圾填埋场、弃土收纳场等困难立地条件的园林化利用,并涌现出一批成功案例。生态修复已成为风景园林生态研究的重要方向。

（四）风景名胜区与自然保护地

1956年,我国第一个自然保护地鼎湖山国家级自然保护区建立。1982年,我国第一批44个国家重点风景名胜区设立。2021年,我国第一批5个国家公园正式建立。目前,我国自然保护地以国家公园、自然保护区、风景名胜区为代表,共10余类、1.18万处,总面积约占国土陆域面积的18%、约占领海面积的4.6%。其中,正式设立的国家公园及国家公园体制试点各5处;国家级自然保护区2750处;国家级风景名胜区244处;国家森林公园897处;国家地质公园209处;国家湿地公园898处;国家级水产种质资源保护区约523处;国家沙漠公园55处;国家海洋公园（保护区）48处。自然保护地有效保护了我国90%的陆地生态系统类型、85%的野生动物种群、65%的高等植物群落和近30%的重要地质遗迹，涵盖了25%的原始天然林、50.3%的自然湿地和30%的典型荒漠地区，在保护生物多样性、保护自然遗产、改善生态环境质量和维护国家生态安全方面发挥了重要作用。同时，为人民提供优质生态产品，为全社会提供科研、教育、体验、游憩等公共服务。我国自1987年以来持续申报世界遗产，截至2021年共有56项世界遗产，占世界总数的4.9%。同时，建立了世界遗产预备名录制度，还申报了15项全球重要农业文化遗产、23项世界灌溉工程遗产。

1. 风景名胜区理论和实践探索

（1）国家保护地的一种特殊类型。

中国的风景名胜区凝结了大自然亿万年的神奇造化，承载着华夏文明五千年的丰厚积淀，是中华民族薪火相传的共同财富，是由国家设立和命名的自然与文化交织且最具中国特色的保护地类型。在长期的历史发展过程中，唯有中国古人从山岳丘壑的万千气象变化中演绎出乾坤构架之原理，使中国的名山大川不仅创造了丰富的山水风景，而且富集了极其深刻的文化内涵，同时也是中国生物多样性富集地区，使得我国的风景名胜区成为中华民族文化传承、科研科普、审美启智的重要空间载体。改革开放之后，国务院根据中国国情决定设立"中国风景名胜区"，40年来成果丰硕，在世界上独树一帜，成为向世界展示中华文明和壮美河山的重要窗口。

过去十年，风景名胜区规划、管理理论及实践走向了成熟发展阶段。2012年住房和城乡建设部发布的《中国风景名胜区发展公报》全面系统地总结了风景名胜区所取得的成绩和发展经验。截至2021年，我国56项世界遗产中有36项与风景名胜区有关，占我国世界遗产总数的64.3%。实践证明：中国风景名胜区的设立和保护制度对于实现自然生态保护和文化传承的综合功能是行之有效的，在党中央和国务院《生态文明体制改革总体方案》《建立国家公园体制总体方案》和《关于建立以国家公园为主体的自然保护地体系的指导意见》等文件中都明确了风景名胜区是保护地的一种类型。

（2）管理制度持续完善。

国务院分别于2012年、2017年批准设立了第八批、第九批国家级风景名胜区共计36处。2016年，住房和城乡建设部印发了《全国风景名胜区事业发展"十三五"规划》。2014年，国务院将国家级风景名胜区重大建设工程项目选址核准事项下放至省级主管部门。2016年，国务院对《风景名胜区条例》相应条款进行了修订，河北等17个省份颁布了地方性法规。2010年以来，主管部门依托遥感技术加强了保护管理动态监测，开展国家级风景名胜区保护管理执法检查，查处了一批违法违规行为，2015年出台《国家级风景名胜区总体规划大纲（暂行）》《国家级风景名胜区管理评估和监督检查办法》和《国家级风景名胜区规划编制审批办法》。2010年以来，国务院共批准实施了93处国家级风景名胜区总体规划。2018年，住房和城乡建设部发布了《风景名胜区详细规划标准》和《风景名胜区总体规划标准》两个国家标准，有力支撑了规划管理工作。在制度研究方面，管理体制研究主要以问题为导向，从申报设立、管理机构建设、产权制度、规划管理、立法与执法机制等方面展开；经营管理研究内容主要针对特许经营进行研究。

（3）规划设计理论与实践具有中国特色，领先世界。

从风景名胜区的本质特征和基本需求研究出发，作为一个相对独立的地域单元的风景名胜区规划反映了其多种功能的综合协调机理特征。风景名胜区规划具有景观、生态、社会、经济、文化等多样性特征和多种功能，以及风景游览优美、旅游服务完善、居民社会和谐等多重发展目标。风景名胜区规划已经成为由一级政府主导编制、上级政府批准的规划类型，是典型的政府型规划，具有明显的社会公共属性和政府公共政策属性。风景名胜区规划具有明显的综合性、复杂性和多样性特征；规划内容除景观外，还涉及自然、文化、经济、社会以及城乡发展等诸多领域；在规划层次上，有省域（市域、区域）风景名胜区体系规划、风景名胜区总体规划、风景名胜区详细规划、景点游线等设计、专项规划等多个规划层级；在规划方法上，以多学科的科学调查研究、科学分析判断、科学工作积累为基础，对风景名胜区资源从多学科领域进行科学研究，包括生态、植物、动物、地质等自然学科以及历史、文化、人口、社会、经济等人文学科，应用遥感、GIS、BIM等新技术，通过科学综合规划提高风景名胜区保护的科学性、管理的权威性和发展的可持续性。

风景名胜区规划是全过程保护类规划，重视资源保护的优先性，重视协调保护与利用的双重杠杆作用，强调在保护资源的基础上合理安排相关配套设施建设，拒绝无序开发和破坏性建设，促进风景名胜区健康发展和永续利用，实现科学保护和科学发展。经过新中国70多年的发展，特别是中国风景名胜区制度建立40年以来，在不断学习借鉴、实践积累、总结研究的基础上，我国风景名胜区规划逐渐形成了适应我国国情的一套完整规划体系，在国内外同类保护地规划中具有明显特色和先进性。

2. 遗产保护稳步推进，遗产研究不断向风景园林遗产拓展

自2010年以来，我国世界遗产数量增加了18项，增长到56项，预备清单项目持续增长。国家文物局于2012年更新了《中国世界文化遗产预备名单》，住房和城乡建设部于2013年更新了《中国国家自然遗产、自然与文化双遗产预备名录》，加强申报项目培育。自2017年，我国将每年6月第二个星期六的"文化遗产日"调整设立为"文化和自然遗产日"。住房和城乡建设部先后发布了《世界自然遗产、自然与文化双遗产申报和保护管理办法（试行）》《关于进一步加强世界遗产保护管理工作的通知》《关于进一步加强国家级风景名胜区和世界遗产保护管理工作的通知》，国家文物局发布了《世界文化遗产申报工作规程（试行）》。各省、自治区、直辖市结合实际制定了60余部与世界遗产保护相关的地方性法规。世界遗产保护管理日趋规范。

遗产研究对象从世界遗产逐步扩展到历史名园（1840年之前）、近现代名园（1840

年之后）、专类遗产公园、水利遗产、农业遗产等类型。近十年的相关实践和理论研究在广度和深度上呈现多点开花、日渐繁荣的趋势，风景园林遗产的文化内涵和社会功能渐成研究热点。遗产研究注重对遗产价值的分析与总结，对真实性、完整性保护的探讨，对遗产的活化利用研究，以及从规划设计角度对遗产进行系统梳理、整体保护、复原更新、格局修复、文脉延续、展示利用等。

3. 国家公园与自然保护地体系

近十年是我国国家公园体制改革的发端和演进重要阶段。我国持续推进自然保护地制度改革与体系建设，中央政府高度肯定了自然保护地在维护国家生态安全中的首要地位，大力推动国家公园体制建设，完善了自然保护地管理制度，初步开展了自然保护地体系建设。在此期间，我国国家公园理论研究与我国生态文明建设和国家公园实践紧密结合，总体呈现研究规模迅速增长、研究者学科来源广泛、学科之间深度融合等特点。

（1）国家公园体制建设取得重大阶段成果，国家公园理论研究和实践紧密结合。

2013 年 11 月 12 日，《中共中央关于全面深化改革若干重大问题的决定》提出"建立国家公园体制"，是我国国家公园建设发展史上的一座里程碑。2015 年 1 月，国家发改委联合13 部委通过了《建立国家公园体制试点方案》，在北京、吉林、黑龙江、浙江、福建、湖北、湖南、云南、青海开展建立 9 个国家公园体制试点。2017 年 9 月，中共中央办公厅、国务院办公厅印发了《建立国家公园体制总体方案》，不仅提出要"构建统一规范高效的中国特色国家公园体制"，而且提出要"建立分类科学、保护有力的自然保护地体系""构建以国家公园为代表的自然保护地体系"。2019 年 6 月，中共中央办公厅、国务院办公厅印发了《关于建立以国家公园为主体的自然保护地体系的指导意见》，明确了"建立分类科学、布局合理、保护有力、管理有效的以国家公园为主体的自然保护地体系"的目标。2021 年 10 月 12日，在《生物多样性公约》第十五次缔约方大会领导人峰会上，国家主席习近平宣布"中国正式设立——三江源、大熊猫、东北虎豹、海南热带雨林、武夷山第一批共 5 个国家公园，保护面积达 23 万平方千米，涵盖近 30% 的陆域国家重点保护野生动植物种类"。

（2）自然保护地体系初步建立，各项研究处在推进之中，顶层设计有待完善。

近十年，我国各级各类自然保护地持续发展，形成了多部门主导，类型丰富、功能多样的自然保护地体系，但重叠设置、多头管理、定位模糊、权属不清等问题日益凸显。我国不同个体自然保护地其资源特征各不相同（山水林海湖草沙）、保护对象各有区别（生态系统、生态过程、物种多样性、文化景观等）、占地规模大小不等（从几百平方千米到十几万平方千米）、土地权属复杂多样（国有土地、集体土地叠加承包确权）、财政事权也不尽相同。因此，如此大规模的自然保护地不可能采取简单、粗放、"一刀切"的管理政策，而应根据保护对象的特征构建系统合理的自然保护地体系，并分别制定不同类型自然保护地管理政策，进行差异化、精细化、科学化管理。

在 2013 年国家公园体制建设提出之初，一些学者就达成以国家公园体制建设为契机构建具有中国特色的自然保护地体系共识。2020年自然保护地整合优化开始后，相关实践研究密集出现，主要从空间分布分析、实施路径与规则、风景名胜区整合优化、整合优化实践总结、后续管理五个方面展开。在实践过程中也出现了一些问题，比如对各类自然保护地的功能定位不明确、整合优化标准不一致、保护等级降低及自然保护地进一步破碎化等。这既涉及各类自然保护地定位研究等理论原因，也有缺乏清晰可操作的整合优化规范准则的技术原因，还有寻求多种利益平衡原因。

（五）园林植物

园林植物是适于城乡各类园林绿地、风景名胜区、森林公园、休疗养胜地、居住区绿化、美化、防护、组景、造景及室内外装饰应用的植物的统称。近十年来，在园林植物种质资源调查和收集、园林植物新品种选育、园林植物种苗繁育技术、园林养护技术、园林植物应用方面取得了重要进展，并率先迈入了园林植物全基因组时代。目前，我国园林植物学科所拥有的基础设施、人才储备、研究手段和方法达到了世界先进水平，在园林植物重要性状分子形成机制、中国传统名花种质创新等方面具备了参与国际竞争、引领发展的能力，并取得了一大批研究成果，为我国园林绿化行业发展做出了重要贡献。

1. 园林植物种质资源与新品种培育

在园林植物种质资源与新品种培育方面取得了重要进展。2016年至今，国家林业局公布了70处"国家花卉种质资源库"，包括传统名花、珍稀濒危花卉、新优特品种和具有潜在利用价值的花卉。农业农村部批设了首个花卉种质资源圃并牵头组织了重点保护野生花卉繁育技术科技专项，推动了花卉新品种培育工作。2010年环保部牵头组织的"中国重点观赏植物种质资源调查"专项为重点地区的花卉资源调查和保护工作提供了基本的科学依据。种质资源库（圃）的建立工作为我国传统名花的育种和野生花卉的开发提供了资源平台，为培育具有我国自主知识产权的园林植物新品种奠定了基础。近年来，我国先后有姜花、竹、蜡梅、海棠、山茶等植物获得国际登录权威。花卉新品种选育研究取得长足发展，仅2018—2020年国家累计授权观赏植物新品种就达11个属共400多个。选择育种、杂交育种、诱变育种等方法仍是园林植物新品种培育的主要手段。另外，园林植物在分子生物学领域飞速发展，针对花色、花型等观赏性状和抗性开展了分子育种，在梅花、牡丹、月季等物种上已取得重要进展。

2. 园林植物繁育

园林植物繁育工作在不断积累国内外新优园林绿化植物品种的栽培养护技术的同时，重视探索我国丰富的野生植物资源的引种和驯化。繁育技术方面的发展体现在组织培养、容器育苗、苗木移栽、花期调控等方面。近十年，组织培养技术已经逐步完善，并成为园林植物繁殖的重要方法之一，为园林植物商业化推广提供了有力的技术保障，同时也为濒危珍稀物种的保护做出了巨大贡献。组织培养技术在草本植物中的应用广泛，尤其在菊科植物、兰科植物等草本观赏植物中取得了长足进步。在木本植物上成功应用较少，蔷薇科、杜鹃花科、木兰科、山茶科以及牡丹和悬铃木等已取得一定突破。容器化栽培技术开始关注农林废弃物、醋糟草木灰发酵、玉米秸秆、木屑等材料作为栽培基质的研究。但容器育苗产业的发展存在硬件设施不配套、技术落后、育苗成本较高等问题，仍需进一步研究和完善。近年来颁布了一系列园林植物苗木移栽技术的行业和地方标准，推动了常规苗木栽植技术体系走向成熟。国外树木移栽机械在苗木生产和栽植中得到了更为广泛的引进和使用，提升了苗木培育过程中树木移栽的效率。基于温度和光照的花期调控技术已得到广泛的研究和应用，赤霉素等外源激素调控花期技术也有一定探索。

3. 园林植物养护

园林养护在树木修剪、生物防治和古树名木保护方面的受重视程度得到不断提高。园林树木修剪研究更多聚焦于不同技术措施对伤口愈合的影响以及带来的营养物质和植物生理的变化，但是目前国内关于园林树木修剪的定量研究仍然较少，操作规范主要来自经验总结。园林植物有害生物防治工作的开展主要体现在三个方面：一是园林植物病害监测，手机终端 App 软件、遥感等新技术、新手段的应用使得园林病害诊断、监测更加便利，提高了防控的效率；二是园林植物虫害发生的监控及防治技术，伴随园林植物引种工作的广泛开展，新发害虫不断出现，虫害监控工作遇到了新的挑战，基因测序技术被应用到虫害的鉴定工作中，以虫治虫、以菌治虫等无公害防治得到普及；三是入侵植物和杂草发生的问题得到重视和管控，防治技术和方法在逐步探索中。古树名木保护工作正在得到各地政府管理部门的重视，各地陆续出台古树名木保护条例和保护方法，养护复壮的规范、法规和标准体系不断得到完善。另外，古树名木的基因保存工作和衰弱症状诊断技术得到了新的发展。

4. 园林植物的生态功能与康养作用

园林植物对绿地生态的影响和在健康产业方面的价值日益成为关注的焦点。园林植物的环境修复作用日益受到重视，通过植物材料的筛选和群落建植进行矿坑生态修复、棕地生态修复的研究和实践成为业内发展的新热点。此外，湿地植物群落配置研究和实践、新型居住区植物群落配置、旅游休闲度假区植物群落配置、专类园区植物群落配置、绿色海绵城市建设的植物配置等理论和技术目前也正在发展和探索中。园林植物是重要的健康产业生物资源，可以萃取精油物质用于衍生产品开发。目前，我国已经成功提取并应用的园林植物精油包括茉莉花、栀子花、牡丹花、迷迭香、薰衣草、香叶天竺葵等多种植物。

5. 园林植物基因组学

园林植物基因组学的系列研究为了解园林植物复杂性状的形成奠定了重要基础。自2012 年首个花卉基因组——梅花基因组发表后，园林植物基因组研究得到了快速发展。截至 2020 年，已有超过 100 种园林植物公布了基因组信息。近十年，随着分子生物学技术突飞猛进的发展，园林植物花色、花香、花型、花期、观赏寿命等观赏性状分子方面的基础研究工作快速发展。以牡丹、梅花、菊花、月季为代表的一系列园林植物重要观赏性状的形成及其调控的分子机制正在被揭示。另外，抗逆性的分子基础研究也成为园林植物研究的重要方向。国内研究者在菊花抗寒性、抗热性、抗旱性、耐涝性、耐盐碱、抗蚜虫等方面进行了分子机理研究，在梅花、月季、百合、石竹等多种植物中也有较好的研究进展。

（六）风景园林科学与技术

1. 风景园林信息科学与数字化

（1）风景园林信息模型技术、信息化管理平台的应用。我国经济社会发展进入高质量发展阶段，现代信息技术促进产业升级，加速政府治理方式转变，信息化成为时代对风景园林领域的要求。首先，国家政策推动建设领域信息化发展，"十一五"期间明确了以BIM 为建筑行业开展改革、提高行业信息化和可持续发展水平的途径；2015 年，国务院发布《中国制造 2025》，明确了以数字化、网络化、智能化为制造业发展方向；2016 年以来，住建部及各省市相继出台政策要求加快建筑行业创新转型发展，指导 BIM 应用推广，反映了行业实践的内涵和形态加快信息化发展的趋势。当前，丰富以生态数字模拟和预测为基础的规划流程，利用多类型大数据探索兼顾自然生态、社会经济内涵的数字化规划途径，搭建各类型数字化规划平台等研究成为重点方向。

（2）智慧园林（数字景观）的发展与技术支持。新型智慧城市建设加速发展，2018 年以来多个试点城市开始运用建筑信息模型进行工程项目审查审批和城市信息模型平台建设，反映了国家依托信息化手段变革城市治理方式的要求。2035 年远景目标也将信息化设为重要的远景发展目标，这些社会经济和政策发展动态对风景园林信息化研究提出了新的要求。风景园林领域积极开展信息化研究和实践，快速推进新一代信息技术在学科和行业中的应用，逐渐形成了相对独立的研究领域和一系列研究成果。

2. 新技术与新材料

伴随着城市化进程的加快、城市面积的急剧扩张，园林建设工程已经成为每个城市规划中不可或缺考虑因素。从 2010 年开始，风景园林工程逐渐进入信息化发展阶段，新技术与新材料快速发展，造园技术手段得以提升。

（1）风景园林新技术。传统的风景园林工艺技术因生态性不足、成本高、操作复杂等特点，难以满足现阶段的城市发展与生态绿色的双重要求。在不断实践的过程中，各种新材料、新方法被充分运用到园林工程的施工，保护了生态环境、简化了生产流程、提高了建造效率、缩短了建造时间，受到了广泛的关注和重视。目前新的风景园林技术包括生态修复技术、立体绿化技术、海绵城市技术、节约型园林建设技术、智慧型园林建设技术、装配式园林建设技术等，这些新技术为风景园林工程的发展注入了新的活力，开拓出广阔的空间。

（2）风景园林新材料。近几年来园林建设突飞猛进，多学科的成果综合运用到园林建设的各个方面，同时人们对环境保护、视觉审美和景观体验的要求越来越高，景观设计师对景观材料提出了更高的要求，新材料应运而生。景观设计师运用新型材料，结合现代技术，打破了以往常规的景观设计，为景观设计增添了新趣味、新活力。风景园林园建常用的材料主要有混凝土、水泥、石材、钢材、砖类、木材等以及由此衍生的相关材料。近十年，风景园林行业出现的新材料大致可分为5类，分别为铺装材料、土工材料、防水材料、塑形材料、排水材料。

（七）风景园林经济与管理

"十二五"以来，在"生态文明建设"大背景下，国家提出了"绿水青山就是金山银山""创新、协调、绿色、开放、共享""公园城市"等新理念，制定了既管长远又兼顾当下的总体生态文明建设目标指标，"一带一路"、京津冀、长三角、粤港澳大湾区等区域性生态和城市绿化目标和指标，以及"国家生态园林城市"等创建标准和具体指标，成为各地有序推进园林绿化管理工作的指南。2018年国家机构改革后，国家林业和草原局承担风景名胜区、自然遗产管理职责，城市建设司承担指导全国城市园林、规划区绿化工作职责。各地绿化管理机构经机构改革、职能调整呈现多样化趋势，主要分为三种类型：①保留园林局，职能巩固强化；②重组整合职能，将园林与城管执法、市容环卫、文物、林业等职能合并；③纳入城市综合管理。

全国园林绿化事业高质量发展，在绿化建设、养护管理、标准化管理、科研管理、人才培养等方面形成了大量成果、优秀做法。

（1）园林绿化建设管理取得丰硕成果。①园林绿化建设管理不断规范。2017年，住建部取消城市园林绿化企业资质核准。国家出台《园林绿化工程建设管理规定》，各地建立政府主导的信用评价管理系统，实现了由事前管理向事中、事后管理，由管资质向管人员、注重信用的转变。②公园城市建设管理有序开展。2020年完成全国首个公园城市指数（框架体系）制定。部分城市启动公园城市建设探索，城市地区侧重"见缝插绿"，乡村地区侧重打造游憩空间，注重绿色空间连接道建设。③节约型园林绿化建设深入推进。多举措节约绿化用地，立体绿化技术推陈出新，配套出台奖补、面积折算等鼓励政策；节水技术广泛应用，园林废弃物加强资源化利用，推广应用生态型建设材料，绿色能源充分发掘利用，加强绿地雨洪管控、海绵城市建设。④园林绿化综合效益研究经验累积。各地在城市绿地规划中综合考虑景观、生态、空间结构优化、产业升级等多种目标，在改善城乡生态和人居环境的基础上挖掘社会、经济等综合效益。

（2）园林绿化养护管理精细化水平提升。①行业养护管理机制进一步完善。2018年，住建部印发《全国园林绿化养护概算定额》，以规范园林绿化养护资金管理。各地依据实际情况建立园林绿化分类分级养护管理体系、养护质量巡督查及绩效考核机制，逐渐完善防灾减灾工作机制。②园林绿化精细化管理水平逐步提升。各地开展城市更新、美丽街区建设，重视植物综合养护和全生命周期管理，修剪方式向自然式转型；城市公园绿地机械化水平得到提高，附属绿地养护管理注重政策鼓励和动员引领，古树名木养护管理建立分级管理机制并探索向社会化管理模式转型，行道树通过专项创建提升道路绿化品质，病虫害防治倡导绿色防控模式。

（3）园林绿化标准化为行业提供支撑。2015年，国务院开展深化标准化工作改革，园林绿化标准化国家、行业、地方形成多层次管理体系，国家及部分城市成立园林绿化相关标准化技术委员会，加强各项标准的制修订等管理工作，京津冀、长三角等区域协同标准制定工作启动，标准国际化工作亦提上日程。我国标准体系逐步形成"强制性标准守底线、推荐性标准保基本、行业标准补遗漏、企业标准强质量、团体标准搞创新"的"中国新型标准体系"，向形成政府主导，协（学）会等社会组织、相关市场主体共同参与的、协同发展的标准化管理机制转变。国家及各地风景园林学会、协会开展团体标准化工作，推进园林绿化行业先进标准宣贯。

（4）园林绿化发展基础进一步夯实。①园林绿化法制化管理稳步发展。国家于2011年、2017年对《城市绿化条例》进行两次修订，颁布《城市动物园管理规定》《城市绿线管理办法》两项部门规章，全国各地地方性法规立法工作有序开展，结合相关技术标准规范实施，引导城市园林绿化规划建设，明确各类绿地法定建设主体，加强植物资源保护与应用，为开展全面管理、评审、处罚等管理工作提供法制支撑。②园林绿化科研科普深入推进。国家加强园林绿化行业科技支撑平台、科创中心、科学普及平台等建设，绿化行业科学技术大众普及工作得到广泛开展。③园林绿化信息化管理工作稳步实施。各地应用3S技术建设园林绿化数据库，实现园林绿化资源数字化管理，部分城市启动智慧公园建设，探索公园管理、公众服务等方面的智慧化管理。④园林绿化人才培养有力推进。国家注重绿化行业管理、标准化、技能人才培养，发布园林行业职业技能标准，开展园林绿化国家基本职业培训包编写工作，多部园林绿化职业培训教材编写完成；"以赛促学"形成全国、省、市、区、企业多级的技能竞赛体系，在世界技能大赛屡获大奖；工匠、首席技师、技能大师工作室等评选涌现大批技能领军人才。

（八）风景园林教育

2011年，风景园林一级学科正式成立，一级学科下设6个二级学科方向，包括风景园林历史与理论、园林与景观规划设计、大地景观规划与生态修复、风景园林遗产与保护、园林植物与应用、风景园林技术科学。伴随着一级学科的建立，学科认知更加清晰，风景园林教育蓬勃发展。风景园林学学科专业点分布全国，设置数量持续增长，培养体系逐渐成熟，师资力量不断壮大。

1. 教育理念与体系
（1）教育理念方面。风景园林学学科的目标是发现人与自然互动规律、协调人与自然的关系、保护创造理想人居环境。风景园林教学思想随着学科内涵发展而不断演变，从私密转向开放、从个体转向公共、从小尺度转向区域、全球尺度。风景园林教学思想始终与国家战略需求紧密结合，将国家需求、社会问题转化为专业与学科的研究问题，融入设计课程，如棕地的修复与开发、城市雨洪管理与景观水文等议题。此外，风景园林教学思想还与院校所在地的区域风景特征相结合。如北京林业大学面对我国北方风沙区土地荒漠化、土壤侵蚀的突出生态问题，开展"黄土高原水土保持研究"；重庆大学针对西南山地城市特点，以堡坎、平台和垂直绿化为切入点，开展"山地城镇规划与集约生态化建设"研究；华南理工大学把气候适应性技术与传统园林艺术融合，研究传统岭南庭园空间是如何适应当地湿热气候。

（2）本科教育方面。风景园林本科教育体系不断规范、课程设置不断完善，本科专业建设总体表现出如下特点与趋势：①学科基础教育日渐夯实。随着风景园林学学科框架与规模的不断明晰，风景园林本科教育不断夯实规划设计、植物生态及工程技术等学科核心知识体系的教育模式，提升教师授课与学生学习成效，保证本科毕业生具有坚实的学科能力。②课程设置覆盖愈加广泛。随着学科新问题与新知识的不断涌现，学科逐渐呈现融合与交叉的发展趋势。各大院校本科教育在确保学科基础教育的同时，依托本校基础背景不断丰富课程方向，为学生提供更广阔的学科视野。③理论实践关系越发平衡。学科专业建设不断协调理论与实践的平衡，通过校企联合、国际联合等教育模式提升学生的实际操作与实践创新能力，保证了本科生毕业时择业、升学的诸多可能。

（3）研究生教育方面。专业学位教育强调知识教育与实践训练并重，重点培养学生解决风景园林实践中的具体问题，其课程体系由服务领域主导，以分方向培养为特点。风景园林学术型硕士研究生与博士研究生教育强调学科知识的系统性，课程体系的设置以二级学科（方向）为主导，同时受学位点所在学院对学科特色定位的影响，各校在二级学科（方向）名称、数目方面略有差异。办学特色源自三个方面：一是依托所在院校优势形成特色，如"建筑、城规、园林三位一体"；二是以地域性园林研究与实践为特色，从所在地理环境的特殊性或所在地传统园林资源方面寻求学科发展的特色来源；三是因学科发展的某些历史原因形成特色，如古典园林与文化遗产保护研究与实践、数字景观等。

2. 教育规模与师资

（1）教育规模方面。当前，风景园林硕士教育已基本实现规模、结构、质量、效益协调发展，人才培养特色日益彰显。自 2011 年风景园林一级学科正式成立以来，我国风景园林专业点迅猛增长。截至 2021 年 9 月，全国共有园林专业点 142 个，分布在 31 个省级行政区、100 个城市；风景园林专业点 197 个，分布在 28 个省级行政区、85 个城市；合计本科专业点共 339 个，设置在 279 所院校，分布在 31 个省级行政区、134 个城市。2013—2017 年，全国风景园林学硕士招生超过 4000 人，授予学位超过 2600 人，目前在读研究生人数超过 1700 人。截至 2020 年 3 月，全国累计招生约 16000 人，授予学位约9000人；截至2021年9月，全国风景园林硕士研究生培养单位达到81个，涵盖综合类、农林类、建工类、艺术类等院校，基本实现地域的全覆盖和学校类型多元化。

（2）师资力量方面。风景园林师资队伍本、硕学科背景有风景园林学、建筑学、城乡规划学、艺术学、生态学、地理学、园林植物、管理学、旅游等；本学科教师队伍最高学位主要是风景园林学、建筑学、城乡规划学、生态学、地理学、园艺学、艺术学等学科方向，体现了本学科多学科、多领域知识体系相融交织的特点。教师人员主要来源于国内外著名高校毕业生，教师毕业院校层次高、类型多、区域分布广、比例合理，最高学历非本单位的教师人数比例在50%~60%。30%左右的教师有过海外留学或工作经历，本学科和许多国外知名高校维持着教学合作关系。

三、国内外研究进展比较

近年来随着全球城市化进程加快，气候与生态环境变化、人口增长与文化多元化等挑战日益严峻。以协调人与自然关系为核心的风景园林学学科在应对和缓解这些挑战方面，不仅已被证明可为人类提供多种福祉服务，而且积极促进了多专业合作、拓展了学科内涵。回顾近十年国际与国内风景园林学的发展趋势，对于凝练学科问题、应对全球挑战、把脉未来方向、加强国内外交流合作具有重要意义。

（一）2010—2020年国外风景园林学研究进展

梳理2010—2020年国外风景园林学研究进展，着眼于定量分析和研究热点，以期刊论文数据为定量分析对象，借助定量分析工具CiteSpace来反映结果和趋势。在资料来源上，考虑到数据的全面性和权威性，选择Web of Science数据库中的数据以求更全面地展现国外风景园林学研究概况。将数据库研究的结果与本学科国内研究的热点领域对比，得出风景园林学学科国内外研究进展的比较。

1. 国外风景园林学研究进展的定量分析

为探析国外风景园林学学科研究热点，以Web of Science核心数据库中收录的国外风景园林学期刊论文为研究对象，检索年限为2010—2020年（近十年），共获得975条数据，并利用文献可视化软件CiteSpace提取论文标题、摘要的关键词进行词频与共现分析。

从论文发表数量年度趋势上看，2010—2019年呈现出稳定的年增长趋势（图1）。对论文作者所在机构、国家进行统计分析，并结合高水平论文、热点论文数量发现，美国在风景园林领域的研究较为领先；中国学者在国际期刊上发表数量的年增长量显著上升，在国际期刊年发文量中的占比逐年提高（图2），近十年共发表了217篇风景园林学相关论文（6%），位于美国（34%）、英国（10%）、德国（7%）之后，已赶超加拿大（6%）。

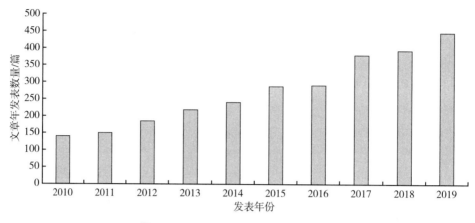

图 1　2010—2019 年国际期刊发文量

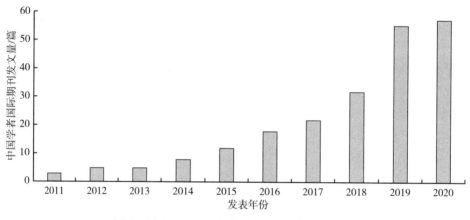

图 2　2011—2020 年中国学者国际期刊发文量

2. 国外风景园林学研究进展的热点分析

根据 2011—2020 年检索到的 975 条有效数据进行统计，对语境下相同含义的词以及单复数词和异形词进行删减、合并处理，得到如表 1 所示的"2011—2015 年、2016—2020 年国外风景园林学文献关键词 TOP 20 统计表"。

表 1　2011—2015 年、2016—2020 年国外风景园林学文献关键词 TOP 20 统计表

序号	2011—2015 年高频关键词	2016—2020 年高频关键词
1	landscape（景观）	landscape architecture（景观建筑）
2	evolution（演化）	evolution（演化）
3	climate（气候）	biodiversity（生物多样性）
4	model（模型）	climate change（气候变化）
5	vegetation（植被）	model（模型）

续表

序号	2011—2015 年高频关键词	2016—2020 年高频关键词
6	biodiversity（生物多样性）	system（系统）
7	pattern（格局）	impact（影响）
8	forest（林地）	design（设计）
9	diversity（多样性）	sustainability（可持续性）
10	adaptation（适应）	city（城市）
11	dynamics（动态）	pattern（格局）
12	management（管理）	adaptation（适应）
13	climate change（气候变化）	dynamics（动态）
14	design（设计）	health（健康）
15	conservation（保护）	management（管理）
16	community（群落）	forest（林地）
17	city（城市）	ecosystem service（生态系统服务）
18	ecology（生态）	vegetation（植被）
19	land use（土地利用）	land use（土地利用）
20	sustainability（可持续性）	green infrastructure（绿色基础设施）

关键词共现分析结果显示，2011—2015 年排名前五的高频关键词为 landscape、evolution、climate、model、vegetation，国外学者在此期间较为关注景观和环境的演变、气候变化、景观模型构建以及植被恢复与保护等领域；2016—2020 年排名前五的高频关键词为 landscape architecture、evolution、biodiversity、climate change、model，国外学者在此期间较为关注风景园林的发展、景观的时空动态演变、生物多样性、气候变化以及景观参数化模型构建等领域；此外，景观生态适应性、生态系统服务、城市绿色基础设施等研究主题也是该时期国外学者的关注热点。2011—2020 年国外风景园林学学科研究热点词汇为 biodiversity（生物多样性）、ecosystem service（生态系统服务）、land use（土地利用）、community（社区）、habitat（栖息地）、green infrastructure（绿色基础设施）、deep learning（深度学习）等，可见，风景园林领域近十年的研究热点主要集中在景观气候适应性分析、土地利用与管理、风景园林科学技术研究、景观连通性、绿色空间研究上。风景园林学学科在生活质量、社会资本建构和景观意识提升上有着不可替代的巨大影响。

作为一门交叉型学科，风景园林广泛综合了环境科学与生态学、工程、能源、建造与建筑技术、交通、经济、地理、计算机科学及公共管理领域，开启了全球性的实践探索与精细化深入研究阶段。国外风景园林研究在应对气候和生态环境变化与人类福祉需求方面已经取得了积极进展，但随着未来全球变化加剧仍面临较大挑战。

快速城市化进程使城市系统面临着生态失衡、社会不公正等问题。21世纪以来，气候变化成为全球城市发展的主要挑战。同时，世界人口的持续增长带来了经济发展与环境资源之间的关系不协调，激化了部分社会群体对社会环境不公正以及资源分配不合理问题的矛盾。

因此，在气候环境问题与社会问题成为热点的大背景下，大众对人居环境质量的要求日益提高，对人类健康福祉的关注越来越多。近年来，国外风景园林学学科也把视野聚焦在这两大类问题上，以高校和研究所为主的科研群体对学科发展起到较大的推动作用。研究将城市作为主要实践对象，将生态、经济、社会的可持续性作为综合考量的内容。在探索应对现状问题的有效途径过程中，"气候与生态环境""绿色基础设施与建成环境""公共空间与人类福祉""景观绩效评估与规划管理""大数据与工具创新"等主题成了主流的研究方向。其中，生态是最核心的热点话题，并逐渐向社会性和经济性方向延展，包括生态系统服务管理、资源与环境正义、政府推动及公众参与行为等。国外大部分高校在风景园林专业培养目标中也包含了平衡环境需求与人类社区发展的冲突。在研究方法上，随着不断演变的经济和社会模式给予风景园林学学科新的要求与挑战，出现了综合生态效益、社会效益与经济效益的量化与模型研究，使风景园林学学科研究趋于向实证及数据分析方向发展。

同时，相当一部分欧洲文献由于非英文表述，因此所呈现的高频关键词并未纳入检索范围，需要人为考虑并将其纳入研究热点中；此外也有一些研究热点以实践应用为主要研究形式，如欧洲近几年的荒野化研究多以实践案例为主，而相关的科研性质论文还未发挥主要影响，我们同样将这类研究纳入热点范围。

综上，可以进一步将国外近十年的热点研究划分为7个可能的类别（表2）以代表目前国外风景园林热点领域：景观气候适应性、生物多样性与资源环境保护、绿色空间研究、土地利用与管理、风景园林科学技术、景观连通性、城市荒野与再野化。

表2 风景园林研究领域类别及主要关键词

类别	关键词
气候与生态环境	气候变化（climate change）、适应（adaption）、环境（environment）、生态系统服务（ecosystem services）、生态网络（ecological networks）、生物多样性（biodiversity）、生境（habitat）、景观生态（landscape ecology）、侵蚀（erosion）、修复（restoration）、保护（conservation）
绿色基础设施与建成环境	绿色基础设施（green infrastructure）、植被（vegetation）、林地（forest）、农业（agriculture）、城市公园（urban park）、建成环境（built environment）、城市化（urbanization/urbanism）、建筑（architecture）、城市生态（urban ecology）、可持续性（sustainability）、地理设计（geodesign）、生态设计（ecological design）、材料（material）
公共空间与人类福祉	公共空间（public space）、社区（communities）、场所（place）、健康（health）、教育（education）、感知（perception）、偏好（preference）、行为（behavior）、环境心理（environmental psychology）、安全（security）、景观设计（landscape design）、城市设计（urban design）

续表

类别	关键词
历史、文化与艺术	历史（history）、记忆（memory）、文化遗产（cultural heritage）、文化景观（cultural landscape）、艺术（art）
景观评估、规划、管护与政策	景观演化（landscape evolution）、景观动态（landscape dynamics）、格局（pattern）、模型（model）、绩效（performance）、土地利用（land use）、景观规划（landscape planning）、城市规划（urban planning）、管理（management）、治理（governance）、政策（politics）、战略（strategies）
数据与工具	大数据（big data）、物联网（internet of things）、遥感（remote sensing）、机器学习（machine learning）、深度学习（deep learning）、云计算（cloud computing）、可视化（visualization）、地理信息系统（GIS）、移动性（mobility）
城市荒野与再野化	荒野（wilderness）、城市荒野（urban wilderness）、再野化（rewilding）、城市化（urbanization）、荒野保护体系（wilderness preservation system）、荒野保护地（wilderness protected area）、荒野地（wild land）、国家公园（national park）、荒野制图（wilderness mapping）、荒野保护（wilderness protection）、荒野认定（wilderness designation）、荒野游憩（wilderness recreation）、荒野管理（wilderness management）

（1）景观气候适应性研究。许多国外科学家认为城市生态学最突出的研究重点是城市人居环境的建设，越来越多学者开始研究如何提供一个健康、生态、可持续的城市人居环境，达到城市的可持续发展。海平面上升、历时性风暴、环境污染、生物多样性锐减、栖息地退化等全球气候变化的影响已越发频繁显现。在此背景下，全球气候变化下城市的景观应对策略受到国外风景园林学界的广泛关注和研究。一方面探索了微气候设计、新自然主义生态种植、生物滞留效应等气候变化适应性的研究领域，另一方面开展了基于景观规划设计手段的减碳和碳中和的气候缓解研究。同时，在应对气候变化导致的城市资源缺乏、贫困和粮食危机等问题上，尝试了社区苗圃、家庭花园、屋顶农业等多样化的风景园林措施，产生了普遍和积极的影响。

（2）生物多样性与资源环境保护。全球资源枯竭及人类栖息地质量的下降使人们越来越认识到自然资源的滥用对环境的危害。尽管风景园林行业没有明确使用生态学语言，但新兴的生态学原理仍应用于景观规划中。由于生物多样性是生态学中重要的指标，因此它也成了景观设计师的一个研究热点。以德国为例，它是一个自然资源匮乏的中欧国家，但有很多园林设计都采用生态手段达到了对自然资源和环境最大限度的保护和还原，这种尊重自然、学习自然的风景园林理念不仅是对社会公众的负责，也是对自然最好的回馈。

（3）绿色空间研究。绿色空间的相关热点研究包括城市绿色景观视觉质量、景观审美偏好、人类健康影响、绿地景观对物种影响、城市绿化景观的形式及效应等；研究中涉及的 green space 包括各种类型的城市绿地空间，如口袋公园、城市开放空间、滨水绿地、居住区、高架桥下空间等。在过去的 10 ~ 20 年里，景观与绿色空间在促进社会健康、群众健康方面进展迅速，并由于其理论和实践的多元性，打开了一个全新的市场，为风景园林学学科注入了新鲜血液。关于景观审美偏好的研究对土地方面的影响或许不那么引人注目，但其对人类生活质量的影响同样是巨大的。

（4）土地利用与管理。近年来，国外土地利用与管理的相关研究主要集中在以下方面：①政府主导作用，法制建设、规划控制、市场机制；② GIS 等技术的辅助应用；③灾害（洪涝、干旱、水土流失）及发展（农业生产等）应对策略；④土地管理评估体系。土地利用与管理同其他领域结合的研究也与日俱增：土地利用与碳排放的研究已完成了基础理论和研究体系的架构；在城市轨道交通与土地利用的协同方面，国外学者在定量实证研究、互动模型研究及相关土地利用与管理思想理论研究方面取得了丰硕的成果；在棕地治理与利用研究方面，美国、英国、加拿大等国家已做出了良好示范，不仅有完善的棕地治理模式，也具备相关土地利用的法律条例保障。在指导资源型城市的转型中，土地利用政策的研究也被赋予更大的积极性与更高的效率。

（5）风景园林科学技术。遥感、大数据、人工智能、虚拟现实、增强现实、BIM 等现代技术在国外近十年来已被广泛应用于其他几个热点领域中，并起到良好的推进作用。大到应对海平面上升，小至植物景观设计，这些景观技术已充分展现出对风景园林学学科研究的综合性、交叉性、多元性的良好适应和支持。近年来，风景园林教育领域使用新兴景观技术的频率也大幅提升，虚拟现实、人工智能等技术有效激励了学习用户认知和学习的自主性，促进了风景园林专业知识的高效转移和吸收。这些热门技术已成为辅助风景园林学学科发展的重要工具。

（6）景观连通性。国外针对景观连通性的研究近几年主要包括：不同类型区域景观连通性研究（城市化地区、自然生态保护区、热带森林、湿地等）、景观连通性评估及模型构建、景观连通性理论研究（MSPA、MCR 等模型，生态网络优化）、全球变化背景的景观连通性研究。这些研究促进了全球范围内的生境改善和城市生态环境优化。

（7）城市荒野与再野化。作为反映城市空间中自然与人工相互拉锯关系的映射，城市荒野在近年不断展现出寻求人地变革新方向、认知城市自然空间新角度的研究热点。国外城市荒野进入风景园林学学科的研究范畴可追溯至 19、20 世纪，随着城市化进程的加快，现有城市中的荒野空间占比逐渐下降，相关研究人员也逐步意识到城市荒野对人居环境建设的重要性——不仅具有生态价值，更包含了人文价值、审美价值、健康价值和经济价值。相关的各类研究也成为当下的热点，如研究城市荒野如何通过刺激视听引发人们对生物多样性的感知、通过城市荒野的保护与治理补充城市绿色空间、通过城市荒野景观进行"荒野疗法"等。同时，再野化的概念也被提出并展开实践研究，以修复城市荒野景观、创造更多野性的自然。美国黄石公园、欧洲再野化组织、巴西迪居甲国家公园的物种重引入和生态修复以及西伯利亚的更新世公园等都是国外近年来在城市荒野和再野化方面做出的探索与实践。

（二）国外风景园林学研究特点及发展趋势

1. 国外风景园林学研究特点

（1）研究热点更新快。近十年来，国外风景园林领域的研究重心经历了从景观生态、绿地、物种多样性到景观遗传学、遥感，再到生物多样性保护、生态系统服务的转变，目前多聚焦于人居环境的建设与资源环境的保护。随着软件和数字通信的高速发展，新技术工具的应用在风景园林研究和实践中展现出极大的优势，尤其以 AR、VR 为代表的新兴技术迅速成为近几年交互景观的研究热门。新的研究主题在不断地出现，但是生态领域一直是研究的热点。风景园林学学科以协调人与自然关系作为根本使命，很早就认识到生态环境保护的重要性，尝试在城市适应和减缓气候变化、推动建设低碳韧性城市方面发挥重要作用，改善城市人居环境，提升城市可持续发展水平。从早年间大尺度视角关注生态系统规划与构建，到近几年更注重探索经济、社会等各方面效益，相关研究已日益成熟。

（2）研究体系完整性强。国外的风景园林学学科起步早，具有较好的理论和实践基础，多年来逐渐完善研究体系。从近年来的研究热点可以看出，国外风景园林领域不仅关注理论和方法框架的构建，还加强了应对当前城市环境问题的实际措施的研究。在方法上注重量化与模型研究，如利用 GIS、RS 和 MSPA 等技术手段和空间定量分析方法对数据进行分析，进而直接指导实践，同时开展生态价值、社会价值和经济价值的综合绩效研究，使结果更具科学性。

（3）合作网络紧密性高。国外的学术研究机构之间存在较高的重叠度且研究分支较少，展现出合作网络联系紧密的特征。合作网络以高校之间的联系为主，且存在多个国家之间的交流，除高校机构外，其他机构多附属于高校下。国外风景园林学学科研究起步阶段涌现出多位具有较大影响力的学者，开创性地发表了多篇在学界具有重要影响力的文章，学者间和各高校、研究机构间合作密切，进而取得丰硕的研究成果。风景园林是跨学科、综合性的应用领域，由多学科共同推动。国际研究已形成相对完整的网络体系，既有研究重点领域的分布关系，也存在研究发展过程中各领域的共被引关系。研究视角呈现多元化发展，研究领域从景观规划、林学、生态学等传统领域扩展到社会学、经济学、管理学、生物科学、计算机科学等方面，交叉学科的研究促进了风景园林学学科的持续发展。

2. 国外风景园林学发展趋势

综合国外风景园林学近十年发展动态，根据研究热点及变化趋势研判学科未来发展趋势，可归纳为四个方面：①应对资源短缺和生态环境恶化；②塑造更具包容性的人居环境；③多元宏观复杂的学科交叉综合；④探索新兴技术与景观研究方法，涉及生物多样性保护、绿色空间研究、城市、生态系统服务、气候变化适应、景观技术研究等多个研究热点的交叉综合。

（1）应对资源短缺和生态环境恶化。地球资源逐渐枯竭和生态环境日益退化已成为当前世界多地面临的共同问题，在人口不断增长、气候变化加剧的未来，这个问题仍将持续困扰人类。联合国《2030 年可持续发展议程》指出，需要兼顾保持生态系统完整性和解决贫困及公平性的社会问题。国外风景园林学学科在积极探讨人类、资源与生态关系的进程中做出了具有参考价值的实践和研究。其未来的发展趋势将更加关注环境资源、社会资源的公平分配以及生物多样性保护、生态敏感性、生态系统服务等各类生态问题的研究。

（2）塑造更具包容性的人居环境。在全球城市化加速和社会经济持续发展的背景下，社会结构逐渐复杂化，文化面相逐渐多元化，社会的不平等和分化现象日益增加。在这样的浪潮冲击下，如何让人们享有平等公正的人居环境，如何给予儿童、老龄化人口、女性、残疾人、贫困人口等群体充分的、适配的生存活动空间，是风景园林学学科正在展开探索的领域。国外风景园林学学科近年来通过绿色景观、治愈景观、可食用景观、家庭园艺疗法等各种尺度人居环境建设的探索，鼓励人们积极参与应对多样化的社会环境问题。未来，国外风景园林学学科在这一领域可能会注重景观对增进社会和城市文化的包容性。

（3）多元宏观复杂的学科交叉综合。世界上最早的园林可追溯到公元前 16 世纪的古埃及，而风景园林作为学科产生的时间十分滞后，可见风景园林起初即具备强大的实践和应用性。然而，在现代社会，我们面临着前所未有的生态、环境、资源等问题，仅仅依靠学科本身的实践性和应用性无法应对当下的局面。国外风景园林学学科起步较早，并且率先不止于学科自身的纵横向拓展，而寻求多学科交叉合作研究以拓展理论构架、解决复杂实践问题。迄今为止，国外风景园林学学科已和地理学、生态学、环境科学、历史学、艺术学、社会学、经济学、管理学等自然、人文、社科类学科进行合作，成功推进了多类景观问题的研究进程，也为我国风景园林学学科发展建设提供了借鉴。未来，国外风景园林学学科将继续结合科学研究和实践经验，不断综合各类学科、拓展学科延展面。

（4）探索新兴技术与景观研究方法。信息与计算机技术的发展惠泽多个学科，风景园林也不例外。从地理信息技术到 AR、VR，国外风景园林学学科在新兴技术结合的探索上做出了良好示范。这类技术不仅改变了传统的研究方法，也打破了时间和空间的维度，降低了交互成本。目前，不论是风景园林设计领域、教育领域还是科研领域，都有信息技术的身影。国外风景园林学学科依托新兴技术衍生出多种研究方法，如利用机器学习进行风景园林智能化分析、基于街景图像对城市街道空间展开评述等，为未来风景园林学学科的发展提供了新的可能。国外风景园林学学科仍将持续探索新兴信息技术与学科实践研究的结合，同时，如何利用信息技术促进教育方式的转变也将是未来的发展趋势。

（三）国内外风景园林学发展比较

基于国内外经济社会发展阶段和背景、面临的问题与挑战的异同，风景园林学学科发展特征在国内外展现出共性与差异。近年来我国风景园林学学科的研究逐渐受到重视，紧

跟国际研究热点取得了一定质量和数量的发展成果。结合国外风景园林学研究热点和学科
发展特征，以我国风景园林学的研究发展现状与之进行对比，得出风景园林学学科国内外
研究进展的比较分析。

1. 国内外热点词汇对比

选择 Web of Science 核心数据库中收录的国外风景园林学期刊论文和中国知网 CNKI
数据库中收录的国内风景园林学期刊论文，分别代表国外、国内风景园林学热点词汇研
究提取对象。对国内外风景园林学学科研究进展进行比较。检索主题国外为"landscape
architecture"，国内为"风景园林"，检索时间年限为 2011—2020 年，其中 Web of Science
共获得 975 条数据、中国知网共获得 2557 条数据。

经过数据处理，获得近十年国内外风景园林学研究的十大热点词汇，按词频排列如
表 3 所示。国际研究十大热词为 landscape（景观）、evolution（演化）、model（模型）、
biodiversity（生物多样性）、climate change（气候变化）、vegetation（植被）、pattern（模式）、
design（设计）、conservation（保护）、sustainability（可持续性）；国内研究十大热词为风
景园林、风景园林规划设计、风景名胜区、文化景观、绿色基础设施、城市公园、生态修
复、人居环境、乡土景观、国土景观。

表 3　近十年国内外风景园林学研究的十大热点词汇

排序	国际研究十大热词	国内研究十大热词
1	landscape	风景园林
2	evolution	风景园林规划设计
3	model	风景名胜区
4	biodiversity	文化景观
5	climate change	绿色基础设施
6	vegetation	城市公园
7	pattern	生态修复
8	design	人居环境
9	conservation	乡土景观
10	sustainability	国土景观

通过对 2011—2020 年国内外学者发表的风景园林相关热词分析发现，国外风景园林
学学科在这一时期的研究多集中于景观和环境的演变、景观模型构建、生物多样性、气候
变化、植被恢复与保护、景观设计以及可持续性发展等领域；而国内风景园林学学科更多

关注于风景园林规划设计、风景名胜区、绿色基础设施等领域。同国外一样，生态修复也是国内研究的热点；而人居环境、乡土景观和国土景观的热点词汇则体现了风景园林学学科在中国发展研究的特色。

2. 国内外风景园林学学科发展共性

（1）研究热点具有相似性。近年来，国内外学科关注热点的差异正在逐渐缩小。从大方向上来看，国内外的重点均体现在生态、社会、经济方面，同时国内还关注与文化相关的研究主题。上一个十年（2000—2010）里，生态规划设计、气候变化应对、生物多样性保护、棕地改造等研究热点在近十年的国内外风景园林学学科发展中得到了延续。国内的风景园林学学科研究热点广泛，主要集中在新型园林、城市更新与转型、人文景观与景观遗产、自然保护与生态修复五个方面；国际风景园林的研究更加深入，重点关注风景园林中的环境问题，主要为生物多样性与景观资源的保护、景观多样性、环境可持续与人居环境的建设等方面。

（2）生态领域是共同的持续话题。人工建造与自然一直存在平衡博弈，这也是所有城市发展过程中的必经阶段，粗放的发展模式造成了建设用地大量侵蚀自然用地、城市及其区域的生态系统不断破碎、生态服务功能不断减弱。然而，人类的健康与自然的健康息息相关，当今人口激增、工业发展、城市化等带来的气候环境问题是全人类共同关注的重要话题，生态领域在未来很长的一段时间内将一直处于核心地位。对此，国内外风景园林学学科均持续展开了与生态相关的研究，近年来已经将重心转向废弃地改造、生态网络、生态修复、生态效益等主题研究。国内风景园林学学科在"存量更新""城市双修"等概念上展开研究，探讨绿色基础设施建设在改善人居环境、转变城市发展方式中的作用，并成为我国建设新型城镇和生态低碳城市及应对气候变化等方面的重要手段，得到了广泛的认可和重视。风景园林是联系人与自然的纽带，在解决自然环境和建成环境构成的地表空间系统生态健康的同时赋予其美学和社会学意义。

3. 国内外风景园林学学科发展差异及对策

（1）研究重点差异。风景园林实践具有漫长的历史，但作为一门学科的历史则非常短。100多年前，欧美国家率先展开了现代风景园林学学科研究，迄今已积累了大量的理论研究及实践经验可供借鉴。国内风景园林学学科自起步以来发展十分迅速且发展空间广阔，相关的热点研究基本上与国外追平，并在我国发展现状的大背景下不断发掘新的主题并取得了丰硕的成果。以城市更新、生态、文化景观等领域为代表的深入探索逐步多元化。近十年的国外风景园林学学科将重点转向大区域尺度下的宏观研究，国内针对宏观层面的研究也逐渐起步，如在国土景观等大尺度研究领域已构建相对完整的结构体系。

（2）合作网络范围差异。国外风景园林学学科研究的网络化、组团化尤为明显，学术共同体特征突出；国内则是形成多个小范围的局部合作网络，集中在工程科学、自然科学领域，与人文社科领域如经济学、社会学之间的交叉研究合作正在逐渐增强。近十年来，通过更多地参与和举办国际会议、竞赛等方式，打破局部合作的壁垒，我国逐渐拓展研究领域、建立多种层次的合作交流，加强不同背景院校之间、不同地区之间、院校和企业之间的合作，增加相关学科间、国际间的交流，互相借鉴经验技术，促进国内风景园林学学科研究在深度和广度上拓展。

（3）研究体系差异。国外城市经济发展在达到了较高的水平后，拥有了相当数量的风景园林实践项目基础，于是，在实践空间接近饱和的状态下，大量研究转向针对建成项目的定量数据分析。其研究体系在经历多年的完善后，也已形成基于实际应用的定量关联、实证实地的理论研究完整体系。与之不同的是，我国处于城市建设的上升期，仍有大量的实践机会，因此开展较多的是以风景园林实践为依托的相关规划及设计方法的研究。近年来，越来越多的国际设计师关注到中国的景观市场，从侧面体现出理论分析与实践相结合的研究在国内具有巨大潜力。我国风景园林学学科在发展过程中，一方面可借鉴国外成熟的定量分析研究，重点加强量化研究、综合绩效评估、构建科学的管理模式，充分利用大数据、GIS等定量化研究手段为实践项目提供更可靠的科学依据；另一方面我国仍要保持规划设计实践的优势，探索出两者相结合的完善的研究体系。

四、学科发展趋势与展望

（一）风景园林学发展的战略需求

1. 全球化

全球化是社会生产力发展的客观要求和科技进步的必然结果，是谋求发展的必然趋势。风景园林学当下和未来的发展必然与全球化的潮流紧密结合。

由于历史发展阶段的差异，很多先发展国家较中国率先经历了城镇化、乡村发展和自然环境变迁的许多阶段，积累了一系列具有宝贵参考价值的理论、技术与实践经验。风景园林是一个以协调建成环境和自然环境中人与自然关系为宗旨的学科，因此，在未来发展中应持续甄别、学习和吸纳先发展国家的宝贵经验，以保证学科发展的高效性和全面性。同时，在过去的十年中，国内外风景园林学（协）会、企业、高校等团体之间的合作持续增强，学科国际合作得到了稳步发展。随着国家综合国力的增强和国际地位的提升，中国风景园林行业从事者应继续提升国际视野，开展更多的国际合作，为全球气候变化、碳排放、环境污染、生物多样性等全球共同面临的问题提供中国智慧；同时也应在全球范围内拓展实践范围，为全球更多国家和地区需要改善的自然与建成环境提供中国方案。

2. 文化自信

文化自信要求在全球化背景下保持中国风景园林学学科特色，以传统文化和传统智慧作为学科根基和核心竞争力，以当下中国的主要问题作为学科研究与实践发展的主要锚点。

由于先发展国家的国土自然和社会环境都与中国有着很大的差异，因此，风景园林学在学习、吸纳国外的理论、技术及经验时应进行本土转化，在理论层面应充分考虑中国现阶段特征，并与中国传统经验加以整合，再吸纳进入中国风景园林理论体系；而在实践层面，则更应结合所在地的实际条件和发展情况，方能有效地指导规划设计，实现不同尺度国土地表空间的可持续发展。同时，风景园林学在中国已经积累了几千年的经验与智慧，因此，在本土化这一视角下，风景园林学未来发展的关键是要通过持续挖掘中国传统文化和持续关注中国当下问题，构建源于中国传统智慧、服务当代本土需求的中国风景园林理论体系。

3. 生态文明与美丽中国建设持续推进，国土空间格局持续优化

随着城乡建设用地不断扩张，农业和生态用地空间受到挤压，城镇、农业、生态空间矛盾加剧，不同空间尺度都存在着人和自然之间、生产和生活活动之间、自然生态系统内部关系不尽协调的矛盾。国家"十四五"规划要求"生态文明建设实现新进步，国土空间开发保护格局得到优化""广泛形成绿色生产生活方式，碳排放达峰后稳中有降，生态环境根本好转，美丽中国建设目标基本实现"。国土空间规划体系包括生产、生活和生态三种空间类型，以"促进生产空间集约高效、生活空间宜居适度、生态空间山清水秀"为目标。作为以协调人与自然关系为宗旨的学科，风景园林的研究和实践内容与"三生"空间的划定、开发、管理等方面均关系密切。因此，风景园林学的发展应以优化国土空间格局为总体目标，持续深入风景园林规划设计、生态评估与规划、国家公园、风景名胜区及自然保护地、文化景观、园林植物等方面的研究，实现国土空间"山水林田湖草沙"等生态系统的保护与更新治理，响应"多规合一"的实践需求，并与中国国土空间的具体特征和实际问题紧密结合。

中国传统人居生态环境建设的主要特征就是构建不同尺度人类环境与自然环境的协调关系，通过适宜的农业、水利、风景等方面的开发方式，为区域的生产、生活提供安全支撑，并构建与自然环境的平衡关系。同时，再将这些工程和设施风景化，使之与环境融为一体。因此，当下风景园林学学科的研究与实践还应持续关注不同国土区域中多尺度人居环境的生态安全支撑体系建设，研究区域城乡一体建设的中国方法和中国途径，尤其是需要重点研究京津冀协同发展、长江经济带发展、粤港澳大湾区建设、长三江一体化发展等重点区域建设的主要问题，开展规划设计实践，推动城市和城市群的高质量发展。

4. 以人为核心的新型城镇化转型与乡村振兴的全面推进

当前，中国城镇化率已经逼近65%，由于中国有着更多的人口、更大规模的城市以及更多的千万级别人口的城市，因此，中国城镇化的许多问题是没有历史经验可以学习与参考的。风景园林学在未来发展中应该重点关注中国城镇化所面临的包括公共生活、生态等方面的独特且紧迫的问题，并紧扣当前以人为核心的新型城镇化转型这一主要特征，主

要包括以生态空间和开放空间为主的城镇空间布局的评估与优化、不同尺度城市空间品质提升的规划设计方法、城市绿色网络与公共服务体系规划、绿色基础设施内涵的拓展、城市生态涵养区规划设计等。其中，多尺度城市更新与社会治理是当前中国城镇化背景下实现城镇空间品质提升的核心内容，未来应依托风景园林学学科特征优势，开展针对老旧小区、老旧厂区、老旧街区和城中村等片区的多尺度存量更新研究与实践，并与城市生态修复相结合，实现生活品质和生态品质的共赢提升。

党中央"十四五"规划指出"优先发展农业农村，全面推进乡村振兴"。生产空间和生态空间的和谐关系与良性演化是乡村土地空间可持续发展的关键，而乡村生活空间环境品质的提升则是实现农民生活质量提高的重要内容。风景园林学未来应在乡村振兴的多个方面开展研究、实践，包括乡村生活生产生态空间的评估、保护和优化方法研究，基于不同乡村地域特征和文化特质的风貌更新与人居环境设计、特色乡村旅游规划理论研究与实践、乡村生态保护与治理研究等。

5. 增进民生福祉，推进健康中国建设

促进社会公平，增进人民福祉，不断实现人民对美好生活的向往是"十四五"时期社会经济发展的重要指导方针和主要目标。2020年年初爆发的新冠肺炎疫情令公共健康问题成为大众关注的热点话题，虽然现代医疗水平相比以前有了很大的提升，但绿地和公共空间的健康改善职能不应被忽视。同时，绿地还有助于居民形成健康的生活方式，提高社会公众健康质量，这些都与增进民生福祉息息相关。因此，未来的风景园林研究应持续关注景观效益、景观体验、空间行为与公共健康、疫情防疫之间的关系，研究基于公共健康生活方式的绿地规划设计方法，关注老人、儿童的公共健康需求，开展更多相关类型实践。

除了公共健康，未来城市绿地与公共空间还应承担起应对自然灾害、气候变化等职能，全方位保障城市健康、安全的运行。因此，在风景园林学未来的研究与实践中应持续深化有关低影响开发、雨洪管理、近自然设计、韧性规划与设计、绿色网络与绿色基础设施等内容，以应对未来地表空间可能发生的情况和问题。

此外，城市绿地分布并不总是公平的，绿地空间经常因收入、种族、年龄和性别等社会经济因素而高度分异。在过去20年中，城市绿色空间的不公平性被公认为是最重要的环境正义问题之一，西方学者已有大量的研究和论述，而我国的绿色公平研究尚属起步阶段。在我国特殊的土地制度、城市规划规范和绿地建设标准背景下，风景园林学应当扩展当前绿色公平的研究范围，延展不同制度背景和管理体制下的城市绿色公平理论。

6. 智能化、数字化与信息技术的快速发展

在未来5~10年中，5G网络将得到规模化部署，物联网将全面发展，高端芯片、操作系统、人工智能关键算法、传感器等将成为世界科技发展的关键领域，全面数字时代即将到来，数字化转型将整体驱动生产方式、生活方式和治理方式的改变。同时，在21世纪

的前 20 年里，数字移动设备的普及以及传感器在城市空间的传播产生了"大数据"，个人和社区通过社交媒体进行互动和信息交换，大数据分析为智慧城市复杂性理论的应用提供了实验基础。

当前，包括风景园林在内的相关规划设计学科结合人工智能、大数据、区块链、深度学习等新技术已开展了较多的尝试性探索，这些研究将在未来风景园林学中扮演越来越重要的角色，包括对数字技术背景下当代风景园林实践理论及方法的研究，数字技术影响下的风景园林艺术发展，数字技术与景园绩效研究，智慧城市、智慧园林、智慧乡村及智慧社区建设研究等多方面。风景园林设计师应积极响应社会信息化、数字化、智能化的变革潮流，结合环境大数据进行风景园林研究与实践，全方面开展服务数字中国的数字景观理论研究与实践应用。

（二）风景园林学未来发展趋势与对策

1. 深化中国风景园林历史与理论研究

历史与理论研究是学科的根基，它既是对学科本质内涵的持续挖掘与归纳，亦是推动学科持续发展的不竭动力。总的来说，中国风景园林历史与理论研究应始终坚持两方面基本特征，一方面是注重对中国传统土地利用、自然及风景管理和营建的思想、方法与技术的传承与发展，尤其是对中国传统文化核心与园林文化精髓的持续挖掘；另一方面则是基于当下中国国土的主要特征，借鉴先发展国家的已有经验，并基于当下和未来发展面临的问题和趋势开展持续的全方位探索。

学科历史与理论研究的空间范畴应该涵盖整个地表空间，从尺度上而言应包含整个地球地表空间、国土、区域、聚落和园林 5 个层级，从类型上来说则包括以天然地表空间为主的自然环境和人类影响程度各异的建成环境。在时间范畴上，风景园林历史与理论研究应与人类的兴建历史相一致，关注人类基于生活、生产、生态等方面的需求在土地上进行的各类营建活动。

中国风景园林历史与理论研究应持续深化对传统园林文化的研究，包括继续完善通史研究、地方史研究，同时也需要进一步系统梳理造园理论，并探究其与其他尺度土地营建活动在内涵、思想上的内在联系。此外，中国风景园林历史与理论研究还应持续推进学科史相关的系统研究以及中国风景园林申报非物质文化遗产的相关研究工作。

此外，中国风景园林理论研究的内容应包括自然系统演变规律相关理论和依托自然的人工环境营建思想两个方面，后者又可依据时期分为工业化之前和工业化之后两个部分。在未来的工作中，将从三个方面通过整合现有理论成果和开展多项科研实践，逐渐丰富中国风景园林理论体系及内涵。其中，自然系统演变规律相关理论方向包括对生态、自然地理、气象、地貌、水文、植物和动物等相关内容的整理和跨学科研究；工业化之前依托自然的人工环境营建思想方向则涵盖对水利建设、农业开发、聚落营建、交通建设、军事建设中的土地利用方式以及传统园林营建的相关思想、方法和技术的梳理；工业化之后的营建思想方向则包括近现代重要的城乡及风景园林发展理论，包括公园系统、国家公园、绿道（风景道）、城市更新、文化景观、生态修复、生态基础设施、低影响开发、韧性设计、荒野保护与再野化、近自然设计等。同时，以上方向并非一成不变，随着社会发展的持续进步和对学科内涵的不断挖掘，研究方向和内容将逐渐增加，使得这一研究框架逐渐完善、内容不断拓展。

2. 面向国土空间发展和生态文明建设需求，拓展和深化风景园林研究与实践

在国土空间规划"多规合一"的背景下，拓展、深化服务国土空间规划的风景园林研究和实践是未来发展的重要内容。国土空间规划中的"三生"空间均与风景园林学有着密切关联。针对不同类型国土空间特征，如何分别开展生态系统服务评估，如何协调不同类型土地利用的关系，如何制定不同类型土地划分的标准和开发要求，如何协调生活、生产和生态空间平衡的关系，都将是未来风景园林学研究与实践的重点内容。其中，生态文明建设大背景下如何强化生态优先的规划方法，推进山水林田湖草等各类自然资源和生态系统的保护更需要开展持续的关注，具体包括生态现状的全面调查、分析与评估研究，保护分区的规划及维护方法研究，典型生态环境的修复模式、方法及技术的相关研究，生态优先理念下典型自然资源的开发模式研究等。

风景园林学科对风景名胜与自然保护地的研究与相关实践探索同样十分重要。其总体方向是，以风景园林为视角，以全域国土景观为对象，以风景名胜区、自然保护地和遗产为核心，研究和构建风景名胜与自然保护地的学科体系和理论框架，推进国家公园理论体系研究、中国特色自然保护地体系研究以及全球视角下风景园林遗产理论研究。顺应新时代高质量发展要求，贯彻发展新理念，加强风景名胜和自然保护地管理体制、规划设计、风景旅游、经营管理、科研教育、乡村振兴与乡村风景、两山转化模式等方面的研究，构建中国魅力国土空间，服务新发展格局。同时，地方社区与自然保护地和谐发展的路径也是这一领域重要的研究内容，具体包括自然环境友好型的社区产业模式研究，社区生活空间的建设管控和功能优化，社区参与自然保护地建设、管理和保护的途径等。

气候变化背景下适灾弹性景观基础设施系统的研究与实践是未来风景园林学科发展的另一重要方向。以全球气候变暖为主要趋势的全球气候变化正在使人类处于一系列不确定的风险中。近年来，极端气象不断加剧，洪水、干旱和森林大火等自然灾害对农业生产、物种生存、城市安全和经济发展等方面造成越来越严重的破坏和影响。如何通过风景园林手段增强人类居住环境的韧性，以适应气候变化或减缓其带来的负面影响、营造人与自然系统和谐共处的居住环境，是当前风景园林行业需要面对的急迫问题。主要研究内容包括气候变化对城市生态网络及典型绿地影响的模拟、评估技术与应对方法，气候变化对多尺度环境生物多样性的影响，多尺度韧性景观构建策略与方法，应对极端气象事件的风景园林规划设计方法，低影响设计和材料的应用，城市雨洪管理等。

3. 面向城乡绿色高质量发展深化风景园林研究与实践

以建设人与自然和谐共生的美丽城市为基本目标，基于双碳目标、城市生态修复、城市自然风貌保护、城市生物多样性保护、园林城市、海绵城市、绿色城市、公园城市等多样视角，开展多类型风景园林研究与实践探索，以支撑、推动城市的绿色和可持续发展。

2021 年国务院政府工作报告中指出，扎实做好碳达峰、碳中和各项工作，制定 2030 年前碳排放碳达峰行动方案。城市绿地是城市生态系统的重要组成部分，通过合理的规划设计各类城市绿色空间，推动形成绿色低碳的城市生态系统，可以有效增强城市碳汇功能、缓解城市热岛效应、降低城市能耗。这一层面的主要研究应包括绿地碳汇战略规划、绿地全周期碳排放评价、绿地低碳养护技术开发、高固碳植物筛选与配置以及立体绿化技术研究等。同时，由于我国城镇化已经进入转型发展的新时期，对于现有城市绿地开展生态评估是非常重要的，因此，未来在绿地评估方向的研究内容还应包括实时观测数据与绿地生态评价的联动、绿地评价模型的优化更新、大数据和 GIS 技术结合的城市绿地生态功能评价等方面。此外，未来还应推动包括评估分析、规划设计、建设施工及养护管理为一体，衔接以上各个环节的风景园林全生命周期管理平台的研究与建设。

推进城市生态修复工作，提升城市生态环境质量和生物多样性是未来风景园林学发展的重要内容。当前，城市空间外延发展向城市空间存量更新进行转变，开展城市生态修复是这一背景下推动城市绿色和可持续发展的重要途径。城市大规模产业结构调整与旧城区改造使得生态环境质量越来越受到重视，风景园林被赋予改善城市与区域生态环境的重要基础设施定位。主要研究包括水土质量快速监测与综合评估技术研发，抗逆适生植物种质资源库、群落配置模式和景观营建关键技术研发以及技术集成示范工程与标准体系的建设。同时，生境修复的可持续发展需要建立在更加普遍而具有感染力的文化内涵之上，也需要不断提高的公众审美来获得广泛的认同意识和保护意识。应当在生境修复场景中积极传递自然之美，重新连接城市公众与自然，引导公众的审美认同。

生物多样性是建成环境可持续的关键指标。其中，城市动物栖息地修复是提升城市生物多样性的关键举措，因此，城市动物栖息地的修复对于保护城市生物多样性至关重要，主要研究包括多技术相结合的城市生物多样性调查和监测体系、城市生物多样性评价标准与体系构建、城市生物多样性大数据共享和应用、城市生物多样性保护规划、城市动物食源植物的筛选和配置、城市动物偏好绿地小环境的构建、城市动物迁徙廊道规划设计、城市小微湿地系统修复、城市生物多样性政策系统化研究等。

以尊重自然、顺应自然、保护自然的理念开展城市科学绿化的相关研究。关注城乡绿地的系统性、协同性规划理论，研究蓝绿网络构建、城乡绿地连接贯通、城市公园体系合理布局的规划设计方法。提升城乡绿地生态功能，研究有效发挥绿地服务居民休闲游憩、体育健身、防灾避险等综合功能的实施途径。积极开展乡土树种草种的相关研究，推广抗逆性强、养护成本低的植物品种，研究针对古树名木及其自然生境的保护修复理论与方法。此外，创新生态种植模式也是迫切需要研究的主体，未来需研究自然荒野植被、城市自生植被与潜在植被等非园林植被类型，把握植物群落的组成、结构与演替特点，建立低碳种植、在地播种种植、引导并控制自生植物扩繁等低影响种植设计模式。

为了保证地表资源的可持续发展、构建人与自然相和谐的关系，低影响开发和可持续设计仍然将是未来风景园林学发展的关键内容。未来的低影响开放建设应以多元价值为导向，研究内容包括全过程的持续管理机制、针对各类效益的监测方案、建设后的绩效评估和持续更新方法、以实证评价带动和促进规划设计实践优化模式等内容。可持续设计对未来风景园林设计实践提出了更加综合的要求，可持续性需要从环境、社会和经济多方面对项目进行综合考量，展现项目的持久性和多功能性。可持续设计未来主要研究内容包括社会效益、经济效益、环境效益评价指标和方法的制定与优化，各种效益的动态监测方法，可持续设计策略的有效循证途径，基于风景园林可持续设计理论与方案的案例和服务平台建立等方面。

4. 面向国家重点战略需求开展专项研究与实践

（1）关注以人为核心的新型城镇化，探索风景园林城市更新、城市生态修复、城市历史文化保护与风貌塑造方法。探讨和完善责任风景园林师制度，充分发挥风景园林在城市更新领域的专业优势，与城乡规划师、建筑师共同支撑新型城镇化建设，服务城市更新和城市修补。加强城镇老旧小区改造和社区建设，为居民提供参与机会，搭建社区营造和多元共治平台，保护社区文化和邻里关系原真性。推进城市生态修复，提升城市治理能力水平，建设海绵城市、韧性城市。关注存量空间优化，推进城镇棕地与废弃地等的景观修复与再利用。强化历史文化保护、塑造城市风貌，建立基于城市历史文化与风貌保护的风景园林规划设计体系，保障物质空间环境和历史文化街区生活的原真性。

（2）助力乡村振兴，探索县域城镇与村庄景观规划建设方法和传统村落与乡村风貌保护模式，建立乡村生态安全格局和生态保护规划体系。深刻理解乡村风景的特征及其文化内涵，通过探索县域城镇与村庄景观规划建设方法，改善乡村人居环境、促进乡村文明建设、助力乡村旅游发展，主要包括传统聚落、农业景观、非物质文化遗产等的保护及传承利用。在梳理乡村生态与文化资源的基础上，提出生态与文化保护规划措施，构筑村域生态与文化空间体系，包括乡村生态环境保护体系构建、乡村生态安全格局构建研究、乡村景观生态保护规划研究、乡村传统风貌与建筑保护规划研究等。完善环境治理和生态修复制度，健全乡村生态系统保护机制，进一步细化管控措施，包括乡村生态保护与经济发展协同机制研究、乡村生态保护监管制度研究、乡村生态环境监测体系研究等。深入研究乡村生态保护补偿机制，全力保障国家的战略实施，提升生态系统的多重价值，助力乡村振兴战略，推动城乡融合发展，包括不同地域乡村生态保护补偿机制建设和实施情况研究等。深入研究乡村生态系统保护和修复重大工程，协助统筹山水林田湖草系统治理，优化生态安全屏障体系，包括山水生态修复与保育研究、乡村自然生态景观保护技术研究、乡村植物群落构建与保育研究、乡村自然保护区生物多样性与保育研究等。

（3）支持国家重点区域的风景园林规划相关实践和方法研究。随着风景园林建设的内涵不断深化和拓展、价值导向和认识水平不断提升，风景园林专业工作在区域发展过程中发挥的作用也越来越综合、越来越重要。风景园林建设不仅能够改善建成环境品质，还能起到促进国家重点区域发展、传承文化价值等作用，是带动经济发展、夯实文化建设的重要途径。在社会和经济层面，应注重通过风景园林策略促进经济发展和社会公平，探讨人口、产业与生态环境之间的共存关系，促进平衡长久的人地发展模式，助力国家重点区域战略的落地实施。

（4）推进重要文化和自然遗产、非物质文化遗产的风景园林规划设计实践与相关理论研究。在文化价值层面，关注我国优秀自然传统以及与自然共存的发展智慧，充分认识自然文化遗产、非物质文化遗产的重大意义，以高度的责任感和使命感加快推进长城国家文化公园、大运河国家文化公园、长征国家文化公园、黄河国家文化公园等的规划建设，学习、研究如何延续和发扬传统文明和传统精神。深入研究传统生态智慧、农耕智慧和园林文化思想，关注水利遗产的发展变迁、保护利用和活态开发以及农业遗产的基础性研究和动态存续应用研究。发展园林考古，深入挖掘传统园林文化内涵，进一步丰富和完善传统园林的知识体系。

5. 开展关注人民福祉，塑造安全、健康、友好公共环境的风景园林规划设计研究

（1）开展多学科交叉的风景园林健康功效和机理研究、风险评估研究及绩效评价等的理论研究。

健康导向的绿色开放空间涉及众多学科细分方向，维护和保障人民健康、公共卫生安全、预防公共危机有赖于多学科之间的紧密合作。多学科交叉的风景园林健康功效和机理的相关研究议题主要包括城乡绿地空间格局与人群健康水平耦合关系，城乡绿地及其不同内部构成对人体生理健康、心理健康、社会健康的影响机制，健康导向下功能型植物种类筛选、配置方式及其健康疗效等方面。

开展风景园林健康风险评估的相关研究，关注如何抑制、消除绿色空间中可能致害的生态系统负向服务。研究议题包括公共健康视角下的绿色空间生态系统负向服务的概念、内涵、类型评估及制图方法，绿色空间的健康风险评价方法，绿色空间生态系统负向服务优化的规划、设计、管护策略等。

开展风景园林健康促进绩效评价的相关研究，针对绿色空间的营建对各维度健康的促进作用、量化问题等展开系统研究，建立以促进人群健康为导向的绿色空间建设科学评判标准。研究议题包括案例研究库的拓展、指标评价工具的提取、绩效研究文献检索库的建立等。

（2）开展风景园林促进健康生活的实践策略研究。

城市环境包括道路、水系、广场及绿地系统等，与公共卫生问题密切相关。良好的城市环境建设是实现高质量公共健康服务基础设施的重要保障。在传染性疾病频发的时代背景下，城市绿色基础设施在阻止疾病传播、防护公共安全以及提供游憩、生态和文化科普等方面发挥着重要作用。风景园林应助力科学构建城市绿色基础设施系统布局，同时进行合理的规划设计和管控，研究议题主要包括公共健康视角下的城市公共绿地管控策略研究、城市公共健康基础设施的系统构建、城市公共健康基础设施系统格局优化、城市绿色基础设施的健康效益评估等。

开展户外公共空间健康设计与改造方法研究。在存量经济时代的城市更新语境下，健康导向下的户外公共空间更新设计将是未来城乡绿地建设的主要内容之一，而面向全绿地类型与全年龄人群探索健康支持性绿地设计方法与实施技术是研究重点。研究议题主要包括健康导向下的城市街景优化、城市可步行性开放空间优化策略，健康支持性户外空间设计导则、标准、实施技术，健康支持性户外空间运营管理，健康导向下城市社区小、微空间营建方法技术等。

构建基于中华传统文化的园艺疗法体系。在老龄化日趋严重、亚健康人群激增、生活习惯病普遍、青少年自然缺失等背景下，园艺疗法可在治疗、康复、保健、养生领域发挥重要作用。风景园林应深刻理解中国传统文化中的居养文化，利用深厚的文化基础和丰富的实操经验构建基于中华传统文化的园艺疗法（康复景观）理论与实践体系。

6. 多学科协同机制下风景园林学的智能化与标准化建设和研究

探索以风景园林为核心的多学科协同机制，在此基础上推进数字技术与风景园林的有机、有效结合途径，开展行业标准化工作。

（1）智能化：开展风景园林智慧运维研究，促进运营智慧化和决策智能化。

智慧园林是国家智慧城市试点指标体系中的重要指标之一，其特征体现为全场景感知交互、全过程精细运营、全环节智能决策和全要素协同推进。园林行业应当关注"全流程、精准化"的设计实践协同方法以及"跨学科、跨领域"的技术方法融合，在5G技术、人工智能、云计算、区块链等优势技术的加持下，在大数据平台建设、实时监测评估系统建设等方面积极探索，从而服务行业主管部门通过可视化绿化资源管理、动态化养护巡查、智能化辅助决策等实现园林绿化管理模式的转变，达到规范化、数字化、网格化、智能化的管理水平。

（2）标准化：完善标准体系，提升行业技术水平。

积极开展行业标准化工作，通过构建完善的风景园林标准体系、制定合理的标准制修订计划、实施多维并举的标准化管理措施等，持续推进行业标准化发展。

根据《中华人民共和国标准化法（2017修订）》要求，未来风景园林行业将形成政府主导，协（学）会等社会组织、相关市场主体共同参与、协同发展的标准化管理机制。标准化工作需要整合精简强制性国家标准、优化完善推荐性标准、共同制定满足新发展需求的团体标准，从而形成"强制性标准守底线、推荐性标准保基本、行业标准补遗漏、企业标准强质量、团体标准搞创新"的"新型标准体系"。同时，不断强化工程建设标准、产品与服务管理标准的互相支撑、配套使用。今后一段时期内，风景园林标准制修订工作将抓紧完善亟须的基础标准，包括术语、分类、标志标识等；把握行业发展趋势，不断充实践行业新发展理念、应用新技术的通用、专用标准，包括聚焦构建连续完整的城市生态基础设施，形成以公园体系、绿道系统、郊野型公园、公共空间为主体的城市休闲游憩体系，提出相应的建设、监测、评价、管控标准；涉及各类风景园林项目从勘察、规划、设计、施工到运行维护的全过程管控标准；制定与"碳达峰、碳中和""科学绿化""智慧园林"目标对接的风景园林项目技术方法和材料、设施等产品质量标准。在此基础上，积极开展标准宣贯、复审和培训工作，推动标准国际化，促进相关学、协会间的交流融通，强化科研成果对标准的支撑作用。

7. 持续推动风景园林学科建设及人才培养

（1）持续推动风景园林一级学科建设。

中国风景园林学科有着完整清晰的发展轨迹和深厚的历史积淀。中国风景园林的传统一部分来自古代的造园，另一部分来自历史上中国人对土地的整治和经营，特别是对支撑农业生产的基础设施的营造及风景化的过程。

当代的中国风景园林继承了中国人几千年来改造自然环境、建设家园所积累的一整套人与自然相互适应的准则，并在应对工业化和城市化过程中出现的一系列前所未有的城市问题和环境挑战中，结合现代科学与技术发展出了自己的理论体系和实践方法，成为一门视野广阔的关于人类生存环境保护和建设的一级学科。

未来应持续推动风景园林一级学科建设，进一步明确风景园林一级学科与一流专业建设总体布局，确保风景园林一级学科与一流专业建设群策群力，并兼顾风景园林学人才培养与科学研究齐头并进。进一步明确风景园林学科和专业评估的内涵要义与实施目的，共同建立风景园林学科和专业评估的特色评价指标体系，着力探索风景园林学科和专业评估与建设间的辩证关系。基于深厚的风景园林文化传统与生态智慧，并兼具系统性和前瞻性的风景园林学科建设，在现有基础上进一步壮大学科领域，完善风景园林的学科框架和体系，完成更多的具有世界性的范性实践，让中国风景园林为世界风景园林的发展做出更大的贡献。

（2）促进教育、研究和实践三位一体，建立兼具普适性、本土性和前瞻性的教育体系。

社会的发展和科学技术的进步促使风景园林的研究和实践范围不断扩大，并与越来越多的学科交叉融合，这要求风景园林学科统筹教育、研究、实践的关系，构建三位一体、与时俱进的教育体系。风景园林人才的培养应当兼顾理论研究、规划设计实践、工程建造、植物培育、管理养护等多重内容，拓宽培养方向，适应研究、规划设计、建设和管理等不同岗位的需求。

在教育体系探索中，应当关注社会经济发展所带来的普适性问题、具有中国特色的本土化问题和人类社会发展中可能遇到的新情况和新问题。注重综合化、学科交叉化的教育体系构建，拓展课程体系的深度和广度。注重培养学生的批判性思维和研究思路与方法，以实践与教育相结合、新科技与教育相结合、产学研相结合等方式有效促进专业知识与技能的综合提升。

（3）构建不同层次的人才培养体系，建设创新团队、创新平台，建立风景园林师职业制度。

注重不同层次的人才培养，根据社会需要将人才培养体系做层化处理，对科研人才、规划设计人才、专业技能人才等的培养方案做出合理区分，明确培养目标，提升教育的针对性和特色化水平。

积极建设科技创新平台，培育创新团队，整合、集成已有的风景园林理论与实践资源，在更广阔的学科背景、更高层次和水平上建设具有国际竞争力的学科发展平台，最大限度释放创新活力，提高风景园林的科技竞争实力和创新水平。

积极推进风景园林师职业制度的建立，完善行业市场准入规则，加快构建以人为核心的新型风景园林市场管理体系。

参考文献

[1] 陈俊愉. 中国农业百科全书·观赏园艺卷 [M]. 北京：中国农业出版社，1996.

[2] 王秉洛. 城市绿地系统生物多样性保护的特点和任务 [J]. 中国园林，1998，14（1）：2-5.

[3] 杨锐. 美国国家公园体系的发展历程及其经验教训 [J]. 中国园林，2001（1）：62-64.

[4] 吴静子. 国内外景观设计学科体系研究 [D]. 天津：天津大学，2007.

[5] 郭红梅. 国外土地管理的经验及其对我国的启示 [J]. 学理论，2009（19）：44-45.

[6] 仇保兴. 建设绿色基础设施，迈向生态文明时代——走有中国特色的健康城镇化之路 [J]. 中国园林，2010，26（7）：1-9.

[7] 中国科学技术协会主编，中国风景园林学会编著. 风景园林学科发展报告2009—2010 [M]. 北京：中国科学技术出版社，2010.

[8] 谢凝高. 风景遗产科学的核心论题 [J]. 北京大学学报（哲学社会科学版），2011，48（3）：104-108.

[9] 戴思兰，黄河，付建新，等. 观赏植物分子育种研究进展 [J]. 植物学报，2013，48（6）：589-607.

[10] 樊杰. 主体功能区战略与优化国土空间开发格局 [J]. 中国科学院院刊，2013，28（2）：193-206.

[11] 刘明香，关欣. 国外棕地治理对我国城市闲置土地利用的启示 [J]. 经济研究导刊，2013（8）：71-73.

[12] 杨锐. 论风景园林学发展脉络和特征——兼论21世纪初中国需要怎样的风景园林学 [J]. 中国园林，2013，29（6）：6-9.

[13] 李丹. 国外资源枯竭型城市转型中土地利用政策初探 [J]. 当代经济，2014（13）：62-63.

[14] 杨锐. 论"境"与"境其地" [J]. 中国园林，2014，30（6）：5-11.

[15] 杨锐. 论中国国家公园体制建设中的九对关系 [J]. 中国园林，2014，30（8）：5-8.

[16] 朱育帆，郭湧. 设计介质论——风景园林学研究方法论的新进路 [J]. 中国园林，2014，30（7）：5-10.

［17］王绍增. 30年来中国风景园林理论的发展脉络［J］. 中国园林，2015，31（10）：14-16.

［18］西蒙·贝尔，李正. 从个人角度谈风景园林学科未来十年的发展［J］. 风景园林，2015（4）：62-65.

［19］董亮，张海滨. 2030年可持续发展议程对全球及中国环境治理的影响［J］. 中国人口·资源与环境，2016，26（1）：8-15.

［20］刘滨谊. 风景园林科学研究刍议——1986—2016年国家自然科学基金风景园林课题研究的体会［J］. 中国园林，2016，32（11）：32-38.

［21］孟兆祯. 把建设中国特色城市落实到山水城市［J］. 中国园林，2016，32（12）：42-43.

［22］赵智聪，彭琳，杨锐. 国家公园体制建设背景下中国自然保护地体系的重构［J］. 中国园林，2016，32（7）：11-18.

［23］曹越，杨锐. 中国荒野研究框架与关键课题［J］. 中国园林，2017，33（6）：10-15.

［24］王晞月，王向荣. 风景园林视野下的城市中的荒野［J］. 中国园林，2017，33（8）：40-47.

［25］杨锐. 风景园林学科建设中的9个关键问题［J］. 中国园林，2017，33（1）：13-16.

［26］杨锐. 生态保护第一、国家代表性、全民公益性——中国国家公园体制建设的三大理念［J］. 生物多样性，2017，25（10）：1040-1041.

［27］张国强. 中国风景园林史纲［J］. 中国园林，2017，33（7）：34-40.

［28］张苗，兰梦婷，陈银蓉，等. 国外土地利用与碳排放知识图谱分析——基于CiteSpace软件的计量分析［J］. 中国土地科学，2017，31（3）：51-60.

［29］金云峰，杜伊，李瑞冬，等. 景观绩效的教学模型——以美国风景园林学科进展为例［J］. 风景园林，2018，25（3）：117-121.

［30］孟兆祯. 美丽中国园林教育［J］. 风景园林，2018，25（3）：12-14.

［31］王亚洁. 国外城市轨道交通与站域土地利用互动研究进展［J］. 国际城市规划，2018，33（1）：111-118.

［32］张若曦，苏腾，黄梦然. 国外生态城市近十年研究回顾——基于CiteSpace软件的可视化分析［J］. 生态城市与绿色建筑，2018（1）：36-42.

［33］邓武功，贾建中，束晨阳，等. 从历史中走来的风景名胜区——自然保护地体系构建下的风景名胜区定位研究［J］. 中国园林，2019，35（3）：9-15.

［34］李正，李雄. 如何将生态与文化融入城市发展：基于英文期刊文献的系统综述［J］. 中国园林，2019，35（8）：61-66.

［35］孟兆祯. 中国风景名胜区的特色［J］. 中国园林，2019，35（3）：5-8.

［36］斯特芬·奈豪斯，熊亮，丹尼艾勒·坎纳特拉. 三角洲适应性转型——基于景观的区域设计方法［J］. 风景园林，2019，26（9）：8-22.

［37］王向荣，林箐. 文化的自然［J］. 城市环境设计，2019（1）：30-37.

［38］王向荣. 城市中的荒野［J］. 风景园林，2019，26（8）：4-5.

［39］吴会，金荷仙，王晴艺. 5种风景园林类SCI期刊2013—2017年载文统计分析与研究［J］. 中国园林，2019，35（10）：119-123.

［40］武静，杨颖. 风景园林学科国际研究热点与趋势研究［J］. 风景名胜，2019（9）：5-6.

［41］薛飞，贾刘耀，钟乐，等. 基于文献计量分析的生态系统服务与空间规划交叉研究评述［J］. 中国园林，2019，35（10）：95-100.

［42］杨锐，曹越. "再野化"：山水林田湖草生态保护修复的新思路［J］. 生态学报，2019，39（23）：8763-8770.

［43］贾建中. 风景名胜区功能定位与国家保护地体系［J］. 中国园林，2020，36（11）：2-3.

［44］李雄，张云路，木皓可，等. 初心与使命——响应公共健康的风景园林［J］. 风景园林，2020，27（4）：91-94.

［45］李雄. 积极践行风景园林人的初心与使命［N］. 中国建设报，2020-04-27.

［46］刘文平，陈倩，黄子秋. 21 世纪以来风景园林国际研究热点与未来挑战［J］. 风景园林，2020，27（11）：75-81.

［47］刘懿慧，刘金香，方明. 国内外康复景观研究进展——基于 CiteSpace 可视化分析［J］. 中外建筑，2020（12）：63-67.

［48］王婷，任云英. 基于 CiteSpace 文献计量分析的绿色基础设施研究重点与前沿分析［J］. 北京林业大学学报（社会科学版），2020，19（4）：24-36.

［49］王向荣. 中国城市的自然系统［J］. 城乡规划，2020（5）：12-20.

［50］武静. 基于 ESI 与 JCR 的风景园林学学科前沿分析［J］. 华中建筑，2020，38（12）：1-5.

［51］张启翔. 中国观赏园艺研究进展［M］. 北京：中国林业出版社，2020.

［52］孟兆祯. 感谢党恩育了风景园林学科——纪念风景园林学科成立 70 周年［EB/OL］. http:// kns.cnki.net/ kcms/detail/11.5366.S.20210707.2127.002.html. 2021-09-23.

［53］郑曦，周宏俊，张同升. 走向现代：1980—2010 年中国风景园林学学科蓬勃发展的特征分析［J］. 中国园林，2021，37（1）：33-37.

［54］钟乐，杨锐，薛飞. 城市生物多样性保护研究述评［J］. 中国园林，2021，37（5）：25-30.

［55］朱蕊蕊，赵烨，张安，等. 风景园林学健康研究领域文献系统综述和研究前沿分析［J］. 中国园林，2021，37（3）：26-31.

［56］Brown G, Raymond C. The Relationship Between Place Attachment and Landscape Values: Toward Mapping Place Attachment［J］. Applied Geography, 2007, 27（2）：89-111.

［57］Dave Saint-Amour, Pierfilippo De Sanctis, Sophie Molholm, et al. Seeing voices: High-density electrical mapping and source-analysis of the multisensory mismatch negativity evoked during the McGurk illusion［J］. Neuropsychologia, 2007, 45（3）：587-597.

［58］Akagawa N, Sirisrisak T. Cultural Landscapes in Asia and the Pacific: Implications of the World Heritage Convention［J］. International Journal of Heritage Studies, 2008, 14（2）：176-191.

［59］Abraham A, Sommerhalder K, et al. Landscape and Well-Being: A Scoping Study on the Health-Promoting Impact of Outdoor Environments［J］. International Journal of Public Health, 2010, 55（1）：59-69.

［60］Rosenberg D E, Kopp K, Kratsch H A, et al. Value Landscape Engineering: Identifying Costs, Water Use, Labor, and Impacts to Support Landscape Choice［J］. Journal of the American Water Resources Association, 2011, 47（3）：635-649.

［61］Ren Y, Wei X, Wang D, et al. Linking Landscape Patterns with Ecological Functions: A Case Study Examining the Interaction Between Landscape Heterogeneity and Carbon Stock of Urban Forests in Xiamen, China［J］. Forest Ecology and Management, 2013（293）：122-131.

［62］Portman M E, Natapov A, Fisher-Gewirtzman D. To Go Where No Man has Gone Before: Virtual Reality in Architecture, Landscape Architecture and Environmental Planning［J］. Computers, Environment and Urban Systems, 2015（54）：376-384.

［63］Radoslava Krylová. Městská divočina: Dystopie a heterotopie v současném města［J］. AntropoWebzin, 2015, 11（1-2）：11-18.

［64］Robert D. Brown, Jennifer Vanos, Natasha Kenny, et al. Designing urban parks that ameliorate the effects of climate change［J］. Landscape and Urban Planning, 2015（138）：118-131.

［65］Sara A. Gagné, Felix Eigenbrod, Daniel G. Bert, et al. A simple landscape design framework for biodiversity conservation［J］. Landscape and Urban Planning, 2015（136）：13-27.

［66］Anna Connif, Tony Craig. A methodological approach to understanding the wellbeing and restorative benefits associated with greenspace［J］. Urban Forestry & Urban Greening, 2016（19）：103-109.

［67］ Menatti L，Casado Da Rocha A. Landscape and Health：Connecting Psychology，Aesthetics，and Philosophy Through the Concept of Affordance［J］. Frontiers in Psychology，2016（7）：571.

［68］ Wilker J，Rusche K，Rymsa-Fitschen C. Improving Participation in Green Infrastructure Planning［J］. Planning Practice and Research，2016，31（3）：229-249.

［69］ Sara Meerow，Joshua P Newell. Spatial planning for multifunctional green infrastructure：Growing resilience in Detroit［J］. Landscape and Urban Planning，2017（159）：62-75.

［70］ Yujia Zhang，Alan T. Murray，B L Turner. Optimizing green space locations to reduce daytime and nighttime urban heat island effects in Phoenix，Arizona［J］. Landscape and Urban Planning，2017（165）：165-171.

［71］ Ingo Kowarik. Urban wilderness：Supply,demand,and access［J］. Urban Forestry & Urban Greening,2018（29）：336-347.

［72］ Sarah Lindley，Stephan Pauleit，Kumelachew Yeshitela，et al. Rethinking urban green infrastructure and ecosystem services from the perspective of sub-Saharan African cities［J］. Landscape and Urban Planning，2018（180）：328-338.

［73］ Ackerman A，Cave J，Lin C，et al. Computational Modeling for Climate Change：Simulating and Visualizing a Resilient Landscape Architecture Design Approach［J］. International Journal of Architectural Computing，2019，17（2）：125-147.

［74］ Gino C，Simon D，Michael J. Remote Sensing and Citizen Science for Assessing Land Use Change in the Musandam（Oman）［J］. Journal of Arid Environments，2019（171）：140-151.

［75］ Johns C M. Understanding Barriers to Green Infrastructure Policy and Stormwater Management in the City of Toronto：A Shift From Grey to Green or Policy Layering and Conversion?［J］. Journal of Environmental Planning and Management，2019，62（8）：1377-1401.

［76］ Masterson V A，Vetter S，Chaigneau T，et al. Revisiting the Relationships Between Human Well-Being and Ecosystems in Dynamic Social-Ecological Systems：Implications for Stewardship and Development［J］. Global Sustainability，2019，2（8）：1-14.

［77］ Parker J,Zingoni De Baro M E. Green Infrastructure in the Urban Environment：A Systematic Quantitative Review［J］. Sustainability，2019，11（11）：3182.

［78］ Sim J，Miller P. Understanding an Urban Park through Big Data［J］. International Journal of Environmental Research and Public Health，2019，16（20）：1-16.

撰稿人：贾建中　王向荣　付彦荣　吴丹子　张诗阳　边思敏　徐　琴
　　　　张晋石　魏　方　庄优波　邓武功　李新宇　尹　豪　李运远
　　　　郭　湧　林广思　严　巍　马　琳　刘艳梅

专题报告

风景园林基础理论与园林史研究

风景园林基础理论与园林史研究以学科核心的基础理论、传统理论和通史、断代史、地方史、史学史、学科史等各类史学研究为对象，是风景园林学科的基础，对于保护传承优秀的历史文化遗产、挖掘传统中蕴含的文化思想和设计智慧、推进新时代的风景园林学科建设具有重要意义。从国家战略层面看，风景园林基础理论与园林史研究有助于增强文化软实力、彰显多彩包容的人文时尚魅力。

本专题涉及的理论研究分为基础理论和传统理论两部分，前者构成整个风景园林学科的理论基石，后者主要与传统风景园林有关，包括美学、理法和文化等方面。园林史研究的范围，从时间上包括古代史和近代史；从地域上包括中国史、地方史和外国史；从内容上包括案例研究和理论研究——前者涉及风景园林师和风景园林作品，后者涉及风景园林文化、思想、理法和匠法等。此外，本专题对近年来兴起的文化景观、风景史、近代风景园林建设史等也给予充分重视，以展示风景园林理论历史研究的面貌和进展，并对未来的研究趋势和重点进行展望。

一、风景园林基础理论与园林史研究发展回顾

（一）中国风景园林基础理论研究

近十年，中国风景园林基础理论研究主要从概念、价值、方法三个层面展开。自一级学科建立以来，风景园林概念已不再是研究重点，学科内涵基本固定。但内涵侧重点依然是讨论热点，主要围绕风景园林是否更具物质功能性或精神文化性而展开，即对风景园林作为生存空间或文化空间的探讨。随着社会需求的变化，外延的讨论成为研究热点。从生产景观、水利风景到国土空间规划，风景园林该发挥何种作用成为关注的焦点。

风景园林价值研究从功能评判、美学标准、文化意义角度研究风景园林物质和精神功

能的变迁，评判得失成败，建立美丑优劣标准，呈现出与专业发展趋势相应的多维度研究进展。风景园林美学理论包括对风景园林本身、理论著作和造园家等进行的美学研究，如皇家园林、私家园林或寺观园林的美学思想研究，《园冶》《长物志》《闲情偶寄》等的园林美学研究，祁彪佳、王世贞、张岱等的园林美学思想研究等；也包括从文学、美术学、考古学等相关领域进行的园林美学研究。近十年来，风景园林文化在传统园林文化研究、考古发掘与遗址研究、文化景观与遗产保护乃至国土空间规划中的历史文化研究等领域有了相当的研究成果积累。宏观层面趋向于跨学科的研究发展，如与建筑学、城乡规划学、生态学、历史学、考古学、地理学、文化人类学、社会学、经济学等学科深度交叉；微观层面则在传统园林经典案例、造园典籍的注释校勘出版、具体近代学科人物（如陈植、陈从周、陈俊愉、汪菊渊等）的研究等方面有所深化。

近十年，风景园林方法论研究主要集中在设计理法方面，即将风景园林营造理念转化为形式的规划设计程序和方法，是从构思立意到细节设计的过程。对传统风景园林设计理法的研究是近年来的热点，也构成了中国风景园林理论体系继承和发展传统优秀文化的重要途径。近年来，对具体风景园林类型的规划设计、营建管理方法的研究呈现出繁荣景象，这些工作往往包含理论研究内容，正在对风景园林理论体系的形成发挥重要作用。

（二）中国园林史研究

近十年，对过去较少重视的园林类型进行研究成为园林史研究的热点，中外园林文化交流和比较研究也呈现上升趋势，园林史研究向更广更深的领域发展。从研究对象类型来看，江南私家园林和北方皇家园林仍然是研究重点，但其他区域和类型也有了越来越多的研究，在此基础上，古代园林的地域特色及其生成机制引起了学界的普遍关注。从研究对象所处时代来看，明清园林研究仍占据主流，且更多地偏向古园遗存新发现和古代造园机制。越来越多的新技术、新方法被用于古代案例研究，如数字化测绘、基于图像或基于考古报告的研究等。古园形制研究方面也越来越深入，如对江南园林叠山历史与技艺的研究。经过近十年的研究，中国古代园林的历史面貌越来越清晰，形式背后的技法、制度和经济文化等影响因素正在被梳理，发生发展演变的机制正在被揭示。在实践领域，古代风景园林史研究正在为风景园林遗产保护提供越来越多的理论依据，并开始涉入实践工作。

近代园林史研究成果大量涌现，尤其是2011年风景园林学"一级学科"成立、2013年中国风景园林学会理论与历史专业委员会成立之后取得了较此前更为丰硕的成果。基于田野调查，针对园林营造手法、艺术特征的研究仍然是最为重要的组成部分，也发展了更为多元的研究视角与切入点，包括中西文化交流的考察、社会改良意义的剖析、园林遗产价值的探讨、内陆城市园林的挖掘、技术革新影响的讨论等。同时，以问题为导向的研究趋势促进了多学科交叉，近代建筑史领域对近代园林史研究的关注，计量史学、比较史学研究方法的运用，微观化、日常化研究视角的发展，更为宏阔、综合的家国社会视野的拓展，都丰富了对于近代风景园林的历史理解。现代风景园林史研究有所突破，主要集中在宏观历史背景（如"大地园林化"等大政方针）下的园林营造或微观人物个案（如夏昌世等）的理论与实践等方面。

（三）外国园林史研究

随着全球一体化趋势的不断推进，东西文化的交流和融合愈加频繁和深入，主要表现在对彼此历史的深入认知和解读方面。近十年外国园林史研究的地域分布以欧美和亚洲为主，内容可分为理论研究和应用研究两部分。在理论研究方面，主要包括外国经典案例和名家大师的深入研究，还有造园理念、法则、要素的专题研究；在应用研究方面，包括基于文化景观和遗产视角的历史城市、历史街区、历史园林的保护、管理研究，以及基于城市发展视角的现代园林建设对历史园林的传承与发展研究等。另外，在国家"一带一路"建设的大背景下，园林跨域和跨文化传播的历史研究也开始引起关注。

二、风景园林基础理论与园林史研究成果综述

（一）当代风景园林基础理论

近年来，在习近平总书记"两山"理论的指引下，国家宏观政策以"科学发展"为核心内涵，在自然资源管理、国土空间规划、生态环境治理、文化遗产保护等多个层面全方位展开，这为风景园林基础理论的当代发展提供了现实基础和理论维度，阐明了专业问题。

对中国优秀传统文化"创造性转化和创新性发展"的要求，推动了中国特色的风景园林理论体系建构取得一定进展，在对学科核心内涵的建构方面出现了一些新理论，虽然数量尚少，但意义重大。在汪菊渊、孙筱祥、陈植、陈从周等学者的研究工作基础上，孟兆祯提出了以借景为核心的中国传统园林设计理法序列，并阐述了"景面文心"等中国园林艺术特征，初步建立了中国园林设计的术语观念体系；王绍增提出风景园林是一种"营境学"；杨锐认为风景园林是研究和实践"转地为境"的学科；俞孔坚则认为"生存的艺术"是风景园林学科的专业定位。

总的来说，这一时期的基础理论传承创新，重在中国风景园林传统挖掘与当代社会发展需求的结合研究。中国园林的优秀传统文化被持续发掘，成为当代风景园林学概念内涵和价值体系向"中国化"发展的内在动力，一个具有中国特色的风景园林理论体系正在萌发和成长。

（二）传统风景园林基础理论

对传统风景园林理论的研究从美学、理法和文化三个方面展开。

在美学方面，近十年对于传统风景园林的实体、著作和人物等进行了一系列风景园林美学相关研究。如金学智的《风景园林品题美学》《园冶多维探析》、曹林娣的《苏州园林匾额楹联鉴赏》《静读园林》对风景园林的某些美学主题或理论著作进行了深入阐释。《中国园林美学思想史》四卷本首次对中国园林美学思想进行了系统梳理，分为上古三代秦汉魏晋南北朝（曹林娣）、隋唐五代两宋辽金元（曹林娣、沈岚）、明代（夏咸淳）和清代（程维荣）四个阶段。此外，将文学、美术学、考古学、人类学等相关学科的材料、方法和理论引入风景园林学并取得不少成果。在文学方面，李浩的《中国古代园林文学文献整理与研究》课题及相关论著对园林文学进行了系统的搜集和整理；萧驰的《诗与它的山河：中古山水美感的生长》从文学角度探讨了风景以及园林背后的山水美学。在美术学方面，高居翰等的《不朽的林泉：中国古代园林绘画》结合大量实例探讨了绘画与园林的关系。在考古学方面，鲍沁星借助考古材料论述了一系列宋代园林，填补了中国造园园林实例遗存的不足。此外，还有风景园林学与人类学、地理学等学科的交叉研究，突出了风景园林学作为综合学科的特色。

在理法方面，2011—2020年传统园林造园理法研究主要集中在对古园遗存案例的释读之中，通过对古园遗存和相关园林文献、绘画的收集和整理，挖掘、整理和归纳传统造园理法。传统造园理法研究不仅是风景园林史论研究的重要内容，还应用于实践成为连接传统园林艺术和当代园林建设的桥梁，具体可分为以下三个部分。一是中国传统园林艺术理法的研究。孟兆祯的《园衍》系统整理和提出了中国传统园林设计理法序列，杨锐提出"境其地"理法，对中国传统园林设计方法和程序进行了理论梳理。二是分析解读古园案例理法。通过调查和分析古园遗存案例，归纳和演绎中国传统造园理法，成果丰硕。《圆明园造园艺术探微》《明代江南园林研究》等专著注重地方园林及优秀古园案例的深入研究和阐发，展现了造园理法的丰富性和时代流变。《南浔近代园林》《中国无锡近代园林》抓住"近代"这一特殊时期，通过整理古园遗存田野考察资料，讨论传统造园理法在近代的延续和变迁。三是中国传统园林要素造景技法研究，主要以硕博士学位论文及相关形式呈现。如韩良顺的《山石韩叠山技艺》，刘晓明、许先升、王欣、魏菲宇等人分别对地形、建筑、种植设计、置石掇山等中国传统园林要素进行研究，形成了系列成果。其中，叠石造山在过去十年成为一个尤为重点的方面，研究内容包括设计理法、技法、审美及与当代置石掇山实践相结合等方面的探讨。

在文化方面，伴随着风景园林学科的快速发展，传统风景园林文化研究向广度、深度与多维三方面发展，在传统风景园林文化历史阐释、文化价值评估等层面取得了丰硕的研究成果。风景园林文化研究在这一阶段对自身文化发展的规律性把握和阐释，形成了一系列重要的研究成果。在古典园林文献方面，金学智的《园冶多维探析》多维度地对《园冶》进行了研究。在当代传统园林文化研究方面，孟兆祯的《园衍》对中国传统园林文化及其当代实践做了全面总结；同时，蔡达峰、宋凡圣主编的《陈从周全集》对陈从周相关园林理论做了详尽的校订。在基础研究方面，有刘庭风的《中国园林年表初编》《中国古典园林平面图集》。这些专著、文集、图册等为传统园林文化研究的深入提供了重要的史料文献。

（三）通史与综论

通史研究是对本学科一定时期学术研究成果的总结，一定程度上代表了该时期学科研究的整体水平，提供了学习、了解本学科知识的重要渠道。通史研究一般有两种方式：个人撰史与集体修史，或作为学术专论，或用作专业教材。

近年较少有个人撰写的通史著作，但汇编、引进和译介了一批早期学者的早期著作，如曹汛的《中国造园艺术》、汪菊渊的《吞山怀谷：中国山水园林艺术》、汉宝德的《物象与心境：中国的园林》、瑞典学者喜龙仁的《中国园林》、英国学者玛吉·凯瑟克的《中国园林：历史、艺术和建筑》等。这批著作虽然完成较早，但近年才汇编出版或得以引进，产生了较大影响。近年编写了一批园林通史专业教材，比较重要的有两部：一部是刘晓明、薛晓飞编著出版的《中国古代园林史》属于国家林业局普通高等教育"十三五"规划系列教材，脉络明晰、内容翔实；另一部是成玉宁主编出版的《中国园林史（20世纪以前）》，采用了集体修史的模式，由不同高校的数十位学者合作完成。目前，还在编订出版汪菊渊的《中国古代园林史纲要》和《外国园林史纲要》，以及编写《中国古代风景园林史》（五卷本），后者也采用集体修史的模式，预计将成为迄今资料最为丰富、卷帙最为浩大的一套中国风景园林通史著作。此外，还出版了关于风景园林某一主题的通史研究著作，如李树华的《中国盆景文化史》第二版、刘海龙等的《中国古代园林水利》，均是从某一视角进行通史的梳理。

（四）断代史

在中国不同时期的园林史研究方面获得了大量的新成果，大致按以下三个时段分述。

1. 两晋南北朝以前的早期园林史研究

对于先秦，在中国风景园林的起源、思想、概念、类型、文献、案例等方面都有进展，其中对沙丘苑台、各地池苑、蜀国墓园等遗址案例的讨论较为深入。对于秦汉，涉及案例、营造、美学、思想、功用等多方面研究，其中对上林苑、兰池宫、濯龙园、梁园、南越王宫苑、霍去病墓景观等营造案例有较深入的探讨。对于两晋南北朝，除综述性专著《魏晋南北朝园林史探析》外，在类型上，有对皇家园林、士人（私家）园林、寺庙园林等的多方面认识；在观念上，有书画思想、风水思想、环境审美、隐士文化等多方面对风景园林的作用；在地域营造上，有对南京、常州风景园林的新认识。

2. 隋唐两宋园林史研究

对于隋唐，在文献上，有对诗歌、散文、小说等多样材料中的风景园林关联性研究；

在观念上，有自然理念、绘画审美等方面影响的认识；在地域及案例上，有对江南、蜀地、洛阳、广州、渤海国等地的新考察；在造园人物上，对白居易、李德裕、裴度、牛僧孺、王绩等人的造园思想和实践有新的探讨；在营造上，对山水、植物等多样要素进行了深入分析。对于两宋，除综合性专著鲍沁星的《南宋园林史》外，尚有多样专题研究。如在风景园林文献上，有园图、山水画、诗词、散文及园记专著的相关研究；在观念上，有山水画论、隐逸文化、城市文明、理学思想、禅宗思想、自然观等对风景园林的作用研究；在类型上，有对私家园林、皇家园林、公共园林（祠庙园林、郡圃园林）的分别研究；在营造上，对叠山、理水、植物、建筑、小品（如铺装、栏杆、花台）以及相应的手法进行了分析；在地域与案例上，对洛阳、汴梁、杭州、苏州、徽州、江西、成都、福州、宜宾、桐乡、安阳等地的风景园林建设有新的认识；在人物上，探讨了欧阳修、司马光、苏轼、沈括、洪适等人的风景园林营造及思想；此外，还有对风景园林中的活动（如养生、雅集、品茶、舞蹈等）的丰富探讨。

3. 元明清园林史研究

元代园林在以往研究中较少关注，但在造园观念方面的山水画审美与隐逸思想、造园地域与案例方面有新的认识，尤其是对大都西苑、昆山玉山草堂、苏州狮子林、安阳圭塘墅有较深入的探讨。

明代的园林研究出现了热潮，新增相关论文200多篇，在广度和深度多方向上都有推进。其中，文献的研究是根本，在《园冶》等造园理论及相关园记文献得到进一步认识的基础上，诸多园林图像得到了突出的研究。各地域及具体案例是研究的重点，其中仍以江南园林为主体，除针对此地域的顾凯《明代江南园林研究》整体性专著之外，苏州、松江、绍兴、常州、南京、徽州等地的造园情况及具体案例得到深入研究，尤其以郭明友的《明代苏州园林史》较为突出；对江南之外的一些北方地区（如开封、济宁）和西北地区（如兰州、宁夏）的园林营造也有新的专门认识。在类型上，除了私家园林继续得到认识，宫廷园林、寺庙园林、乡村园林、山地园林都有新的推进。造园人物研究是一大亮点，王世贞、祁彪佳、米万钟、公安三袁等一系列重要人物及其实践得到深入探讨。在营造与审美方面，以"画意"为代表的风景园林审美及以叠石造山、花木配置为代表的营造方法得到进一步研究，如演剧、饮茶、养生、隐逸等园林活动也得到探讨。此外，从经济、生态、社会声望等视角对造园动力的解释性研究也多有开展。

清代的历史文献及实物遗存最多，研究成果也非常丰富。在文献上，一系列新的文本和图像得到关注。在地域及案例上，江南园林和北方皇家园林仍是重点，其中江南的扬州及南京园林和北方的圆明园及避暑山庄都有较多新的研究，其他地区如岭南、山东、巴蜀、河南等地也产生了新的成果。在类型上，除了以往最多关注的私家、皇家与寺观园林外，书院、文庙、会馆、教堂等附属的公共园林研究也多有进展。设计营造仍是关注重点，有关空间布局、造园要素的技艺及其时代变化都得到进一步认识。从政治、文化、审美等多方面的研究也多有开展，如君主、遗民、女性等不同视角都呈现出新成果。此外，如南北方等地域间的交流比较、近代化时代转变等也展现了新的研究视野。

（五）地方园林史

2011—2020年间发表和出版了一系列针对北方、江南、岭南、西南、西北地区的园林研究成果。

1. 北方园林史研究

中国南北方的划分通常以秦岭、淮河一线为界，其中陕西及以西可归为西北，此处讨论的北方地区包括北京、天津、山东、山西、河北、河南、内蒙古和东三省等地。古代很多朝代将都城定在北方，北方皇家园林一直是传统研究的重心。近年，国家图书馆整理出版了大批样式雷图档，包括《圆明园卷》《颐和园卷》《畅春园卷》《香山玉泉山卷》等，为推进史论研究提供了丰富资料；围绕圆明园涌现出大批研究成果，如郭黛姮等的《圆明园的"记忆遗产"》《数字再现圆明园》、贾珺的《圆明园造园艺术探微》、王道成的《圆明园研究四十年》等，对园林个案研究进行了深入探索。值得注意的是，近年对北方私家园林、寺观园林、公共园林的研究日益增多。贾珺发表的《北京私家园林研究补遗》《北京私家园林研究续补》等论文将研究范围扩大到北方地区，出版的《北方私家园林》和《古代北方私家园林研究》等著作对北京、山东、山西、河南等地的经典案例做了深入分析。此外，贾祥云主编的《山东近代园林》搜集整理了山东的现存园林，韩吉辰的《红楼寻梦·水西庄》解读了清代天津名园水西庄，薛永卿主编的《图说河南园林史》和田国行主编的《河南园林史》梳理了河南园林。目前，在东三省、河北和内蒙古的园林研究方面已有部分论文发表，但尚无专著出版，有待进一步加强。

2. 江南园林史研究

诸多以地域园林为对象的综合讨论往往追溯本源、研究成因，并结合时代与地域的纵横比较而加以专题研讨，如对苏州园林、扬州园林、上海园林、浙派园林及江南园林的综合研究，著作如曹林娣的《江南园林史论》；在江南各地私家园林、苏州名园的系列志书中也有诸多新的探讨，如顾凯的《江南私家园林》、苏州市园林和绿化管理局编的《留园志》等。在综合性研究外，还有诸多对具体园林案例、造园要素、营造原则与方法等的探讨，如黄晓等的《消失的园林——明代常州止园》；造园要素方面的研究有黄石叠山兴起、山水意境营造、江南园林建筑设计、声景评价及设计、典型植物香景营造意匠的研究等，如沈炳春等的《姑苏园林构园图说》；营造原则与方法研究有微气候营造、光影分析、文化内涵呈现等，如居阅时的《园道：苏州古典园林的文化涵义》。此外，大量跨学科视角的研究也在增加，如从诗歌视角对江南园林意境的研究、从戏曲艺术角度对明清江南园林的研究、从建筑学视角以反图解立场对江南园林构成等进行的研究。在江南史的研究方面也有许多成果，如对扬州瘦西湖的历史、艺术与营造，对杭州西湖及飞来峰理景，对江南"洞天福地"及其他山水名胜的景观营造，对江南村落景观等的研究探讨。

3. 岭南地区园林历史研究

作为岭南园林的重要专著，2013年刘管平出版了《岭南园林》，从历史、风格、个案研究等多方面全面梳理总结了岭南园林；陆琦出版了系列普及性的著作，包括《岭南园林》《岭南私家园林》等。此外，相关学者在岭南园林的历史演变、园林风格特征、代表性园林的空间与要素等方面持续深入研究，如梁明捷聚焦岭南园林的风格，论述了岭南园林是"畅朗轻盈"和"绚丽多姿"二重性风格特征的完整统一体。在类型上，从传统私家园林延伸至行商园林、州府园林、酒家园林等独特类型，尤其针对行商园林的源流和风格特征的研究体现了岭南园林的独特性，如彭长歆梳理了晚清广州十三行行商伍浩官（即伍秉鉴）造园的相关史料，林广臻等人对唐宋州府公共园林展开了较为系统的研究。在地域上，除了集中于广东地区，不少学者还致力于填补福建、广西、海南等地有关园林历史研究的薄弱环节，涌现出了一批研究成果，如张瑜对桂林雁山园进行了较为全面的研究；民国时期张友仁等人编纂的《惠州西湖志》得以整理再版；梁仕然从理法角度研究了惠州西湖各个历史时期的主要理景与变迁，剖析了水域的历史变迁；林广臻等人则基于多个案例着重讨论了公共性这一话题。

4. 西南地区园林历史研究

西南地区地貌复杂、民族众多，风景园林的历史发展呈现明显的地域差异，典型风景园林案例相对集中于长江沿线的巴蜀地区以及云南昆明、大理和贵州贵阳、黔西等云贵两地分中心地区。在巴蜀园林史学研究方面，杜春兰团队有关峡江地区寺观园林、城镇风景等近十篇巴渝风景园林的博硕士生论文和四川农业大学陈其兵、孙大江等在纪念性园林、书院及林盘等川西风景园林方面的研究，共同推进了自然、朴素园林风格的巴蜀园林特征整理。在云贵园林历史研究上，毛志睿等编著的《云南园林》首次系统归纳了云南园林的起源及变迁。相比西南历史园林案例数量上的弱势，区域城乡风景的研究成果更为丰富，形成了以云贵卫所、屯堡、土司城等和苗、侗、傣、纳、西等少数民族聚落人居风景等特殊聚落类型，以及西南山地城市和川江流域、乌江流域等地理适应性城乡风景营建经验整理的系列成果，补充并完善了西南区域风景园林的文化机制与历史经验。同时，西南地区作为抗日大后方在近代园林发展中的地位研究方面也积累了丰富的研究成果，如欧阳桦、况平等对重庆近代公园、私园的系列成果以及张天洁对昆明近代公园的研究，丰富了中国近代风景园林的典型案例和在地经验整理。

5. 西北地区园林历史研究

西北地区深居中国西北部内陆，包括陕西、甘肃、青海、宁夏、新疆五省区。近十年对于陕西地区风景园林历史的研究主要聚焦在两个方面。一方面是以西安建筑科技大学西北地景研究所为代表的地景文化研究，共涉及著作1部及重要期刊、硕博士生论文8篇，其中佟裕哲、刘晖2013年出版的《中国地景文化史纲图说》阐述了陕西关中地区成就中国地景文化思想的形成。另一方面是陕西地区古代不同园林类型的案例专项研究，如汉唐时期长安城的建设，华清宫、建章宫等皇家园林的总体分布，黄帝陵、武侯墓等陵寝寺观的景观要素等；还有从风景角度对陕西地区的古代园林空间模式、秦代山川祭祀格局等的探究等。对甘肃、青海、宁夏、新疆等地区风景园林史的研究主要围绕汉代西域屯城，宁夏地区明代军城、镇城园林，清代河湟地区城市格局，新疆西天山史前聚落分析等，其中2011 年银川市滚钟口管理所志书编委会编纂的《贺兰山滚钟口风景区志》是该地区风景研究的重要成果。综上，伴随着"一带一路"建设以及对西北地区历史文化的重视，西北地区地景文化理论研究和以古代长安城为核心的汉唐传统园林案例的专项研究成为该地区史论研究的主流。人居环境学科之间以及文史学科之间的交叉使得西北各地区的风景园林研究开始朝着区域尺度、城市总体空间格局等方面发展。

（六）近现代园林史

近十年，近代园林史研究取得了丰硕的成果。朱钧珍主编的《中国近代园林史》（上篇）于 2012 年出版，是该研究领域第一部综合性研究专著，填补了中国近代园林史集成式研究的空白。该专著虽名为"园林史"，但其中"别墅群园林"部分研究了庐山、莫干山、北戴河、鸡公山四大避暑胜地的开发与建设，具有明确的"风景"研究视野；"近代人物的园林理念与实践"部分实则突破了"园林"的局限，而涉及乡镇建设、农林经营、环境生态等。该专著研究汇聚了全国各省市的研究与写作力量，成为一些省市出版其本地近代园林史专著的契机，如广东、山东、无锡、南浔等。赖德霖等主编的《中国近代建筑史》五卷本于 2016 年出版，在近代建筑史研究的框架下纳入了燕京大学校园以及南京、重庆、武汉、厦门等地城市公园的内容，是近代园林史研究的有益补充。

现代园林史研究有所进展。赵纪军于 2014 年出版的《中国现代园林：历史与理论研究》主要探讨了国家与行业政策下的园林建设历程，对国土绿化、乡村景观等的探讨则属于"风景"的研究范畴。林广思围绕莫伯治、夏昌世等人的设计实践研究岭南现代园林史，并取得了较为丰富的成果。

此外，对于"公园"属性、"绿化"概念的个别专题研究发展了"近代"与"现代"整合研究的路径，对于认识和理解"近代化"或"现代化"整体进程中的近现代园林史具有一定的学术价值和意义。

（七）外国园林史

近十年的欧美园林历史研究聚焦园林的历史背景、发展历程、造园思想、风格特征、演变规律及影响因素等，既包括宏观系统梳理，又包括具体实例分析。一方面，从时间和地域的角度系统概述了西方园林艺术的发展演变特征。如《西方园林史：19 世纪之前》（第 3 版）阐述了从古埃及到近代西方园林艺术的发展历程，着重分析了意大利、法国、英国及美国等国家园林艺术风格产生的时代背景、发展历程、典型特征、代表人物及作品。《西方风景园林史》侧重介绍现代和当代的园林历史，并概述了西方主要国家和地区的园林风格和流派。部分学者编著的中外园林史，选取英、法、德、美等国家的园林为例，以时间为序，相继论述了欧洲中世纪、文艺复兴和巴洛克时期、欧洲绝对君权时期、欧洲工业革命之后以及近现代欧美园林发展的文化背景、园林特征、审美思想及发展趋势等。另一方面，园林史研究与其他学科领域相结合，分析园林艺术的发展趋势。如译作《园林的诞生——西方造园理念发展史》在编年史的大框架下，从社会学、美学、植物学、现代绘画、建筑、景观、城市等多个角度切入，对西方园林的发展历程展开了新的思考。《欧洲园林：历史、哲学与设计》聚焦信仰、功能和设计哲学，从哲学视角阐释了欧洲园林设计的发展趋势。当前，已有学者综述了西方学者的园林史研究，将研究方法论总结为"形式分析"和"情境分析"两种，并进一步探讨了其概念、方法及类型。

除欧洲园林之外，亚洲园林亦持续受到关注。一方面，基于宏观视角，按照编年史体例系统梳理了亚洲园林的发展历程。多位学者编著了《中外园林史》，以历史地域划分为标准，聚焦东亚、西亚、南亚、东南亚、东北亚等不同地区的园林类型体系，分析了各自的文化背景、艺术特征、审美思想、造园手法及借鉴意义，并详细解读了不同园林类型的代表性作品实例。另一方面，研究聚焦个案的园林艺术分析、园林文化输出以及造园思想的相互影响。《亚洲园林：历史、信仰与设计》一书在介绍西亚、东亚和南亚园林后，阐释了中国园林曾受中亚园林和印度造园理念的影响，并探讨了信仰与园林设计之间的关系。总体而言，日本园林、印度园林和东南亚园林等体现了不同文化中的审美意趣和精神追求差异。日本园林在海外的大规模建设为文化传播与交流提供了丰富的经验。

基于国际交流的园林跨域和跨文化传播的历史研究开始引起关注。《中国园林》2020年第5期以"风景园林与'一带一路'"为专题，探讨了中国古代园林跨域、跨文化传播和交流的历史，包括影响、事件、过程、经验和展望。"一带一路"沿线园林交流的历史遗迹和当代契机为将来更加广泛和深入的研究奠定了基础。

此外，还涌现了中外园林的比较研究，研究侧重于从园林体系、园林风格、造园思想、景观要素等多个方面来比较中外园林的异同。如《中外园林艺术研究》从东西方园林的历史发展轨迹、风格形成、植物造景、水石景及构筑艺术等方面进行比较研究；《东西方园林艺术比较研究》结合历史文脉，从地理环境、审美理想、文化背景、设计思想等方面考察了东西方园林艺术的差异。

（八）风景园林史学史

对学科发展做出重要贡献的历史人物，如陈植、陈从周、陈俊愉、汪菊渊、孙筱祥等学科前辈的史学研究和相关专著陆续整理出版，也是近年来传统园林文化研究的大事。如各地在陈从周逝世十周年（2010）和诞辰一百周年（2018）、汪菊渊诞辰100周年（2013）、陈俊愉诞辰 100 周年（2017）、孙筱祥逝世一周年（2019）、陈植诞辰 120 周年（2019）等重要节点均举办了相关纪念活动及学术研讨会。林广思对岭南园林史学史的研究，分析了岭南早期现代园林理论与实践，梳理了夏昌世、莫伯治、佘畯南等人在园林理论研究与设计实践方面的成果。

（九）风景园林学学科史

学科史针对学科建制、发展进程及其研究方法、研究范式的演变规律，以及对学科发展产生影响的重要事件、人物、理论、思潮等开展研究。

2011 年 3 月，"风景园林学"经国务院学位委员会、教育部批准成为新的"一级学科"，为进一步理解和廓清风景园林学科的内涵、外延、特征，有关风景园林学科理论与实践发展脉络的学科史研究逐渐受到重视。中国科学技术协会于 2016 年立项《风景园林学科史研究》是该研究领域的标志性事件。该书全面整理了学科的发展断代、阶段特征、社会影响，分为中国风景园林的知行传统（1911 年前）、中国风景园林学科的发端（1910s—1940s）、产生和曲折发展（1950s—1970s）、蓬勃发展（1980s—2010s）、全面发展（2011 年至今）5 个部分，系统研究了学科发展和演变的历史。

开展风景园林学科教育的一些重要院校也梳理了各自院校的学科历史发展进程。清华大学景观学系于 2013 年出版《清华大学风景园林学科发展史料集》，反映了从 1951 年创立造园组至 2003 年组建景观学系、再至 2013 年的学科发展全貌，并汇集了相关教员对学科发展的历史回顾。此外，刘滨谊于 2012 年回顾了同济大学风景园林学科发展的 60 年历程，林广思梳理了北京林业大学、华南理工大学风景园林学科的源流及发展。

总之，风景园林学科史已有较为全面的梳理，相关院校的学科发展亦有较为深入的挖掘，但基于基本史实的梳理，尚有待进一步廓清学科认知及发展规律，在学科历史发展过程中的学科教育理念、前辈人物的理念与实践、风景园林院校的学科发展研究方面仍有很多工作亟待开展。

三、风景园林基础理论与园林史重点研究方向

（一）风景园林基础理论体系研究

在"两山"理论和建设"人与自然生命共同体"的思想指引下，近十年来风景园林学科在生态环境治理、文化遗产保护和自然资源管理等方面有了更多的理论研究和实践参与，建立适合时代发展的风景园林基础理论体系成为未来研究的重点。在现有理论研究成果基础上，继承中国风景园林优秀传统，结合现代城乡风景园林需求和技术发展成就，体现文化艺术特色，融汇成具有中国特色的当代风景园林基础理论体系，主要包含以下三个方面：①概念体系：研究风景园林内涵和外延的历史演变，梳理和总结当代风景园林概

念；②价值体系：研究风景园林物质和精神功能的变迁，评判得失成败，建立美丑优劣标准；③理法体系：通过对传统造园理法进行创新性继承和创造性发展，建立一套具有中国特色的风景园林理法体系，在理论研究和实践工作中架起桥梁。

（二）历史风景园林案例研究

随着文学史料丰富、学科交叉融合，历史风景园林案例研究将在理论研究、领域合作、技术方法等方面呈现多元的发展趋势，主要包括：①园林考古及其资料整理、研究将进一步丰富甚至修正历史园林的认知；②分阶段、分地域的园林案例将在系统史料的整理中得以进一步深化，推动中国历史风景园林在地性经验的系统挖掘与整理；③历史风景园林内涵和营建机制研究将进一步丰富传统园林的知识体系；④地理地图数字技术、虚拟现实技术、AI复原技术、微气候测定等相关学科新方法将对历史风景园林案例研究的成果深度和科学性提供新的可能。

（三）传统造园理法与匠法研究

传统造园的理法（设计方法）与匠法（营造技艺）是理解传统园林营造的关键，一直备受关注，未来一段时间仍是研究的重点，包括相地布局、叠山理水、花木配置、建筑小品、匾联石刻等诸多营造内容。鉴于山水主题历来处于传统造园的核心地位，以及假山营造的难度和效果，并且此前已有相当的研究基础，叠石造山将成为研究重点。此外，对传统园林花木配置与匠艺的研究也尤其需要新的发展。在风景层面，需要进一步加强对风景区与风景点的理法研究，对传统乡村景观理法的研究也因当代的应用需要而亟待加强。

（四）古园考古与保护修复研究

随着学科发展和交叉学科研究的深化，景观考古的学术规范、研究方法、技术创新正在更为广泛地应用于学科相关研究领域，如古园量化研究、考古遗址发掘、保护修复理论、技术标准制定等。未来将在理论研究、保护实践、技术方法、国际合作等方面出现更多的研究热点，主要包括：①风景园林古园研究类型扩展，如流域考古、生态变迁对风景园林演化进程的研究支撑；②新技术、新材料、新方案对风景园林研究对象信息呈现、数据解读、保存方式的突破，如数字技术的运用、高强材料的可拟化修复、AI深度学习技术的发展等对风景园林古园修复与遗产保护的重大支撑；③风景园林古园保护的行业标准／技术规程的编制、传统修缮技艺的研究与传承相对迫切，应提高到学科发展的高度加以认识并尽快实施；④在国际合作方面要注重我国风景园林古园修复和遗产保护的特点和独特性，讲好中国故事、传递中国价值、体现中国特色、发挥中国影响。

（五）风景史与文化景观研究

风景史的相关研究一方面拓展了古典园林以外的公共园林、风景名胜等类型，相关案例研究在广度上得以延展、在深度上得以加强，将成为持续发展的方向；另一方面体现了风景园林学与其他学科融合的特点，尤其是城市规划、地理等涉及大尺度地域的学科，近年来比较有代表性的包括地域风景系统、风景城市等。这一融合的趋势也是未来的发展方向，将出现更多的成果。

文化景观是风景史的一个重要话题，文化景观与图示语言、数字化以及大数据等新方法、新技术的结合将逐渐成为热点，是未来的重要方向。此外，针对风景名胜区这一既具有传统属性、又与当下发展密切相关的类型，从文化景观视角出发的研究也在近年兴起，将成为未来的方向。其中，在"国家文化公园"建设战略、大运河成功申遗等背景下，以及在"一带一路"等国家战略的激励下，线性文化景观势必成为将来的重要方向，从文化传承角度关注风景的保护与营建也将成为新的热点。

（六）近现代风景园林建设研究

近现代风景园林研究在广度和深度上的不断扩增、深化，显现出值得进一步拓展的若干研究方向：一是近现代风景园林史的整合研究，有利于更为综合、全面地认识中国风景园林，推进从传统转向近现代的"近代化"或"现代化"进程；二是近现代风景园林人物思想及实践研究，可以使历史研究见物见人、有血有肉，是认识近现代风景园林营造"能主之人"的重要切入点；三是内陆地区近现代风景园林研究，可进一步拓展现有研究多半集中于主要大城市及沿海城市的视野；四是近现代风景园林遗产研究，有助于发掘、揭示、认识其遗产价值，并有助于晚近历史时期风景园林遗存的保护与更新。

参考文献

［1］童寯. 造园史纲［M］. 北京：中国建筑工业出版社，1983.

［2］陈从周. 说园［M］. 上海：同济大学出版社，2007.

［3］陈植. 中国造园史［M］. 北京：中国建筑工业出版社，2006.

［4］周维权. 中国古典园林史：第3版［M］. 北京：清华大学出版社，2008.

［5］张颖，董芦笛，刘晖. 中国古代园林空间模式研究——以甘泉宫、武侯墓和黄帝陵为例［J］. 重庆师范大学学报（自然科学版），2009，26（3）：101-105.

［6］陈其兵，杨玉培. 西蜀园林［M］. 北京：中国林业出版社，2010.

［7］彭长歆. 清末广州十三行行商伍氏浩官造园史录［J］. 中国园林，2010，26（5）：91-95.

［8］段建强. 陈从周先生与豫园修复研究：口述史方法的实践［J］. 南方建筑，2011（4）：28-32.

［9］金学智. 风景园林品题美学［M］. 北京：中国建筑工业出版社，2011.

［10］孙筱祥. 园林艺术及园林设计［M］. 北京：中国建筑工业出版社，2011.

［11］杨鸿勋. 江南园林论［M］. 北京：中国建筑工业出版社，2011.

［12］居阅时. 园道：苏州古典园林的文化涵义［M］. 上海：上海人民出版社，2012.

［13］林广思. 岭南早期现代园林理论与实践初探［J］. 新建筑，2012（4）：94-98.

［14］罗燕萍. 宋词与园林［M］. 北京：中国社会科学出版社，2012.

［15］孟兆祯. 园衍［M］. 北京：中国建筑工业出版社，2012.

［16］苏州市园林和绿化管理局. 留园志［M］. 上海：文汇出版社，2012.

［17］姚旭峰. 士文化的一个样本：明清江南园林演剧初探［M］. 上海：上海书店出版社，2011.

［18］汪菊渊. 中国古代园林史（上）：第2版［M］. 北京：中国建筑工业出版社，2012.

［19］朱钧珍. 中国近代园林史（上篇）［M］. 北京：中国建筑工业出版社，2012.

［20］顾凯. 江南私家园林［M］. 北京：清华大学出版社，2013.

［21］郭明友. 明代苏州园林史［M］. 北京：中国建筑工业出版社，2013.

［22］韩锋. 亚洲文化景观在世界遗产中的崛起及中国对策［J］. 中国园林，2013，29（11）：5-8.

［23］刘管平. 岭南园林［M］. 广州：华南理工大学出版社，2013.

［24］马海英. 江南园林的诗歌意境［M］. 苏州：苏州大学出版社，2013.

［25］彭琳，杨锐. 日本世界自然遗产地的"组合"特征与管理特点［J］. 中国园林，2013，29（9）：41-46.

［26］佟裕哲，刘晖. 中国地景文化史纲图说［M］. 北京：中国建筑工业出版社，2013.

［27］王云才. 传统文化景观空间的图式语言研究进展与展望［J］. 同济大学学报（社会科学版），2013，24（1）：33-41.

［28］何建中. 江南园林建筑设计［M］. 南京：江苏人民出版社，2014.

［29］李畅，杜春兰. 明清巴渝"八景"的现象学解读［J］. 中国园林，2014，30（4）：96-99.

［30］毛华松，陈心怡. 地域视野下的近代北碚风景园林实践研究［J］. 西部人居环境学刊，2014，29（6）：111-118.

［31］沈炳春，沈苏杰. 姑苏园林构园图说［M］. 北京：中国建筑工业出版社，2014.

［32］赵纪军. 中国现代园林：历史与理论研究［M］. 南京：东南大学出版社，2014.

［33］周向频. 中外园林史［M］. 北京：中国建材工业出版社，2014.

［34］Turner Tom. 亚洲园林：历史、信仰与设计［M］. 程玺，译. 北京：电子工业出版社，2015.

［35］曹林娣. 江南园林史论［M］. 上海：上海古籍出版社，2015.

［36］李晓黎，韩锋. 文化景观之理论与价值转向及其对中国的启示［J］. 风景园林，2015（8）：44-49.

［37］刘庭风. 中国园林年表初编［M］. 上海：同济大学出版社，2016.

［38］鲁安东. 隐匿的转变：对20世纪留园变迁的空间分析［J］. 建筑学报，2016（1）：17-23.

［39］陆琦. 岭南园林［M］. 北京：中国建筑工业出版社，2016.

［40］毛华松. 礼乐的风景：城市文明演变下的宋代公共园林［M］. 北京：中国建筑工业出版社，2016.

［41］邱冰，张帆. 公园属性的反思——基于中国近现代公园建设的意识形态变迁考察［J］. 学术探索，2016（3）：124-131.

［42］王向荣. 自然与文化视野下的中国国土景观多样性［J］. 中国园林，2016，32（9）：33-42.

［43］鲍沁星. 南宋园林史［M］. 上海：上海古籍出版社，2017.

［44］金学智. 园冶多维探析［M］. 北京：中国建筑工业出版社，2017.

［45］刘晓明，薛晓飞. 中国古代园林史［M］. 北京：中国林业出版社，2017.

［46］杨雪，王军，宋桂杰. 关中地区城市型与山林型寺庙园林环境比较研究［J］. 华中建筑，2017，35（1）：109-114.

［47］姚岚，张少伟. 中外园林史［M］. 北京：机械工业出版社，2017.

［48］张瑜. 桂林雁山园［M］. 桂林：广西师范大学出版社，2017.

［49］周向频，王妍. 中国近代园林史研究范式回顾与思考［J］. 中国园林，2017，33（12）：114-118.

［50］陈教斌，唐海艳，杨琪瑶. 西方风景园林史［M］. 重庆：重庆大学出版社，2018.

［51］傅晶. 魏晋南北朝园林史探析［M］. 天津：天津大学出版社，2018.

［52］黄晓，程炜，刘珊珊. 消失的园林——明代常州止园［M］. 北京：中国建筑工业出版社，2018.

［53］萧驰. 诗与它的山河：中古山水美感的生长［M］. 北京：三联书店，2018.

［54］谢明洋. 晚清扬州私家园林［M］. 北京：中国建筑工业出版社，2018.

［55］林墨飞，唐建. 中外园林史［M］. 重庆：重庆大学出版社，2019.

［56］马泰奥·韦尔切洛尼，维尔吉利奥·韦尔切洛尼. 园林的诞生——西方造园理念发展史［M］. 方薇，王欣，译. 北京：中国建筑工业出版社，2019.

［57］朱建宁，赵晶. 西方园林史：19世纪之前（第3版）［M］. 北京：中国林业出版社，2019.

［58］李畅. 园亭流芳：中国古典园林海外传播的文化学概述［J］. 中国园林，2020，36（10）：133-138.

［59］刘珊珊，许晓青. 技术革新推动的中国近代园林建筑演进——以无锡为例［J］. 新建筑，2020（1）：29-33.

［60］王欣，李烨，冯展. 山水城市视野下的杭绍古城山城关系研究［J］. 中国园林，2020，36（4）：22-27.

［61］张蕊. 从建筑宫苑到山水宫苑：唐华清宫总体布局复原考证［J］. 中国园林，2020，36（12）：135-140.

［62］赵晶. 瘟疫、城市公共卫生与风景园林：论英国历史上两次重大公共卫生事件对城市公共卫生和风景园林的影响［J］. 风景园林，2020，27（4）：101-105.

撰稿人：邬东璠　王　欣　黄　晓　段建强　赵纪军　毛华松

顾　凯　周宏俊　张天洁　赵彩君　张　蕊　史舒琳

风景园林规划研究

自2000年以来，我国经历了城镇化的高速发展，提出了生态文明建设和建设美丽中国等新要求，国家规划编制体系也发生了重大变化，风景园林规划研究领域有了显著拓展，规划方法论更为整体和系统，规划实践范畴应对社会需求更为多元。本专题重点对2010年以来国内外风景园林规划研究发展进行回顾，从规划理论、规划方法、城市生态空间、城市生态修复、魅力景观区、园林城市创建与绿地系统、公园体系、公园城市、城市大型绿色空间、绿道、棕地修复、生态基础设施、园林展会、传统园林保护与公园绿地更新、景观风貌和乡村风景等十六个方面进行研究，结合学科发展、规划体系改革和国家"十四五"规划导向，预测未来五年本专题领域的重点研究方向。

一、风景园林规划研究发展回顾

（一）风景园林规划理论发展回顾

近年来，风景园林规划研究始终按照"协调人与自然的关系"的学科使命和国家战略需求，在传承与弘扬传统山水理论的基础上，与城市规划学、建筑学、生态学和社会学等学科交互渗透影响，风景园林规划理论不断完善，呈现出蓬勃发展的景象。

1. 风景园林规划基本理论的传承与嬗变

中国古代山水城市营建与风景系统规划的思想集中体现了古代中国"天人合一"的哲学观，深刻影响了中国风景园林规划理论的发展。自1990年，钱学森院士多次提出了"山水城市"的构想，其最终目的在于"建立人工环境"与"自然环境"相融合的人类聚居环境。近十年来，面对人居环境和地域风景在功能、生态和社会等方面的总体衰退以及快速城镇化带来的地域风景特质保护与传承的困境，风景园林规划理论沿着山水城市设想，立足学科的本源价值与当代需求，融合了生态规划和系统性规划研究的理论，在自然资源和环境保护、城市园林绿化、地域文化保护传承、人居环境建设的规划理论研究不断嬗变和创新。

2.风景园林规划理论发展

在全球环境危机和应对气候变化的背景下，加之中国传统风景营建过程中"人与天调"的思想基因，生态学思想、可持续发展理念与风景园林规划理论的融合研究日臻成熟。风景园林规划理论研究呈现多尺度结合、多学科之间相互交叉渗透、追求人文与自然相融合的趋势。风景园林理论研究在传统园林、植物学、生态学的基础上，与地理学、经济科学、资源与管理等综合学科的交叉理论研究和规划实践应用不断拓展。在景观格局－过程关系的生态学理论广泛应用的同时，风景园林规划理论逐渐从以自然生态影响为主导向以整体人文生态为主导的方向发展，更多地从系统论的角度出发，分析区域、城市、乡村景观演变与发展的内在关联，关注解决社会生态系统发展中的复杂问题理论。在地域文化景观、乡村景观等领域，风景园林规划理论更为注重自然地理、人文生态与自然空间的耦合关系，建构了风景园林规划与城乡规划、土地利用规划等系统规划研究的纽带。

随着我国进入城市型社会，营建安全韧性、健康宜居的人居环境，基于公平、公正和高质量发展的园林环境研究与人的活动感知研究仍然是风景园林规划理论的核心和重点。结合大数据和社会学的研究方法，风景园林规划理论在协调人与自然关系方面不断拓展理论研究维度与深度，更为重视人居环境品质系统提升和以人为本的研究方向。

（二）风景园林规划方法论发展回顾

2010 年以来，随着风景园林学作为一级学科的学科体系构建和生态文明建设的时代背景，我国风景园林规划方法论步入一个新的发展阶段。有学者对"设计研究"的概念重新进行了阐述，提倡的设计学范式方法论建立在对科学范式方法论的反思基础上，深入认识论和方法论层面，对设计专业自身发展进行内省式思考。部分学者提出将生态学方法融入风景园林规划中，赋予其理性与科学的深层含义，注重风景园林规划的可持续性和低消耗。还有学者提出动态演变与适应性设计，即应用生态学原理，结合社会、自然等要素进行可持续性设计，并能够面对变化发展出新的适应性策略。在此期间，"景观都市主义""棕地再利用""海绵城市"等理论与方法也在不同领域开展了协调人与自然、优化城乡建设与自然环境关系的系统规划方法研究。

党的十八大以来，习近平总书记提出"山水林田湖是一个生命共同体"的论断，强调"统筹山水林田湖草系统治理""全方位、全地域、全过程开展生态文明建设"。在生态文明建设和风景园林规划实践领域，国家更为强调生态系统和人居环境建设的整体性和系统性，对风景园林规划设计方法也提出了更高的要求。有学者提出"风景治理"，通过风景治理推进生态文明建设，将自然生态保护与人居环境治理列为首要任务，全域统筹风景园林规划。

在当下的人居环境建设中，风景园林逐步与各相关专业跨界融合，还包括了土地所有者、政府决策人以及其他利益人员的共同参与，形成一种"分工合作"的风景园林规划方法。随着地理信息技术、图像分析处理技术和大数据等新技术、新工具的借鉴和使用，大数据分析、景观语言与图示语言等信息化研究与风景园林规划方法不断融合，为风景园林规划、建设和管理提供了更为科学的分析技术，并成为未来重要的发展趋势。

2010年以来风景园林规划方法论的发展，逐步将风景园林规划的思维方式理性化、问题策略整体化、实施手段清晰化，风景园林规划方法将结合学科特性和实践领域形成更为系统、统筹、开放和融合的规划思维方式。

（三）风景园林规划实践发展回顾

随着我国城镇化的快速发展，人民群众对聚居环境品质和绿色空间的需求越来越高，2010年以来，风景园林规划实践的范畴、类型和行业市场规模均发生了巨大的变化和拓展。园林城市创建工作持续推进，并开展了"国家生态园林城市"的试点和创建工作；地方政府愈发重视城市绿地、广场、林荫路等传统园林规划建设，城乡绿道、城市展园、城市滨水空间和大型绿色空间规划实践对促进各地城乡绿色发展发挥了重要的作用；随着生态文明建设和城镇化下半场的发展需要，治理城市快速发展过程中积累的城市病和"生态病"，对破损的山体、水体、棕地和绿色空间以及城市生态系统进行生态修复和治理，开展城市生态修复成为当前城市治理能力提升和存量空间优化的重要举措，城镇工矿区域、城市棕地与废弃地等地区的景观修复和再利用成为风景园林规划实践的一个新的领域。随着人民日益增长的美好生活需要和不平衡不充分的发展之间的矛盾成为我国社会主要矛盾，风景园林行业在提供优质城市生态产品方面也做出了积极的探索，历史名园保护传承和城市公园绿地的更新改造，绿道、古驿道、碧道等城乡绿色线性空间规划实践应需而生，并快速在国内推广，拓展了绿色休闲游憩空间类型；城市体育公园、儿童公园、科普公园等专类公园建设日新月异，城市公园系统的整体性规划研究以及公园的系统布局、配套设施与服务功能的统筹引导也成为公园规划建设和管理的重要内容；乡村环境营建和乡村绿化在乡村振兴发展中也取得了突破性进展。

随着城乡发展和规划编制体系的演变，城市绿地与绿色空间系统规划实践也发生了重大变化。一是城市绿地系统规划不仅关注城市区域绿地，并且在全域绿色空间格局引导和生态空间管控进行了诸多领域的探索，出现了生态控制线规划、蓝绿空间专项规划、城市生态空间保护与建设规划、城市景观风貌规划等新类型，城市生物多样性、城市绿线管控等内容在系统规划中的作用和引导也愈发重要；二是遵循城市发展规律和城市绿色高质量发展的需要，系统研究城市生态空间的格局和特性，提升其生态服务功能，城市生态基础设施体系规划和标准的研究成为住房和城乡建设部对城市绿色发展建设的重点引导方向。

近十余年来，作为生态文明建设和城市绿色空间营造的践行者，风景园林行业在美丽中国建设中的地位和作用愈发重要，风景园林规划实践在服务地方绿色发展和生态引领发展中的作用也更为突出。在《全国城镇体系规划（2016—2030年）》规划研究和编制过程中，针对生态环境敏感、风景资源富集且不适宜采用传统城镇化发展的地区，提出了魅力景观区的发展引导，拟探索生态地区的新型城镇化模式。自习近平总书记在成都天府新区提出建设公园城市的理念以来，风景园林规划研究先行，对公园城市概念、城市发展模式、公园场景营造和创新发展进行了多方位的探索和实践，为探索公园城市建设和促进城市特色高质量发展做出了突出贡献。

二、风景园林规划研究主要成果和实践

（一）风景园林规划理论

2011年，风景园林学科构建了一级学科的学科体系，风景园林规划理论研究的范畴和重点也随着时代发展与风景园林规划实践领域的拓展不断完善和丰富。近十年来，风景园林规划理论的研究重点主要体现在以下四个方面。

一是生态学应用下的风景园林规划理论研究。生态学的哲学思维和景观生态学的理论研究方法为风景园林规划理论提供了量化分析、综合评估与空间预测的规划研究基础，已形成较为成熟的景观安全格局、形态学空间格局等定量与定性结合的规划理论，在景观格局变化的驱动因素与响应机制、生态适应性评价分析、生态服务和生态价值分析、生态治理与规划实施评估等方面已形成较完善的规划理论体系。

二是生态人居建设背景下的风景园林规划理论研究。在中微观尺度方面，风景园林学与城市规划学、建筑学协同面向人居环境，将人的活动纳入环境的研究中，走向了人与环境的整体对象。聚焦城市化发展、人口增长、生境的破坏和人类健康等重大问题，风景园林规划理论在城市园林绿化提升、基于自然的解决方案与低影响开发、生态园林城市与生态城区、城市生态修复和治理等领域形成了系统性的规划理论成果。

三是数字前沿技术影响下的风景园林规划理论研究。随着科技进步和数字化信息化技术的突破，风景园林规划理论研究也向着数字化、科学化方向推进。基于多源大数据的规划理论、基于生态空间演变以生态数字模拟和预测为基础的规划流程研究、生态系统价值评估和生态服务评估等规划研究理论日趋成熟，推动了风景园林规划理论范畴和技术进步。

四是人文生态思想指导下的风景园林规划理论研究。人文生态思想指导下的风景园林规划理论研究主要包括传统园林保护与文化传承、文化景观与遗产保护、乡村景观与乡村振兴等重点研究领域。近年来，在中国传统园林保护、文化遗产保护、乡村景观、自然与

人文复合生态系统规划理论研究方面取得了重大进展。

（二）风景园林规划方法

近年来，风景园林规划方法在技术与理念方面均发生了重点变化，尤其在与信息化技术结合、大数据应用和社会学方法介入等方面丰富和完善了传统风景园林规划方法。

随着信息技术的发展和学科交叉的理念深入人心，风景园林学的主流规划方法逐渐向数字景观发展，学者与实践者们更多地以遥感技术、地理信息系统和全球定位系统等3S技术作为数据获取和分析的基础，构建综合的、全局性的规划环境；并结合建筑信息模型（Building Information Model，BIM）、LIM（Landscape Information Modeling）技术等应用，逐渐摆脱了以前以 AutoCAD、Photoshop 等为核心的平面化设计范式。基于以上技术进步，将规划设计与地理环境影响因素模拟相结合的规划设计思维为风景园林规划提供了系统性和全局化的思考方式。VR、AR、MR 等人机交互技术（Human-Computer Interaction，HCI）被创造性地用于景观互动装置设计等领域，有助于人对动态景观环境的理解，在环境评估、规划方案的选择等过程中发挥更科学全面的作用。

风景园林规划方法更为注重网络化和深层系统的构建。大数据信息技术打破了传统信息技术方法的局限，诸如气象、水利、土壤、交通等多个平台的数据分析能帮助风景园林项目进行合理规划设计。结合物联网技术的智慧化，智慧城市、智慧景区、智慧校园和智慧社区的探索在各个领域方兴未艾，结合具有量大、流速快、类型丰富、价值高等特征的大数据的广泛应用是风景园林学科更科学地分析解决问题的手段。

随着城市型社会的发展与社会治理水平的提升，风景园林规划实践中公众参与的范畴、形式和程度都有了显著提升，与风景园林规划实践形成了良好的互动和反馈。此外，在规划实践中创新了伴随式规划、互动式规划、在地规划与规划设计工作营等新模式。

（三）城市生态空间保护与管控

城市生态空间是提供生态系统服务、保障城市生态安全、促进社会经济环境全面协调可持续发展的关键区域。在快速城镇化进程中，城镇空间的迅速扩张不可避免地出现以牺牲生态空间和资源环境为代价、城市扩张侵占生态空间的现象，带来生态空间破碎化、生态系统服务能力持续下降、生态环境问题频发等一系列问题。

城市生态空间保护与管控在早期实践中主要是城市总体规划或绿地系统规划中重点对市域层面生态空间的提出规划管控要求。其后，部分大城市从限制城市无序蔓延、生态管控优先等方面对生态空间开展了系统性规划和管控研究，如北京市限建区、深圳市基本生态控制线、上海市基本生态网络、武汉市全域生态空间管控行动等。近年来，结合城市发展阶段不同，各地因地制宜地开展了统筹性和特色性的规划编研探索，如生态空间专项规划、分区分类制定规划控制，并注重生态空间规划管控实施的政策化和法制化，如上海市郊野单元规划、深圳市基本生态控制线划定及城市绿线规划、武汉都市发展区基本生态控制线等。以上实践对限制城市无序蔓延、保护城市敏感生态系统、构建城市可持续发展的生态安全格局起到了积极的作用。

2015年，住房和城乡建设部组织编制了《全国城市生态保护与建设规划（2015—2020年）》，系统分析了我国城市生态保护与建设面临的突出问题，提出了2020年城市生态保护与建设的规划目标，并制定了城市生态空间保护与管控、城市生态园林建设与生态修复、城市生物多样性保护、城市污染治理与市政基础设施建设、海绵城市建设、城市资源能源节约与循环利用、绿色建设和绿色交通推广以及风景名胜区生态保护等主要任务与重点工程。以此为指导，郑州市于2017年编制了《郑州市城市生态保护与建设规划（2017—2030年）》，统筹划定了市域生态控制线，结合城市周边重要生态空间、通风廊道、生态廊道和大型休闲游憩空间，构建了中心城区及周边区域的生态网络，对城市生态空间进行了全域管控和生态建设引导。

当前，在国土空间规划编制体系中，按照生态文明建设要求，优先划定生态保护红线、基本农田控制线和城镇开发边界三条控制线，对生态红线区域制定了明确的管理办法和人为活动管控要求，对全域空间进行规划分区和用途分类发展管控引导。

（四）城市生态修复规划

改革开放以来，我国经历了世界历史上规模最大、速度最快的城镇化和工业化进程，城市生态环境急剧恶化，生态系统退化、热岛效应、水污染、土壤污染和空气污染等各种城市病凸显。为应对城市生态环境恶化的情况，城市生态修复的相关研究和实践得到了快速发展，并成为近年来风景园林学科的热点领域之一。

城市生态修复的研究在我国开展相对较晚。自20世纪80年代以来，我国陆续开展了工矿区的环境治理、水土流失、水体治理和防护林工程等生态修复工程。随着城镇化的发展和聚居环境品质提升的需求，2010年以来，我国在城市区域开展了以水体治理和河道景观修复为重点的城市生态修复工程，并逐步拓展海岸带、湖泊湿地和废弃地等生态修复实践。2015年，中央城市工作会议提出"大力开展生态修复，让城市再现绿水青山"。2016年12月，全国"生态修复、城市修补"工作现场会在三亚召开。随后，住房和城乡建设部发布了《关于加强生态修复城市修补工作的指导意见（征求意见稿）》，并公布了三批城市双修试点城市共计58个。应对时代需求，风景园林行业主动参与城市修复工作当中并成为不可或缺的技术力量。

在当前的城市双修工作中，城市生态修复的重点内容主要包括山体修复、水体治理与修复、废弃地修复利用和完善绿地系统。如三亚市城市双修试点工作中，针对三亚城市病，城市生态修复领域重点开展了红树林湿地生态修复以及山体和河岸修复，并着重设计建造了两河四岸、月川绿道和四个生态公园，快速改善了城市生态环境，优化了市民生活空间，促进了城市的可持续发展。后续两批国家双修工作试点城市也立足各地实际，因地制宜地探索了城市生态修复重点。在当前开展的城市更新行动中，城市生态修复和功能完善是城市高质量发展阶段的重要城市治理内容，也是风景园林规划在未来的重点研究和实践领域。

（五）魅力景观区规划研究

在《全国城镇体系规划（2016—2030年）》的编研过程中，针对传统城镇化模式，提出了"魅力景观区"引导特色城镇化发展的理念。国家魅力景观区是自然与文化资源富集、城镇与乡村特色发展、面向休闲消费需求、具有国际影响力的广域旅游休闲地区。魅力景观区也是相对于"城市群"之外的一种特色发展的自然与文化资源密集的地区，既包含风景优美的地区，也包含与之相邻的乡村地区和特色城镇，通过国家魅力景观区的发展来带动地区的经济。魅力景观区借鉴了美国"国家公园"、日本"魅力观光区"的经验，是在系统梳理国土范围内的世界自然遗产、国家风景名胜区、省级风景名胜区、国家湿地公园、国家地质公园、水利风景区、自然保护区、城市湿地公园等国家自然景观，以及世界文化遗产、国家历史文化名城、省级历史文化名城、中国历史文化名镇、大遗址、文化生态保护区、中国历史文化名村、特色景观旅游镇、历史街区等文化景观要素，形成国家自然要素和文化要素的地理分布格局，以县域为单元进行魅力指数评定，统筹区域内旅游城市和国家级贫困县的分布，提出魅力景观地区的整体发展指引。

近年来，随着国土空间规划体系的建立和规划编制，在省域国土空间总体规划编制阶段，新疆、江西、浙江、河北和西藏等开展了魅力景观区和魅力国土空间的专题研究或专项规划编制，上述风景资源和自然资源富集地区从省域层面探索了风景、遗产及其他自然文化景观资源的保护，服务于人民日益增长的对优美生态环境需要、展示国土景观形象，探索了立足资源的特色新型城镇化发展路径。

（六）园林城市创建与绿地系统规划

1992年以来，国家园林城市创建工作有力促进了我国城乡发展的宜居品质和建设水平，对我国风景园林行业的发展具有重大意义。2010年，住房和城乡建设部印发了《国家园林城市申报与评审办法》和《国家园林城市标准》，明确了园林城市创建工作的考核指标和评审流程，已有8批共277个城市（县城）获得国家园林城市（县城）称号，另有13个城镇获得国家园林城镇称号（表4）。

表4 国家园林城市评选状况一览表（2010年至今）

批次	园林城市	园林县、县级市
第十四批 （2010年）	信阳市	余姚市、延吉市
第十五批 （2011年）	张家口市、阳泉市、本溪市、丹东市、连云港市、芜湖市、六安市、莆田市、龙岩市、九江市、上饶市、东营市、济宁市、聊城市、驻马店市、荆门市、荆州市、娄底市、北海市、百色市、丽江市、吴忠市	京山市、孝义市、如皋市、江都市（现扬州市江都区）、江山市、温岭市、龙口市、海阳市、永城市
第十六批 （2012年）	保定市、佳木斯市、七台河市、咸宁市	介休市、海林市
第十七批 （2013年）	邢台市、大同市、朔州市、盐城市、金华市、丽水市、滁州市、鹰潭市、抚州市、德州市、滨州市、菏泽市、随州市、郴州市、阳江市、清远市、梧州市、自贡市、德阳市、眉山市、普洱市、拉萨市、金昌市、乌鲁木齐市	建德市、晋江市、莱州市、诸城市、当阳市、恩施市、仙桃市、北流市、开远市、芒市、敦煌市、阿勒泰市、五家渠市
第十八批 （2014年）	通辽市、鄂尔多斯市、宁德市、泸州市、咸阳市、中卫市	高密市、灵武市
第十九批 （2015年）	沧州市、呼和浩特市、乌海市、乌兰察布市、鞍山市、大庆市、黑河市、温州市、蚌埠市、宿州市、宣城市、枣庄市、开封市、孝感市、黄冈市、钦州市、玉林市、曲靖市、嘉峪关市、石嘴山市	扎兰屯市、集安市、珲春市、同江市、新沂市、东台市、大丰市（现盐城市大丰区）、扬中市、靖江市、临安市、龙泉市、宁国市、滕州市、林州市、邓州市、大冶市、应城市、松滋市、赤壁市、潜江市、天门市、阆中市、大理市、玉门市、阜康市、博乐市
第二十批 （2017年）	赤峰市、巴彦淖尔市、盘锦市、鹤壁市、衡阳市、河源市、云浮市、儋州市、攀枝花市、安顺市、延安市、汉中市、兰州市、固原市、吐鲁番市	辛集市、黄骅市、永济市、邳州市、慈溪市、巢湖市、贵溪市、安丘市、曲阜市、汝州市、禹州市、丹江口市、枝江市、宜城市、安陆市、石首市、利川市、资兴市、阿拉尔市、图木舒克市
第二十一批 （2019年）	晋州市、任丘市、晋中市、忻州市、运城市、锡林浩特市、梅河口市、通化市、大安市、溧阳市、启东市、高邮市、东阳市、乐清市、瑞安市、兰溪市、舟山市、嵊州市、永康市、明光市、桐城市、邹城市、昌邑市、荥阳市、周口市、新郑市、长葛市、孟州市、项城市、义马市、钟祥市、洪湖市、广水市、醴陵市、防城港市、资阳市、广元市、宜宾市、腾冲市	正定县、卢龙县、成安县、广平县、定兴县、枣强县、沁水县、垣曲县、五台县、河曲县、岚县、喀喇沁旗、奈曼旗、五原县、乌拉特后旗、阿拉善左旗、东辽县、睢宁县、滨海县、庐江县、南陵县、怀远县、当涂县、寿县、和县、砀山县、萧县、泾县、上杭县、崇义县、蒙阴县、齐河县、惠民县、郓城县、中牟县、孟津县、汝阳县、郏县、博爱县、温县、南乐县、鄢陵县、襄城县、唐河县、民权县、柘城县、虞城县、西平县、平舆县、遂平县、竹溪县、江陵县、永福县、蒙山县、垫江县、石柱土家族自治县、仪陇县、洪雅县、峨山县、河口县、勐腊县、宾川县、剑川县、富平县、留坝县、岚皋县、瓜州县、肃北蒙古族自治县、泾源县、伊吾县、焉耆回族自治县、和硕县

2004 年，住房和城乡建设部启动国家生态园林城市创建工作，并于 2012 年印发《生态园林城市申报与定级评审办法》和《国家生态园林城市分级考核标准》，是国家园林城市的内涵深化和拓展，更加注重城市生态功能的完善、城市建设管理综合水平的提升和城市为民服务水平的提升。目前已有 3 批共 19 个城市获得国家生态园林城市称号（表 5）。

表 5　国家生态园林城市评选状况一览表

批次	获评城市
第一批（2016 年）	徐州市、苏州市、昆山市、寿光市、珠海市、南宁市、宝鸡市
第二批（2017 年）	杭州市、许昌市、常熟市、张家港市
第三批（2019 年）	南京市、太仓市、南通市、宿迁市、诸暨市、厦门市、东营市、郑州市

2016 年，根据《关于促进城市园林绿化事业健康发展的指导意见》和《住房和城乡建设部关于印发国家园林城市系列标准及申报评审管理办法的通知》，进一步优化了国家园林城市系统标准。

绿地系统规划是国家园林城市创建工作的基础和重要支撑，是风景园林学科重点研究的领域之一。2017 年制定的《城市绿地分类标准（CJJ/T 85—2017）》首次提出了区域绿地概念，绿地系统规划的编制内容从城区覆盖到全域。2019 年，《城市绿地规划标准（GB/T 51346—2019）》颁布，绿地系统规划的编制内容更为系统，规划的层级次、专项规划的全面性、规划技术的科学性均得到了提升。绿地系统规划对城乡规划和建设的指导作用更为突出，对国家园林城市创建工作起到了全面推动作用。绿地系统规划编制更强调研究先行、专题支撑和上下传导，如北京市以《北京市绿地系统修改研究》为先导，编制了《北京市绿地系统规划（2016—2035 年）》，并指导了各分区绿地系统规划编制；绿地系统规划更强调规划创新和因地制宜，如成都市以公园城市理念为导向，制定《成都市公园城市绿地系统规划（2019—2035 年）》，推动了成都市公园城市的建设实践。

（七）公园体系规划

公园体系由各类公园和绿廊绿道构成，形成类型丰富、配置合理、布局均衡、有机联系、满足公众多元公园休闲游憩需求的有机整体，是城市绿地系统中的重要组成部分，体现了城市公园绿地服务水平和城市公共空间建设质量。

2013 年，住房和城乡建设部印发关于《进一步加强公园建设管理的意见》的通知中明确提出强化公园体系规划的编制实施，构建数量达标、分布均衡、功能完备、品质优良的公园体系，切实满足人民群众休闲、娱乐、健身等生活需要，切实改善人居生态环境。2021 年，国务院办公厅关于《科学绿化的指导意见》提出"加大城乡公园绿地建设力度，形成布局合理的公园体系"。

近年来，我国对公园体系的体系构成、空间布局、服务品质等方面开展了大量研究，并制定了多项标准规范。如 2017 制定的《城市绿地分类标准（CJJ/T 85—2017）》为构建城乡一体的公园体系提供了分类基础；2019 年制定的《城市绿地规划标准（GB/T 51346—2019）》提出了与公园服务人口相协同的公园体系空间布局要求；2021 年制定的《园林绿化工程项目规范（GB 55014—2021）》强制性工程建设规范对于公园体系各类公园的分级分类配置及规模提出了相应要求。

随着我国社会主要矛盾的改变，高品质规划建设公园体系，更好地满足全年龄人群日常休闲、健身锻炼、户外交往等多元需求是新时期高质量发展阶段风景园林规划和实践的重点领域。深圳、成都、扬州等城市先后开展了新时期公园体系规划、建设、管理全流程的实践探索。2020 年，深圳市立足深圳公园建设发展实际，编制了《深圳特区公园分类体系构建研究》，明确了公园体系各类公园的分类标准及主管部门，为新时期深圳市公园体系建设提供了法律保障。同年，成都市在公园城市建设的总体要求下编制了《成都市全域公园体系规划（2020—2035 年）》，全域公园体系包括山地公园、乡村公园和城市公园三大类，按照"可进入、可参与、景区化、景观化"的要求构建全域公园体系，创新公园场景的服务项目和运营模式，促进生态价值转化。

（八）公园城市规划研究

2018 年 2 月，习近平总书记在天府新区首次提出"公园城市"理念。2018 年 2 月，习近平总书记在四川成都市天府新区视察时强调，要突出公园城市特点，把生态价值考虑进去，努力打造新的增长极，建设内陆开放经济高地。2020 年 1 月，习近平总书记主持召开中央财经委员会第六次会议，对推动成渝地区双城经济圈建设做出重大战略部署，明确提出支持成都建设践行新发展理念的公园城市示范区。成都公园城市坚持以人民为中心、以生态文明为引领，全面践行新发展理念，将公园形态与城市空间有机融合，是新时代可持续发展城市建设的新模式。

成都公园城市建设实现了从"首提地"到"示范区"的重大飞跃。公园城市聚焦人民日益增长的美好生活需要，坚持以人为核心推进城市建设，引导城市发展从工业逻辑回归人本逻辑、从生产导向转向生活导向，在高质量发展中创造高品质生活，让市民在共建共享发展中有更多获得感。风景园林学科在成都公园城市理论研究和规划实践探索中发挥了重要的作用，积极参与了前期公园城市理论体系构建、全域公园体系规划、场景营城模式探索、公园城市建设实施规划编制与示范区建设政策指引等，在天府绿道建设、公园社区与场景探索等方面做出了有益的探索。

随着成都公园城市建设实践和社会影响的深入，据初步调查，目前已开展公园城市建设的 15 个省（直辖市）、多个城市已开展或正在进行公园城市建设实践，部分地市编制了公园城市建设的总体规划、规划纲要和专项规划，如淄博、深圳等；部分城市开展以公园、绿道和公园体系建设为重点的实践探索，如扬州、石家庄、西安等。

（九）城市大型绿色空间规划

城市大型绿色空间具有规模化的特征，对城市的环境品质塑造和发展具有重要的作用。随着我国城市化进程加速，城市大型绿色空间的规划建设逐步在北京、广州、杭州、重庆、成都等超大型城市和城市群区域开始探索。国外对城市大型绿色空间的研究较早，随着近代城市的产生，中央公园、金门公园等大型公园或城市中的自然保留地成为大型绿色空间规划建设的探索。我国对城市大型绿色空间的系统研究相对较晚，北京奥林匹克森林公园建成后，相关研究和实践开始兴起，对我国城市的空间格局和发展模式产生了重大影响。城市大型绿色空间具有景观多样、功能复合、生态效益显著和动态演变的特性，其超大尺度往往能够容纳更加多样化的市民活动，如农业体验、季节采摘、文创休闲、工业遗址体验等，甚至能够将城市交通系统纳入其中。

我国大型绿色空间的类型、形成和规划实践较为多元，并随着时代发展和城市发展不断演变，主要包括以下几种类别：一是基于大型历史名园和历史文化遗产保护的大型绿色空间，如北京三山五园地区、天坛公园区域，该类区域在保持历史遗产和风景环境的同时，成为城市范围的公园游憩地区；二是基于城市生态保育要求的城市大型绿色空间建设，较为典型的为杭州西溪湿地、广州海珠湿地、深圳湾公园、北京中关村绿心和昌平科技园绿心等，在开展生态修复保育的同时，建设成为城市片区的大型绿心；三是带动新区开发规划建设大型城市公园规划建设，最为典型的案例为重庆中央公园，面积约 1.53 平方千米，带动了两江新区核心区的发展，相关案例还有上海普陀区桃浦中央公园、北京副中心绿心森林公园、成都桂溪中央公园等；四是城市规划确定的大型结构性绿地和隔离地区，如成都锦城公园、北京温榆河公园等，其中成都锦城公园由绕城高速两侧各 500 米范围及周边 7 大楔形地块组成，围绕"公园＋"和"绿色＋"为产业发展提供优质环境、为市民营造多元场景；五是结合城市生态修复和城市更新行动，以大型绿色空间为核心优化重构的城市发展地区，如唐山南湖中央公园地区和北京南苑森林湿地公园等，其中北京南苑森林湿地公园将首都中轴线与城市功能空间有序整合，形成融合森林湿地、历史苑囿、文化交流等多功能的大型城市功能空间；六是结合各类展园和城市大事记建设的大型绿色生态空间，较为典型的为北京奥林匹克森林公园地区以及各类园林园艺展会公园。

（十）绿道规划

绿道以自然要素为基础，串联着城乡游憩、休闲等绿色生态空间，在生态环保、游憩健身、休闲旅游、科普教育等方面具有重要作用。城市绿道建设是贯彻落实习近平生态文明思想、推动形成绿色发展方式和生活方式、建设美丽中国和健康中国的重要工作。2010

年以来，广东省在省域层面率先探索了城市绿道建设。住房和城乡建设部认真贯彻落实党中央、国务院决策部署，总结推广地方经验，完善绿道建设相关技术标准，指导各地因地制宜开展城市绿道建设，2016 年印发了《绿道规划设计导则》，启动编制了《全国绿道网络建设发展规划》；2018 年为进一步规范绿道建设、提升绿道建设水平，制定了《城镇绿道工程技术标准》。

绿道建设应时代所需，快速在全国得到推广，受到了民众的普遍欢迎，并成为新发展阶段风景园林行业研究和实践的重点内容。2010 年，广东省住房和城乡建设厅印发《珠江三角洲地区绿道网总体规划纲要》，并将绿道建设纳入广东省"十二五"发展规划工作中。2013 年，广东省成立了省、市、区（县）三级绿道管理部门（绿道办），在协调推动绿道建设中发挥了积极的作用。"珠三角绿道"建设工作在国内产生了积极的示范和带动作用。除港澳台外，我国 31 个省、直辖市、自治区均已开展绿道建设工作，其中 26 个省市已制定了绿道规划建设配套政策与地方标准，地级以上城市多数已开展了绿道建设的专项规划研究。浙江省、山东省等均制定了绿道建设省级规划、绿道设计地方导则以及推进绿道建设的部门文件等，形成一大批特色鲜明的精品绿道。

2018 年，广东省在绿道升级的基础上着重拓展线性空间的历史文化意义，打造 11 条南粤古驿道重点线路。2019 年，广东启动万里碧道建设，整合水中、水岸、区域的线性空间，形成"绿道"和"碧道"交相呼应的生态廊道。成都市结合天府绿道建设，推动了绿道与文创音乐、农业休闲、主题景观等功能叠加，成为人们感受城市生活场景的聚集地。南京市绿道建设注重挖掘沿线历史文化碎片，以绿道串联公园绿地和历史文化景点，让绿道展现"南京的风采"。风景园林行业在绿道规划建设中承担了重要作用，创新了绿色线性空间的多元功能，满足人民群众绿色生活方式的需要。

（十一）棕地修复规划

棕地是风景园林学科"地景规划与生态修复"的重要研究领域，也是当代中国新型城镇化发展中的热点问题。在生态文明建设背景下，棕地修复规划研究与实践领域进一步拓展，理论基础不断夯实，市场规模迅速扩张。

我国棕地研究由城市规划研究学者由西方引入，因而学科分布以城乡规划、风景园林、城市经济、环境研究为主，目前处于案例研究较为成熟、理论研究积极探索的阶段。案例研究为对国内外经典棕地再生经验学习与分析，包括工业遗产保护、土壤污染、生态恢复、艺术设计、区域振兴等多个视角；理论研究主要包括"棕色土方""棕地群"等连接风景园林、环境工程、城乡规划等学科的基础理论研究，以及对系统性棕地再生策略、风景园林技术在棕地再生决策中的应用探索。此外，棕地的时空特征也是近十年来的研究热点，棕地根植于某个时间和空间，其时空特征是影响棕地再生决策的重要因素。

2015 年，进入了我国棕地相关法规立法的第 4 个阶段，出台了多部具有针对性的污染场地治理的导则与政策文件。其中,《土壤污染防治行动计划》(2016)和《土壤污染防治法》(2019)极大地推动了棕地修复规划的项目实践。

我国的棕地修复规划实践类型丰富,根据棕地改造后的目标用途,项目类型主要可归纳为工业遗址类公园、矿山公园、博览园、文化创意产业园区和城市综合发展区等10类。其中,不乏公众高度认可的项目,有些项目还斩获了国内和国际的重大奖项。2010—2015年,在中国风景园林学会颁发的1145个"优秀园林工程奖"中,该类项目每年占4%~12%;在颁发的285个"优秀风景园林规划设计奖"中,该类项目占比将近10%。与此同时,在2010—2020年美国风景园林师协会颁发的108个"综合设计奖"中,有5个中国的棕地修复规划项目入选,分别是浙江宁波生态走廊、吉林长春水生态文化公园、上海桃浦中央公园、广西南宁世博会矿坑花园和海南三亚红树林公园。此外,首钢工业园区、清水塘工业园区、上海桃浦科技智慧城等优秀项目体现了实践项目逐渐从"就地论地"的决策与改造过程转向更大尺度、更综合视角的棕地修复与再开发规划的趋势。

(十二)生态基础设施规划研究

生态基础设施概念最早由联合国教科文组织的"人与生物圈计划"提出,主要强调自然景观和腹地对城市的持久支持能力。随着这一概念在全球发展、实践,也被称为绿色基础设施、蓝绿基础设施。2020年,住房和城乡建设部在城市更新行动中提出"城市生态基础设施体系"的概念,建立连续完整的生态基础设施标准和政策体系,完善城市生态系统,保护城市山体自然风貌,修复河湖水系和湿地等水体,加强绿色生态网络建设。城市生态基础设施是由山水林田湖草等生命共同体组成的自然系统和生态化的市政基础设施系统组成的综合网络体系,是城市中有生命的基础设施。

自2010年,学界在借鉴国外实践的基础上,从城市雨洪管理、区域生态服务、健康城镇化、绿地系统构建与生态服务等视角对绿色基础设施和生态基础设施进行了多方位的研究。珠海、深圳等城市编制了绿色基础设施专项规划。目前,各地结合生态基础设施体系的规划理念,在城市水循环系统、城市绿色空间网络、城市风廊系统等方面进行了规划研究和实践探索。

(十三)园林园艺展会规划

从1999年昆明举办世园会并获得巨大成功开始,我国园林园艺类展会进入快速发展时期。目前,在我国举办的综合性园林园艺展会主要分为四大类:由国际园艺生产者协会举办的世界园艺博览会(世园会),由国家住房和城乡建设部与地方政府共同举办的中国国际园林花卉博览会(园博会),由全国绿化委员会、国家林业和草原局与地方政府共同举办的中国绿化博览会(绿博会),由国家林业和草原局、中国花卉协会与地方政府共同举办的中国花卉博览会(花博会)。2011年至今,我国举办的各类综合性园林园艺展会共计 16 次（表 6、表 7）。

表 6　我国举办的各类园林园艺类展会对比表

名称	主办单位	申办方式	举办频率		会期
世界园艺博览会（世园会）	国际园艺生产者协会	承办城市首先获得国家政府批准，再由 AIPH 批准主办	A1：每 1～6 年 1 次		3～6 个月
			A2：每年 1～2 次至 3 年 1 次不等		8～20 天
			B1：每年 1～3 次至 5 年 1 次不等		3～6 个月
			B2：每 1～3 年 1 次		短期
中国国际园林花卉博览会（园博会）	国家住房和城乡建设部	地方承办机构向主办机构提出申请	每 2 年 1 次		6 个月
中国花卉博览会（花博会）	中国花卉协会	申办城市获得省区市人民政府及花卉协会支持，报申办小组批准	每 4 年 1 次		10 天～1 个月
中国绿化博览会（绿博会）	全国绿化委员会、国家林业和草原局	申办城市经省区市人民政府同意，由省绿化委员会向全国绿化委员会提出申请	每 5 年 1 次		半个月

表 7　近十年我国举办的国家级及以上园林园艺类展会成果表

年份	办会类型	举办城市	规模	办会主题
2011	世园会 A2/B1	中国西安	418 公顷	绿色引领时尚
2011	园博会	中国重庆	220 公顷	园林，让城市更加美好
2013	园博会	中国北京	349 公顷	绿色交响·盛世园林
2014	世园会 A2/B1	中国青岛	241 公顷	让生活走进自然
2015	园博会	中国武汉	155 公顷	生态园博，绿色生活
2015	绿博会	中国天津	380 公顷	以人为本，共建绿色家园
2016	世园会 A2/B1	中国唐山	1720 公顷	都市与自然·凤凰涅槃
2017	园博会	中国郑州	119 公顷	引领绿色发展，传承华夏文明
2017	花博会	中国银川	380 公顷	花儿绽放新丝路
2019	园博会	中国南宁	122 公顷	生态宜居，园林圆梦
2019	世园会 A1	中国北京	960 公顷	绿色生活，美丽家园
2020	绿博会	中国黔南都匀	1959 公顷	以人为本，共建绿色家园
2021	花博会	中国上海崇明	1000 公顷	花开中国梦
2021	园博会	中国徐州	173 公顷	绿色城市，美好生活

近十年来，各类园林园艺展会在办会理念、规划建设、展区布局和后期运维等方面不断发展演变。

一是办会理念从园林园艺展示到构建人与自然和谐关系的演变。从历届园林展会的主题看，从最初以单纯展示奇花异草、推广园林技艺为主逐步演变为关注人类生活与自然的互惠关系，全方位、全地域、全过程建设人与自然和谐共生的现代化。

二是规划建设从以展会带动城市经济建设到带动生态文明建设的演变。初始阶段，展会以带动城市新区经济建设为主，如2011年西安世园会带动了浐灞新区建设，2011年重庆园博会带动北部新区建设，2013年锦州世园会带动龙栖湾新区建设。近五年来，展会更为注重生态修复、城市更新和生态文明建设，如2016年唐山世园会利用采煤沉降地展示唐山抗震重建和生态修复成果；2019年南宁园博会、2020年都匀绿博会都利用生态废弃地修复成为生态文明建设示范地。

三是后期运维从单一展会模式到体现可持续发展理念的多元模式演变。园林园艺展会从过去单一展会模式逐渐演变到多模式的会后利用模式，如济南的转型模式（转型为"休闲旅游小镇"）、深圳的托管模式（委托华侨城托管）以及厦门的招商模式、郑州的免费模式（作为永久性城市公园，免费对外开放）、青岛施行股份制公司化管理，打造永不落幕的园博会等。

1. 典型案例一：2018年第十二届中国（南宁）国际园林博览会

中国（南宁）国际园林博览会以"生态宜居　园林圆梦"为主题，彰显"生态园博、文化园博、共享园博"三大特色。规划设计通过生态保护、矿坑修复、海绵规划等策略突出生态园博的亮点；通过本土建筑、民族符号、民族活动、遗址展示等策略突出"文化园博"的亮点；通过神州共享、国际共享、城乡共享等策略突出"共享园博"的亮点（图3）。

图3　第十二届中国（南宁）国际园林博览会鸟瞰建成照片

2.典型案例二：2019 年中国北京世界园艺博览会

北京世界园艺博览会按照"让园艺融入自然、让自然感动心灵"的理念，最大限度保留生态本底，尊重场地，留住场地记忆，实施适量、低干扰的人工建设，严格控制建设规模。展馆采用本土化、天然材料建设，顺应山形和水势，减少对环境的干扰，采用国际一流的生态标准建设海绵园区，形成世界园艺新境界、生态文明新典范（图 4）。

图 4 2019 年中国北京世界园艺博览会鸟瞰建成照片

（十四）传统园林保护与公园绿地更新

中国传统园林是中国传统文化的重要组成部分和华夏文明的重要文化遗产。党的十九大报告提出"推动中华优秀传统文化创造性转化、创新性发展""加强文化遗产保护传承"。传统园林营造技艺保护与传承对于弘扬优秀中华文化、彰显中国园林特色、高质量推进园林绿化事业发展具有重要意义。随着时代的发展，城市早期建设的公园绿地面临老化和服务设施难以适应人民群众对日益增长的美好生活需要，公园绿地更新改造成为近年来风景园林行业规划研究和实践的重要领域。

在传统园林保护与传承方面，2010 年以来各级政府制定了针对性的政策，包括传统园林和历史街区保护、传统园林文化传承、传统园林营造技艺等。如中共中央办公厅《关于实施中华优秀传统文化传承发展工程的意见》（2017 年）、《北京历史文化名城保护条例（2021 年修订）》、江苏省《关于实施传统建筑和园林营造技艺传承工程的意见》（2017年）、《河南省加强文物保护利用改革实施方案》（2019 年）、《广东省岭南园林建设指引》

（2015年）、《福州市特色历史文化街区规划建设导则》（2019年）等。

各区域立足自身特色，注重传统园林本体保护，通过传统造园技艺的传承和新技术运用，古典园林保持了"原真性"，适应了当代生活需求。探索传统园林的传承与发展相结合的多元化实践，一是遵循文物保护政策，延续历史信息，传承传统技法和运用传统材料，如苏州可园修复、青州市偶园复建、福州芙蓉园修复等；二是在延续文脉的前提下注重生态环境的提升、服务体系的完善，如北京三山五园－园外园生态景观建设等；三是尊重历史记忆进行艺术再创造，如河南商丘汉梁文化公园、广州粤剧艺术博物馆等。

在老旧公园绿地更新方面，各地结合新时代人民群众新游憩需求，更为注重绿色生态导向、服务功能和城市风貌提升、新技术应用，对城市老旧公园进行了多类型的更新改造，取得了显著成绩。一是结合城市双修工作，立足老旧公园本底条件，开展生态修复和功能提升工作，如三亚市红树林湿地生态修复和两河四岸工程、苏州虎丘湿地公园、北京通州运河公园、惠州市考洲洋—罂公洲至赤岸区域海岸带整治及生态修复工程等项目。二是通过拆墙透绿、还绿于城等措施进行功能完善、风貌提升、设施更新的城市综合性公园的改造更新，如北京玉渊潭公园、福州晋安河公园、济南大明湖风景名胜区、成都人民公园、太原迎泽公园、苏州环古城风貌带等改造提升工程。三是利用城市小型公共空间见缝补绿，建设小游园、口袋公园、街角绿地，提升老城区的公园绿地可达性，提升公园绿地服务覆盖率，如北京中心城区"留白增绿"工程、成都市"金角银边"行动、上海市100公顷新建改建口袋公园、苏州昆山"昆小薇"的98个小微绿地等。

（十五）城市景观风貌规划

城市的景观风貌包括自然山水格局、城市开敞空间与绿地、传统历史文化、公众行为特征等要素。但随着我国高速的城市化进程，很多城市风貌特色不断衰减，城市个性缺失，造成了"千城一面"的景象。近年来，风景园林从业者发挥其自然风景研究和户外空间设计的专业特点，广泛参与城市景观风貌规划、绿地景观风貌与开敞空间系统规划等研究和规划实践，优化城市空间设计和景观风貌特色，在城市建设、城市双修和旧城更新中发挥了重要的作用。

我国城市发展从规模扩张逐步转型进入内涵提升的时期，城市景观风貌的理论研究重点和实践体现在以下几个方面。一是更关注人性化设计。人民城市为人民，坚持以人民为中心的发展思想是做好城市工作的出发点和落脚点。城市景观风貌规划研究重点围绕"以人为本"开展，实践中更为注重人性化设计、公众行为特征分析，通过城市设计方法提升城市的宜居品质。二是注重地域特色风貌塑造。城市景观风貌规划更为注重城市历史文化和自然山水格局的保护传承，在植物景观风貌塑造方面倡导乡土植物和地带性植物景观营建。三是更关注社会综合效应和存量空间。城市景观风貌规划注重街区文脉、社区关系在城市景观风貌中的重要意义，也更关注存量空间的风貌提升整治研究。2015年中央城市工作会议后开展的"生态修复、城市修补"工作，就是一项为治理城市风貌失控等城市病和转变城市发展方式的重要手段。四是城市景观风貌管理逐步法制化。依据住房和城乡建设部颁布的《城市设计管理办法》（2017年），浙江省在2018年推出首部省级条例《浙江省城市景观风貌条例》，将城市景观风貌的技术规定和管理要求上升到立法层面。

三亚市作为首个"城市双修"试点城市，为解决城市面临的景观风貌问题，在城市修补行动中明确了城市景观风貌整治提升相关管理要求和规定，包括编制三亚市城市风貌总体规划、三亚市建筑风貌技术规范和管理规定，实施了城市形态天际线、建筑风貌色彩、广告牌匾、绿化景观、夜景照明、拆除违建等"六大战役"。以解放路示范段的综合环境建设为示范，综合提升了建筑风貌特色、街道步行环境和园林绿化景观。

（十六）乡村绿化与乡村景观规划

乡村景观是有别于城市区域的自然环境、农业景观和聚落景观的有机融合，也是一种体现地域性聚居环境和乡土风貌的文化景观。随着我国城镇化进程，乡村发展也发生了重大变迁，城乡结构性矛盾显著，城乡发展不平衡、乡村发展不充分及其引发的农村空心化问题突出。自2000年以来，国家陆续提出了新农村建设、统筹城乡发展、美丽乡村建设等政策要求，2018年国家发布了《乡村振兴战略规划（2018—2022年）》和《农村人居环境整治三年行动方案》。近年来，风景园林行业积极参与乡村环境整治、美丽乡村建设和乡村振兴发展工作，风景园林规划实践的范畴也从关注乡村绿化、村庄环境整治、乡村景观的维护和提升逐渐扩展到对乡村景观、生态保护、文脉传承、产业发展和乡村发展的系统研究，主要集中在三个方向：一是以乡村良好的自然资源为基础，运用环境生态学、景观生态学理论保护乡村生态和景观格局，促进乡村景观的可持续发展；二是从文化景观、乡愁感知等人文视角发掘乡村的文化内涵，指导乡村风景建设，营造乡村特色景观；三是发掘乡村景观经济价值，促进乡村产业发展，带动乡村旅游。风景园林行业在专注乡村绿化和环境营建的同时，成为参与乡村振兴发展的主力军之一。

近年来，风景园林规划实践参与乡村建设的领域包括乡村绿化、美丽乡村建设、田园综合体规划建设、乡村风景线规划、全域乡村风景规划等。我国各地结合乡村发展现状和特色，因地制宜进行乡村景观建设。浙江省是我国美丽乡村建设的先行者，从"千村示范、万村整治"到美丽乡村建设，为全国乡村景观建设和乡村全面发展提供了参考。如安吉县余村是"两山"理念的实践样板地，秉着生态优先、绿色发展、综合长效及民生共享的原则，余村有序推进了矿区改造、河道整治、污水处理等生态修复内容在内的乡村风景营建，实现余村美丽生态经济的持续可观发展。桐庐县茆坪村是国家级美丽宜居示范村、国家级传统村落、国家级历史文化名村。茆坪村以古村落为主题进行美丽乡村建设，从古祠古宅古建筑到古桥古道古弄的维护修葺恢复，从古树名木的保护到绿化排污系统的完善，从新村新家居的建设到村前溪流的整治，建设成为富春江"原生态、原生活、原生产"乡村慢生活体验区。

三、风景园林规划研究趋势和重点

风景园林规划在协调人与自然关系、营造人居环境方面发挥着越来越重要的作用。风景园林规划将继续围绕新发展阶段人居生态环境建设重点，推进以人为核心的新型城市化和城市更新行动，在保护与修复自然环境、营建绿色城市生活、推进城市韧性健康发展方面深化研究和实践。

（一）风景园林规划理论和方法研究重点

围绕新发展阶段的时代需求和学科使命，风景园林规划理论和方法的研究重点主要包括以下几个方面：一是发挥风景园林学科特性，在生态文明建设和规划体系改革的背景下，在应对和适应气候变化、环境退化与生态治理、防灾避灾和城市安全韧性发展等协调人与自然关系等领域拓展深化规划研究和实践；二是结合遥感、大数据、数字化、智慧化和信息化技术的应用，风景园林规划与信息化技术相结合的理论研究和方法应用将进一步深化，为科学开展规划分析评估、运行管理提供技术支撑；三是面对"疫情可能会长期与人类并存"的新挑战，风景园林规划将进一步关注公共安全、公共健康和社会包容，优化绿地空间布局，提升绿地对人类健康的积极效益，改善城市微气候和空气质量，推进废弃地污染治理，探索以人为核心、服务高质量发展的规划设计方法；四是探索具有东方智慧的风景园林规划理论研究和创新实践，传承中国传统风景营建过程中"人与天调"的思想，汲取传统园林文化和乡土营建智慧，探索不同尺度和类型的中国风景园林规划理论和实践。

（二）城市公园体系和公园绿地高质量规划建设

为了化解人民日益增长的美好生活需要和不平衡不充分的发展之间的矛盾，城市公园的系统性规划建设，特色化、本土化、人本化和高品质服务的公园绿地建设仍然是未来风景园林规划实践领域的研究和实践重点。如何立足当代人的需求，结合城市发展和城市更新行动，科学规划布局城市公园绿地，提供城市优质绿色空间服务，为城乡居民提供体验自然、亲近自然和融入自然的机会，是风景园林学科永续的研究和实践课题。

（三）基于自然的解决方案与城市生态基础设施体系规划建设

为了系统治理城市病，促进城市绿色高质量发展，我国将借鉴国际基于自然的解决方案经验，推进生态（绿色）基础设施体系规划建设，科学研究不同地区、不同规模和特点城市的生态环境本底，因地制宜制定生态基础设施体系标准，发挥自然生态空间的功效，保障城市的安全韧性，维持城市区域生态过程和生物多样性，净化城市污染，高效供给健康休闲服务，塑造城市特色景观风貌，促进城市本土文化传承和弘扬。

（四）城市生态空间保护与生态修复

随着我国国土空间规划体系的建立、生态保护红线划定和自然保护地体制的有序推进，城市生态空间的保护研究和实践将进一步推动城市生态系统的保护治理，城市生态空间的系统保护和生态建设是未来发展阶段的研究重点。随着存量规划导向和城市更新行动的推进，生态系统的修复和城市生态修复是我国生态文明建设和城乡发展面临的重大课题。如何发挥风景园林学科的优势，促进城乡生态保护与修复，为风景园林规划实践提供了广阔的舞台。

（五）基于双碳目标的绿色低碳园林规划建设

"2030 年前实现碳达峰、2060 年前实现碳中和"对我国经济社会发展是一场影响深远的系统革命。风景园林如何助力双碳目标的实现，以及风景园林如何在应对气候变化方面发挥自身的作用，在森林与生态空间碳汇、减缓城市热岛效应、近自然森林和近自然生境营建以及提升城市韧性发展能力等方面开展有益工作，对风景园林规划研究和实践都提出了新的课题。

（六）多类型与多元化的城市绿色空间营建

以国土空间规划格局为基础，城市绿地系统和城市绿色空间专项规划将进一步聚焦高质量发展和绿色发展，多类型与多元化的绿色空间营建将提供更均衡、更充分的生态服务。雨水花园、立体绿化和绿廊规划等生态导向的规划建设，人本导向和服务导向的多类型的公园绿地规划建设，以及城市风貌提升和文化传承导向的绿色空间营建规划实践将在与城市治理提升相结合的建设过程中发挥更为重要的作用。

（七）多模式与多路径公园城市规划建设探索

随着成都公园城市和示范区建设的不断推进，在探索绿色高质量城镇化的过程中，各地将进一步探索多模式、多路径的公园城市建设方案，为我国特色城镇化发展寻求中国方案。风景园林规划研究和实践也将结合公园城市规划建设探索，在城市绿色发展和生态引领发展中拓展自身的研究和实践范畴，促进多专业、多学科的融合，进一步丰富风景园林学科体系建设。

（八）区域尺度的人文自然生态系统规划研究

随着国土空间规划体系的建立和实施、对自然环境与人化自然的发展演变，研究不同地域人与自然协调发展的传统智慧、整体格局和特色路径，以及人文与自然复合生态系统的演替与可持续发展研究，将是新型城镇化发展阶段多元化和特色化发展路径研究的重点内容，这不仅是对风景园林学科体系和研究方法的挑战，也将进一步拓展和丰富风景园林规划实践的领域。

（九）基于生态产品价值实现的生态资源与生态空间系统规划

随着《关于建立健全生态产品价值实现机制的意见》的颁布，践行两山理论，促进生态资源的保护利用，推动经济社会发展全面绿色转型，对我国不同地区、不同类型的生态资源和生态空间规划研究提出了新的课题。坚持系统观念，搞好顶层设计，如何在统筹生态保护的前提下探索生态引领发展的新路径，是生态资源和生态空间系统规划未来研究的重要课题和引导方向。

参考文献

[1] 刘滨谊，陈威. 中国乡村景观园林初探［J］. 城市规划汇刊，2000（6）：66-68.

[2] 王绍增. 园林、景观与中国风景园林的未来［J］. 中国园林，2005（3）：24-27.

[3] 陈汉坤. "国家森林城市"部分评价指标的解读与探讨［J］. 内蒙古林业调查设计，2008（3）：66-68.

[4] 王云才. 风景园林生态规划方法的发展历程与趋势［J］. 中国园林，2013，29（11）：46-51.

[5] 张云路，李雄. 基于绿色基础设施构建的漠河北极村生态景观规划研究［J］. 中国园林，2013，29（9）：55-59.

[6] 鲍梓婷，周剑云. 当代乡村景观衰退的现象、动因及应对策略［J］. 城市规划，2014，38（10）：75-83.

[7] 孙炜玮. 基于浙江地区的乡村景观营建的整体方法研究［D］. 杭州：浙江大学，2014.

[8] 王云才. 基于风景园林学科的生物多样性框架［J］. 风景园林，2014（1）：36-41.

[9] 杨锐. 论中国国家公园体制建设中的九对关系［J］. 中国园林，2014，30（8）：5-8.

[10] 李方正，李婉仪，李雄. 基于公交刷卡大数据分析的城市绿道规划研究：以北京市为例［J］. 城市发展研究，2015，22（8）：27-32.

[11] 吕伟娅，管益龙，张金戈. 绿色生态城区海绵城市建设规划设计思路探讨［J］. 中国园林，2015，31（6）：16-20.

[12] 王南希，陆琦. 乡村景观价值评价要素及可持续发展方法研究［J］. 风景园林，2015（12）：74-79.

[13] 王绍增. 30年来中国风景园林理论的发展脉络［J］. 中国园林，2015（10）：14-16.

[14] 郭巍，侯晓蕾. 从土地整理到综合规划荷兰乡村景观整治规划及其启示［J］. 风景园林，2016（9）：115-120.

[15] 林箐. 乡村景观的价值与可持续发展途径［J］. 风景园林，2016（8）：27-37.

[16] 佟思明，赵晶，王向荣. 综合性园林园艺类博览会在中国的发展回顾与展望［J］. 风景园林，2016（4）：22-30.

[17] 张长滨. 重大事件主导的城市绿色空间整合研究［D］. 北京：北京林业大学，2016.

［18］范嗣斌，谷鲁奇. 从"生态修复、城市修补"到空间提升与治理——三亚"生态修复、城市修补"试点工作实践与思考［J］. 建设科技，2017（21）：16-20.

［19］顾晨洁，王忠杰，李海涛，等. 城市生态修复研究进展［J］. 城乡规划，2017（3）：46-52.

［20］骆天庆，傅玮芸，夏良驹. 基于分层需求的社区公园游憩服务构建：上海实例研究［J］. 中国园林，2017，33（2）：113-117.

［21］王鑫，李雄. 基于网络大数据的北京森林公园社会服务价值评价研究［J］. 中国园林，2017，33（10）：14-18.

［22］吴雪姣，江舒楠，白新祥. 森林城市总体规划中的"多方融合"策略——以赤水市省级森林城市建设规划为例［J］. 森林工程，2017，33（4）：8-14.

［23］戴伟，孙一民. 土地利用与生物多样性绩效研究及对风景园林规划的借鉴［J］. 风景园林，2018，25（4）：79-84.

［24］李兰，李锋. "海绵城市"建设的关键科学问题与思考. 生态学报，2018，38（7）：2599-2606.

［25］唐源琦，赵红红. 中西方城市风貌研究的演进综述［J］. 规划师，2018，34（10）：77-85，105.

［26］吴岩，王忠杰，束晨阳，等. "公园城市"的理念内涵和实践路径研究［J］. 中国园林，2018，34（10）：36-39.

［27］张云路，关海莉，李雄. "生态园林城市"发展视角下的城市绿地评价指标优化探讨［J］. 中国城市林业，2018，16（2）：38-42.

［28］北京世界园艺博览会事务协调局. 唯美山水画　多彩世园会：2019年中国北京世界园艺博览会园区规划［M］. 北京：中国建筑工业出版社，2019.

［29］韩林桅，张淼，石龙宇. 生态基础设施的定义、内涵及其服务能力研究进展［J］. 生态学报，2019，39（19）：7311-7321.

［30］彭建. 以国家公园为主体的自然保护地体系：内涵、构成与建设路径［J］. 北京林业大学学报（社会科学版），2019，18（1）：38-44.

［31］杨龙，朱玉春，郭海滨，等. 森林城市近自然规划设计与低成本管护［J］. 辽宁林业科技，2019，293（1）：70-72.

［32］张云路，李雄，孙松林. 基于"三生"空间协调的乡村空间适宜性评价与优化——以雄安新区北沙口乡为例［J］. 城市发展研究，2019，26（1）：116-124.

［33］陈丹，雷霄. 森林城市规划中人居环境绿色空间建设思路探析——以北京市延庆区为例［J］. 陕西林业科技，2020，48（1）：91-94.

［34］金云峰，陶楠. 国土空间规划体系下风景园林规划研究［J］. 风景园林，2020，27（1）：19-24.

［35］林俏，刘喆，吕英烁，等. 基于水文模型的北京浅山区雨洪管理措施探究——以夹括河上游为例［J］. 北京林业大学学报，2020，42（5）：132-142.

［36］刘长松. 气候变化背景下风景园林的功能定位及应对策略［J］. 风景园林，2020，27（12）：75-79.

［37］人民网. 人民日报评论部：山水林田湖草是生命共同体［EB/OL］. http://opinion.people.com.cn/GB/n1/2020/0813/c1003-31820297.html. 2020-08-13.

［38］王鹏，何友均，高楠，等. 自然保护地景观治理的实践模式：以长沟泉水国家湿地公园为例［J］. 风景园林，2020，27（3）：40-46.

［39］王应临，张玉钧. 中国自然保护地体系下风景遗产保护路径探讨［J］. 风景园林，2020，27（3）：14-17.

［40］吴良镛. 关于园林学重组与专业教育的思考［J］. 中国园林，2010，26（1）：27-33.

［41］吴岩，王忠杰，杨玲，等. 中国生态空间类规划的回顾、反思与展望——基于国土空间规划体系的背景［J］. 中国园林，2020，36（2）：29-34.

［42］余伟，董翊明，丁兰馨.《浙江省城市景观风貌条例草案》研究［J］. 中国园林，2020，36（S2）：157-158.

［43］邹天娇，倪畅，郑曦．基于CA-Markov和InVEST模型的土地利用格局变化对生境的影响研究——以北京浅山区为例［J］．中国园林，2020，36（5）：139-144.

［44］蔡怡然，刘阳，李柳意，等．人居环境安全视角下的北京市浅山区泥石流防灾林规划研究［J］．北京林业大学学报，2021，43（6）：130-140.

［45］李方正，宗鹏歌．基于多源大数据的城市公园游憩使用和规划应对研究进展［J］．风景园林，2021,28（1）：10-16.

撰稿人：王忠杰　王　斌　郑晓笛　郑　曦　贺风春　赵文斌　赵　鹏　高　飞　马浩然　叶　枫　张清彦　邓武功　李路平　贺旭生　李云超

风景园林设计研究

风景园林学科内涵不断丰富，其学科知识体系越加复杂，立足于学科的本源价值与当代需求，当代风景园林设计需要不断总结历史、寻找规律、实现创新。近十年，学科围绕文化与地域景观设计、生态与可持续设计、人本性与公平性设计等不同方向，持续进行理论与实践的探索与发展。

为解决新的人居环境问题，风景园林设计尺度层面涌现出新的应对方法与理论研究，包括近自然设计与生境优化调控、海绵城市建设与低影响开发设计研究、风景园林小气候调节设计、滨水空间设计、地域文化与乡村景观设计、存量更新背景下的景观介入、公众参与与包容性设计。在设计研究全过程中，循证设计与景观绩效评价体系让设计决策有章可循，城市公园与公共空间运营也对建设完成的场地持续保有活力及可持续满足公众需求提供了保障。

在设计实践方面，生态修复、城市修补相结合的"城市双修"用于破解城市病，生态修复与生境营建发展到如今关注国土空间的综合生态修复；低影响开发与弹性雨洪管理实践在各类型项目中得到应用；城市滨水公共空间以塑造城市形象为重点，形成五道合一的复合型廊道。当代城市公共空间设计从空间整合、功能调整、生活融入和文化表达体现出公园化、复合化、生活化与多元化的特征。随着社区更新成为热点，相关实践主要体现为以存量更新与改造来激活社区动能，并持续探讨公众参与的微景观营造可能。同时为实现乡村全面振兴，也有新的实践不断涌现并做出新的贡献。

综合过去十年的发展，提出未来的重点研究方向包括：低影响开发与可持续设计、滨水空间生态修复与设计、城市生境修复与生态种植设计、城市街区与公共开放空间设计、城市更新与老旧社区公共空间改造、后工业景观改造提升设计、景观循证设计与景观绩效、公共空间运营、乡村景观设计、设计批评与评论十个方向。同时针对生态价值、人本关怀、公众参与、循证反馈在未来研究中的作用进行重点阐述。针对以上风景园林设计尺度的理论与实践发展，本研究通过发展回顾、成果综述对重点研究方向进行梳理总结并提出研究展望。

一、风景园林设计研究发展回顾

（一）风景园林设计基本理论的传承

当代风景园林设计由历史悠久的造园活动发展形成，反映了人类的世界观、价值观。近十年，风景园林学科知识体系越加复杂，风景园林设计围绕生态与可持续设计、文化与地域景观设计、人本性与公平性设计等不同方向，持续进行理论与实践的探索与发展。立足于学科的本源价值与当代需求，当代风景园林设计需要不断总结历史、寻找规律、实现创新。

（二）风景园林设计方法论的构建

基于风景园林学与设计学的研究基础，设计方法论研究逐渐进入成熟程度，提升了学科发展的动力，构建了完整的设计研究体系。针对设计的求知模式难以满足科学研究的标准，结合设计实践的探索表明，设计介质论与"通过设计之研究"的理论观点和方法体系对于解决上述问题可形成有益思路。设计介质论主张在"设计思维"基础上将设计主观性和不确定性纳入研究的框架，以设计过程为研究的介质，在设计领域针对设计问题开展科学研究。

（三）当代国内外风景园林设计理论思潮

为解决新的城市问题，设计尺度层面涌现出新的应对方法，包括近自然设计、低影响开发设计、存量更新与设计、场景营建与互动景观设计、景观公平与人本设计等方面。在设计研究全过程中，循证设计与设计批评体系也让设计决策有章可循。

二、风景园林设计研究成果综述

（一）理论研究成果

1. 近自然设计与生境优化调控研究

生态系统服务对保障人居环境健康具有关键作用，生物多样性是维持生态系统稳定性的基本条件，而生境优化则是丰富生物多样性的前提。近自然绿地设计思想旨在模拟自然景观的组成成分与结构进行景观设计，充分考虑园林绿地系统内部物质能量的循环利用、动植物群落之间的协同共生关系、群落更新演替驱动力的修复、人与自然的生态平衡关系的促进。近自然绿地设计强调打破以往园林设计中人类中心主义的桎梏，保护和合理利用城市自然资源的综合价值，并提高设计与人的亲和性。

针对相关设计方法、技术与实践，近自然绿地设计逐步运用于各类景观与生态治理领域，由河流、坡地整治向公园设计、植物种植设计、绿色空间设计等方向拓展，呈现出多样化、丰富性、跨尺度的特点，同时强调基于自然的解决方案与可持续性的再野化设计思路。例如，以潜在自然植被和演替理论为基础理论，强调使用乡土树种，通过人工营造与后期植物自然生长结合营建地带性林地的宫胁造林法，获得了广泛而良好的应用。乡土植物种质资源的引种、驯化与扩繁，土壤工程技术改良，逆境植物栽培方法及模拟多层复合群落结构的技术发展，为以宫胁造林法为基础的近自然公园设计提供了系统性改良的技术支撑。同时，数字化技术在近自然绿地的设计、施工和管理等多方面开始发挥重要作用，大大提高了整体设计效率。

量化评价与分析决策也是近自然绿地设计的近十年发展热点。层次分析法被广泛应用于近自然度评价体系的构建，并借助层次分析法结构模型定量化体系分析评价绿地各项指标的权重，最终通过量化的近自然度评价结果定性评价绿地的近自然性的优劣。生境制图则通过生境类型的识别、特征评估及空间分析，为近自然绿地设计关注的生物多样性保护和土地利用开发强度等策略的制定提供参考和依据。此外，InVEST模型中的生境质量模块被广泛应用于生境质量指数模拟，并应用于多样化生态系统的生境质量时空演变模拟，从而为近自然绿地设计的综合决策提供科学依据。

2. 海绵城市建设与低影响开发设计研究

2012年，"海绵城市"概念被首次提出。2015年中央城市工作会议将海绵城市列为未来城市建设的重点之一，之后，海绵城市建设试点的申报与颁布推动了低影响开发截流、促渗、调蓄技术的推广，相关技术在海绵城市建设中的应用成为研究热点。随着学科交叉的进一步推进，SWMM、SUSTAIN等低影响开发设计、评估工具普遍进入风景园林学者的视野，通过对规划设计方案与水文过程的时空耦合及模拟，评估不同低影响开发设施或组合削减径流及污染的效能以反馈设计方案。其后，随着《海绵城市建设绩效评价与考核办法（试行）》与《海绵城市建设评价标准》系列文件的颁布，针对海绵城市绩效评价体系构建、方法优化、实证测评的研究逐渐涌现，并成为新一轮焦点。

"规划布局""技术措施"与"植物应用"是低影响开发方案设计研究的重要内容。常见的"规划布局"类研究主要针对不同优先目标，通过模型模拟的方式对低影响开发设施的组合布局进行多方案比选，最终确定项目规划布局。技术措施类囊括了源头分散控制、中途径流控制和末端集中控制3个不同阶段的处理方法，源头控制措施旨在污染发生地拦截净化地表径流及污染，相关措施包括透水铺装、渗井、绿色屋顶等；中途径流控制措施旨在地表径流产生后、进入到受纳水体之前的过程中加以控制，如植草沟、渗管、渗渠等；末端集中控制旨在水陆交错带进行污染物控制和净化治理，如人工湿地、雨水花园等。此外，"植物应用"方向的大量研究表明，植物不仅能够滞留和沉降雨水中的悬浮物，也能有效削减和去除污染物。

低影响开发性能研究主要包括实验和模拟两种类型。前者针对年径流总量控制与径流污染削减的关键问题进行了大量实验；有时由于现实条件所限难以开展测评，则以水文过程的模型模拟代替。目前用于评估低影响开发设施水文效益的模型主要有 SWMM、SUSTAIN、InfoWorks ICM、MIKE 等。针对水文和水质的模拟研究表明，建立植被缓冲带、增设人工湿地等可以有效降低城市的地表径流，对污染物的消减作用较为显著。

3. 调节风景园林小气候的设计方法研究

城市小气候对于提升城市的生活品质、改善人居环境、促进城市发展等方面有着重要作用，而如何对城市小气候进行合理、恰当的调控已成为当今城市规划建设者不可避免的问题。城市小气候的直接影响因子主要包括空气温度、相对湿度、太阳辐射和风向风速等，因此，要营造出一个宜人的小气候环境，需要综合考虑这些气候要素以及对地形、水体、植物、建筑等造园要素的处理。

目前相关研究发现，地形对小气候的影响主要表现在太阳辐射分布不一致和地形对气流的作用两个方面。相关研究认为地形对太阳辐射、温湿状态及城市风环境皆有影响；水体面积是影响其小气候效应的重要因素，水体有增湿和调节风速的作用；植被绿化能使气温降低、相对湿度提高，而不同植物类型降温作用有所差别，乔木降温作用大于草坪。同时，局地尺度上的城市气温与植被覆盖关系也具有时空变化。

4. 滨水空间设计研究

以往我国城市滨水空间的建设发展其主旨是希望通过滨水环境的改善来推动城市开发、促进经济建设，滨水空间自身的生态建设则没有得到足够的重视，反而在快速的城镇化进程中，伴随着水环境的恶化而彻底失去生态功能。自 2015 年国务院颁布《水污染防治行动计划》以来，全国大中型城市都加大了河道综合治理的技术研究和资金投入，通过城市河道的综合治理，创建了生态城市的蓝色框架，体现了积极显著的社会效益。进入"十四五"后，城市水环境治理的重心从黑臭水体的治理逐渐转向生态修复领域，随着治理阶段的转变，滨水空间设计也进入了一个新的发展阶段：强调滨水区的生态价值及可持续发展，从生态修复、景观重塑、功能整合多角度对滨水空间开展综合设计。

目前，滨水空间设计主要围绕以下几个维度展开：①融入治理体系：通过水环境的提升、水安全的保障、水资源调控为滨水空间建立一个良好的、稳定的建设环境；②保障滨水空间：在城市建设过程中尽可能留出充足的滨水空间，充分保障滨水空间的连续性，为生态修复和其他功能建设提供空间；③培育生态系统：采取一些人为干扰措施，如介质的改良、本地植物的选择，使退化滨水生态系统实现正向演替；④重建平衡关系：建立生态、水环境、防洪、滨水景观等功能的平衡关系，赋予滨水空间一定的运营空间，提升滨水空间治理的可行性及可持续性；⑤重视生态教育：通过开展生态教育活动，展示生态风貌、传递生态理念，塑造生命共同体的价值观；⑥响应城市功能：在治理过程中考虑与城市背景的融合，积极融入城市生态、联动城市生活、服务城市产业，构建水城共融的发展格局。

5. 地域文化与乡村景观设计研究

2013 年中央城镇化工作会议中提出的"让城市融入大自然，让居民望得见山、看得见水、记得住乡愁"，提出应努力保留当地独特的传统文化，守住熟悉的自然风貌。地域文化从自然环境、人文环境以及社会环境三个层面对风景园林设计产生影响。在其形成的长期过程中，它不断发展变化，同时又具有一定的稳定性。在设计中，自然环境、地域文化和审美要素都具有一定的历史传承性。

乡村景观是在一定的自然环境中，人类为了生存的目的，对土地等自然资源加以利用形成的生产和居住的景观。相关研究主要是从自然和文化的双重视野提出多样的国土景观特征，研究不同地区与流域的传统聚落景观，探讨聚落与自然环境的关系、水系梳理、农田与居住区布局、村落公共空间系统等方面的历史经验与生存智慧，通过梳理、研究和总结人与土地、水与土地的互动，探索出特定地理环境中的乡土景观，从风景园林视角提出乡土景观研究的初步框架。自然、农业、聚落景观构成乡土景观的多重价值，有效避免全球化趋势下的风景园林设计趋同现象。地域景观作为乡土文化的载体，对建设传统内涵的人类聚居环境具有重要作用。在此基础上发展出的国土景观概念，其多样性及地域景观的独特性拓宽了风景园林设计的视野。

当前我国持续坚持农业农村优先发展，全面推进乡村振兴战略，正在多方位、多角度、强力度地实施各项乡村建设战略，强化乡村建设的规划引领，改善农村人居环境。乡村环境整治、乡村景观建设对改善乡村人居环境、协调城乡发展、保护生态资源具有重要的现实意义。"乡村振兴""乡村建设行动""农村人居环境整治""新型工农城乡关系""城乡一体化"是提升农村景观以及居民生活环境质量的方向指引。

6. 存量更新背景下的风景园林介入方法研究

在我国经济社会各方面经历了几十年的高速发展之后，物质环境的更新与社会网络的更新都进入了更为缓慢而审慎的发展阶段，在《国家新型城镇化规划（2014—2020年）》中，由增量规划转向存量规划的城市建设对公共空间提出了严控增量、盘活存量的原则，以往大规模的城市建设也开始转变为以街区为单位的渐进更新，以及以社区为单位、注重日常生活和居民需求、以有限的空间资源应对多元的空间价值诉求。如 2015年《上海市城市更新实施办法》的出台。以小微规模的社区公共空间和社区基础设施等为主体改造提升对象的局部微更新方式，成为激发城市活力、提升建成空间品质的新方式。

城市更新背景下的老旧社区公共空间具有多重含义，包括具有集聚意义的公共空间，作为日常生活的公共空间，系统化、网络化的公共空间。老旧社区公共空间的重塑需要学习传统城市结构，风景园林序列织补通过连接方式提升社区公共空间的网络化是一种有效的空间整合手段。风景园林视角下的社区微更新设计强调参与性和过程性，采取低成本、低门槛、广参与、多合作、易应用、过程性的模式，通过参与式设计和参与式共建等全过程公众参与的方式，分步骤可持续地进行社区微更新。

城市微更新一方面强调了设计介入的"轻",以不影响居民日常生活、不破坏原有城市肌理和风貌为更新前提;另一方面以社区营造为基础,关注不同利益相关方在具体情境下的不同需求。老旧社区的更新通过协调多方需求,保证各使用群体的公平、合理使用。渐进式和参与式成为城市微更新的主要方式。以风景园林为视角的社区微更新致力于以问题为导向,通过设计介入和艺术激活的方式,采用社区营造和多元共治的途径解决小微的需求、实现小微功能的完善。

同时,城镇化和公共健康的政策对城市街道与公共开放空间不断提出要求,绿色生态的公共空间成为城市良性发展的基础。2016年《"健康中国2030"规划纲要》将建设健康环境作为建设重点。政策引导分别从空间更新、绿色生态和公共健康的维度对空间品质提升和高效利用给出了发展方向。我国引入众多发达国家的街道导则以及完整街道、健康街道等理论,尝试推出本土的街道设计导则。2011年,北京市针对步行及自行车交通环境编制了交通设计导则;2016年,第一本城市级的《上海市街道设计导则》发布;2019年,上海又出台首个《街道设计标准》。对城市街道空间的重新解构和定义,促使街道朝着高品质、人性化、绿色、健康及公平的方向发展。街景重构通过建构慢行系统、突破红线局限、丰富街道形态、满足社区需求和延续文化表述的空间途径,对人行道、街道绿化等空间构成要素提出了新要求。同时,小微街道公共开放空间也成为街景的重要组成。

7. "以人为本"的风景园林设计与景观公平研究

快速城市化加剧了全球范围内的绿色公平问题,可以认为体现在程序公平、分配公平和互动公平三个方面。以人为本的和谐社会使设计的民主化应运而生,公众参与社区微更新作为一种创新治理方式,借由公民的充分参与来处理空间与社会的议题。例如,社区更新改造从政策制度、平台构建、自组织培育角度取得不同成效。越来越多的设计实践以社区花园为空间载体,致力探索城市社区更新和公众参与的创新模式。同时,技术革新对于公众参与方法也具有很大的提升作用,相关研究认为互联网和大数据的发展为公众参与提供了便捷的数据采集渠道和庞大的数据储存功能;同时也突破了时空的限制,无论是互动式网络地图问卷、街景网络评价,还是大众社交平台的数据采集,对公众参与的时空维度几乎没有限制。公众参与式规划设计实践通过控制权下放的方式赋予使用者影响、塑造其所属空间的能力,让人们在共同参与的过程中认识到自己的价值,以此重塑人境社会联系,也帮助专业人员更加理解使用者的真正需求。

"以人为本"的设计视角还关注了不同社会群体。在我国老龄化日益严重与代际关系变革的背景下,探索代际互助有其积极意义。当前的适老化设计与儿童友好型设计以及剖析社区代际互助价值,有助于进一步进行社区规模控制、设施功能完善。

8. 循证设计方法研究

景观绩效评价是实现风景园林循证的重要手段之一。近年来,多个国外风景园林相关机构和政府部门围绕以风景园林实践为对象的评价指标、方法和体系进行持续探索。

为了改善当前风景园林行业缺乏基于循证的系统化评价方法和可推广、可操作的公共平台问题，景观绩效评价平台依托园林景观设计资源平台研究风景园林效益评估方法和开发在线服务平台，采用单因子量化模型集群与网络线上实时评价的方式，构建了基于北京城市景观空间典型特征的景观绩效评价体系与公共在线服务平台。评价体系的指标系统涵盖生态、经济、社会三方面效益的价值认知，包含 30 个具有代表性的效益因子、111 个可量化的评价指标，并开发了具有线上实时评价和循证资源收集功能的网络平台。通过案例研究以及景观绩效评价体系的构建，实现了为风景园林效益评估提供匹配度较高的评价方法，提升了评价的量化程度和可操作性。

9. 城市公园与公共空间运营研究

我国的城市公园建设水平紧随城市经济的发展和城市建设的步伐不断提升，但城市公园在计划经济体制下的管理模式所产生的一系列问题与我国的经济和社会发展极不协调，我国的城市公园建设管理体制势必走向适应我国特色社会主义的一条改革创新之路。2010年以前，相关研究主要集中在提出城市公园使用的评价指标体系作为指导公园运营管理的技术依据；之后的研究则是围绕借鉴国内外（主要为日本、美国、加拿大、成都、温州、上海等地）公园管理模式探索我国公园管理运营创新方法，从管理运营理念、管理运营主体、管理运营方式、配套机制和规定等方面全面总结目前可能的公园管理运营方法和模式。同时分析方法和视角多维度、不拘一格，从公园管理角度，引入新公共服务理论，重新诠释公园管理的内涵；从公园属性角度，阐述公园作为"准公共产品""公共资产"的概念；从投融资角度，尝试分析 PFI、PPP、BID、BOT 等建设模式对公园管理运营的影响和可行性。多位学者在各自的研究中均提到了"公众参与"的管理方法，如实现公园免费开放后如何创新公园经营管理体制。

我国在城市公园管理运营方面的创新尝试主要有成都、武汉、扬州、温州等城市，这几个城市采用的共通之处在于大都采取了政府主导、多元参与的途径，体现了"共治、共享"的运营理念，以上几个城市的具体做法详见表 8。

表 8　中国城市公园运营创新模式概况

	城市背景	创新模式
成都	2016 年，成都市林业和园林管理局发布了《成都市城市公园管理规范（试行）》。十一届三中全会以前，成都的所有公园都需要由政府进行统一的建设、经营和管理。2004 年，成都园林绿化部门实施改革，管养分开，政企分开	一种是公共部门途径，即政府管理模式，由政府园林主管部门组建相应的管理处，该行政部门具有公园的所有权、经营权和管理监管权；另一种是公私合作模式，即社会管理模式，是由政府、企业与社会公众等共同对公园进行管理的基本模式

续表

	城市背景	创新模式
武汉	出台《武汉市公园市民园长和特邀管理员管理办法》《星级志愿者评定办法》	"共治"：选聘市民园长，全市公园主管部门将各公园开展市民园长的情况纳入考核检查范围，推动此项工作持续开展； "共享"：开展普适性公园大课堂，开办个性化植物导师课，探索自然教育"城市模式"，探索一个"公园＋学校＋专业机构"的运作平台； 共创：开辟互动空间，包括公园美术馆、公园大课堂、市民园长之家、生态花巢
扬州	现有接管模式、公司化管理模式、外包管理模式三种模式	优化后形成政府主导、公众参与、公司运营的混合型管理模式。其中，政府主导负责规划制定、拓宽经费渠道、完善健全机制；公司运营负责安全、卫生保洁和绿地管养；公众参与负责日常监督
温州	2002 年建设部出台《关于加快市政公用行业市场化进程的意见》；2004 年建设部《市政公用事业特许经营管理办法》鼓励社会资金和外国资本以多种形式参与城市公用事业建设；2005 年《国务院关于鼓励支持和引导个体私营等非公有制经济发展的若干意见》允许非公有资本进入公用事业和基础设施领域、社会事业领域	引入多元经济主体参与运营模式，包括采用 PPP 模式、BOT 模式、TOT 模式等融资方式，以及主题公园模式、房产整合模式、环境外租模式，政府进行多种方式的灵活管理与监督

（二）实践成果概况

近十年来，政策供给、理论辨识、技术范式、智慧工具与公众意识不断发展提高，积极作用于风景园林领域内各类设计实践，相关实践的数量与质量相较上一个十年进步显著。

党的十八大、中央城市工作会议指出，用生态修复、城市修补相结合的"城市双修"破解城市病。同时，在国土空间生态修复的总体框架及"一带一路"倡议下，生态修复与生境营建已经由过去注重单一生境和单一生态要素的修复，发展到如今关注国土空间的综合生态修复，并成为国土空间科学和区域尺度下风景园林设计最前沿的领域和热点。政府对生态修复的重视程度及投资力度不断加大，风景园林设计院介入生态修复设计项目数量不断增加，生态修复入库 PPP 项目数、落地项目数、项目投资总额逐年提高，涌现出一批优秀的生态修复设计项目。新自然主义种植设计在近十年发展中深刻影响着城市草本植物景观的生态更新，以及社区、郊野公园的近自然景观营建。新自然主义种植设计主张以种子混播等低影响技术建立基于自然野趣的审美基础的植物景观，同时强调群落多样性的建立与表达。其中，草花混播等在地技术在国内外获得了广泛应用，在提供自然野趣景观，修复城市植被的结构与功能，降低人工成本，减少成苗生产所耗的温、光、水资源损耗以及运输车辆碳排放等方面发挥出巨大效益。

同时，低影响开发实践应用遍布公园、校园、居住区等各种项目类型，具体实践方法包括：重新发掘农民道法自然的生态智慧，形成了模块化的当代生态工程技术，用于以水为核心的生态过程与景观的生态修复；将雨洪管理系统融入设计之中，实现了建筑、景观一体化的地表生态径流协同设计；将四季水位的变化纳入开放空间的设计中，形成分层式的景观并带来空间个性的时空变化等。

城市滨水公共空间以塑造城市形象为重点。如黄浦江两岸公共空间贯通开发引领上海塑造世界级滨水区，将生产岸线逐步转化为生活岸线，开启了还江于民、重塑功能的新篇章；重庆"两江四岸"十大公共空间项目以水为脉，打造"山水之城，美丽之地"；上海市闵行区苏州河南岸生态廊道建设形成了旅游段、人文段、乐居段、郊野段等几大滨水沿线格局；大理环洱海生态廊道工程进一步加强洱海保护治理，推动洱海流域社会经济与生态环境协调发展，实施环洱海湖滨生态廊道生态修复与建设工程；深圳葵涌河流域碧道建设工程提出了以"治水、治产、治城相融合，生产、生活、生态相协调"为建设理念，以水为纽带，以河流、湖库及海岸带为载体，形成"安全的行洪通道、健康的生态廊道、秀美的休闲漫道、独特的文化驿道、绿色的产业链道"五道合一的复合型廊道。

当代城市绿色空间设计则从空间整合、功能调整、生活融入和文化表达等方面进行实践，体现出公园化、复合化、生活化与多元化的特征。如交通主导型的深圳深南大道通过活力大道的转型打造景观大道公园；商业商务型的北京望京小街注重文化表达与服务提升，其精细化的改造实现了从老旧街道到国际化商业街的转变；生活服务型的上海大学路通过优化街道服务设施提升公共生活的品质；风貌保护型的北京崇雍大街在"慢街素院"风貌保护的基础上更加贴近居民生活，依托居民诉求更新生活服务配套。在人性化和精细化的街道设计实践中，集多种功能类型于一体的综合性街道成为一种趋势。

针对文化传承与"乡愁"传递，历史街区以及各类人文遗产类公共空间继续发挥着延续城市文脉的作用。成都猛追湾更新延续老成都文脉，成为时尚活力的城市共享空间。随着社区更新成为热点，社区公共空间的设计实践主要体现为以存量更新与改造来激活社区动能，如北京史家胡同微花园通过完善公共空间，探讨公众参与的微景观营造可能；杨梅竹斜街环境更新为通过建立"共享花草堂"等手段，引导居民进行自发社区营造，在共同参与过程中逐步打破邻里藩篱，产生对社区的归属感；"民众花园"等系列微小介入的环境改造实践关注弱势群体对日常空间的使用需求，使人们在参与过程中重构了尊严和自信，进一步形成人与人之间相互关联的邻里社区。在2017年进行的首钢最北端门户——冬奥组委总部广场的景观设计，其建成具有极大的示范作用：地面层分布铁轨，半空中横贯天车和其他设备，最高处穿插分布了六条传送带框架等多层系统，将工业废弃地改造成为充满社会活力和文化价值的都市公共空间。

此外，为更好建设宜居宜业宜游美丽休闲乡村，农业农村部自2018年起评选四川省成都市郫都区战旗村等656个中国美丽休闲乡村，加快建设创新引领产业美、生态宜居环境美、乡土特色风貌美、人文和谐风尚美、业新民富生活美。通过农业转型与特色旅游的开发，实现"生态富村、文明建村、旅游强村、民主理村"，为乡村全面振兴做出新贡献。

三、风景园林设计重点研究方向

（一）低影响开发与可持续设计

1. 未来海绵城市建设加强注重社会经济效益

海绵城市的建设初衷是缓解城市内涝、消减径流污染，自2012年提出以来，在国家系列政策推动下实现了跨越式发展，但生态与环境问题仍然是中国当前城市建设过程中面临的主要矛盾。因此，我国的低影响开发设计与评价仍然集中在环境效益方面（如削减径流、净化污染、节水和雨水回用等），对社会和经济效益的关注始终较少。海绵城市建设的利益主体具有多元化的特点，其中公众的社会性认同是雨水管理项目成功推广的重要基础；相较于环境效益的各类专业指标，社会效益中的教育意义、美学效益中的视觉感受都与公众切身利益相关，也更容易被公众感知和认同，因此在项目设计和绩效评价中都不应被忽略。

2. 可持续设计将是低影响开发雨水管理的未来目标

这里的"可持续"包括两层含义。首先是强调多元价值的导向。以环境（生态）效益作为单一评价标准，有可能造成绿地被一味作为雨水收纳体，从而忽视了它在其他方面应当发挥的作用，导致优质绿地被简单开挖成排水洼地，因此有必要用"多元"代替"单一"。"可持续"一词在最初包含环境良好、社会公平、经济可行三方面的意义，现今有越来越多的实践者和学者认为景观设计中的无形价值也应当是景观可持续发展的基石之一，因此提出未来应当将美学要素纳入设计和评价的范畴，以此来表达LID设施的景观性和教育意义，激发场地的活力和吸引力，促进可持续利用。其次，"可持续"还应强调全过程的持续管理。作为实践类型的设计研究方向，低影响开发与海绵城市建设的最终落点是成效。项目建设成效如何？是否能实现政府、甲方、设计师和公众的预期目标？这些问题都需要通过绩效评价来回答。评价应覆盖前、中、后3个阶段的全过程。除了我们所熟知的建成后监测，在项目设计建设前还应对场地进行详细全面的勘查，以作为"基线"条件来考察项目建设可能带来的影响；在规划设计阶段也应有意识地纳入相关监测方案，为建成后的绩效测评提供条件，从而通过实证评价带动和促进设计实践优化。

（二）滨水空间生态修复与设计

1. 发展定位研究

城市规划对滨水空间的研究主要从滨水绿地系统出发，多关注于滨水区的空间形态设计与景观设计，忽略了其与城市发展的内在关系。滨水空间设计需在顶层环节予以加强，深入研究滨水生态修复的价值和意义，以此更好地定位滨水空间在城市发展建设中的地位。

2. 平台功能研究

滨水空间治理涉及国土资源、城乡建设、规划、水利、绿化、城市管理、防汛应急、文化旅游等多部门，各机构间的合作至关重要。未来可进一步研究如何充分发挥滨水空间设计工作的平台功能，统筹各个机构及专业的治理要求，提升滨水空间治理效率。

3. 创新模式研究

随着治理要求的提升，滨水空间治理投资规模逐年扩大，因此出现了生态环境导向的开发模式等新的发展模式。滨水空间生态修复与设计工作需积极探索新模式的应用，通过保护与开发的联动为治理工作的可行性及可持续性建立坚实的支撑。

4. 滨水碳汇研究

城市滨水空间生态系统包括"大气圈、水圈和土壤岩石圈所构成的生物圈及栖息其中的动物、植物、微生物所构成的生物种群和群落"，滨水空间是城市中自然因素最为密集、碳汇资源最为丰富的区域。滨水空间设计可开展滨水景观碳汇模式设计、碳汇量计算，进一步提升滨水空间治理价值。

（三）城市生境修复与生态种植设计

1. 风景园林学与生态学研究的范式转换与融合

实现生物多样性保护与城市生境修复，需要整合风景园林学和生态学等多个学科的知识背景，以跨学科、跨尺度、跨视域的角度梳理与整合不同学科的研究范式。从风景园林学与生态学两种学科的研究范式层面上看，未来五年需借助生态学的科学思维与系统研究方法，转换运用于景观设计中各个要素的科学性及关联性表达，将生态学原理及生态工程技术融入风景园林的空间结构、系统资源，从而实现城市生境与种植设计的可持续性。

2. 种植设计管理的理论与技术创新

创新生态种植模式也是迫切需要进行研究的主体，研究自然荒野植被、城市自生植被与潜在植被等非园林植被类型，把握植物群落的组成、结构与演替特点，建立低碳种植、在地播种种植、引导并控制自生植物扩繁等低影响种植设计模式。需要形成更完善的体系结构，使生态种植能适应性地解决复杂地域的多元问题，如山地城市与沿海城市、受环境气候剧变影响下的破碎城市生境。同时，以往的设计对种植景观的维持与管护重视不足，平衡管护中的人工干预与自然做功同样是极具价值的研究切入点。

3. 植物与其他生物要素的协同设计

在复杂环境变化胁迫下，仅靠适宜性植物选种与群落配置无法从根本上解决生境修复与种植设计的可持续发展与自我维持需求。未来需要拓宽设计视野，将城市植被放入城市生命共同体的系统框架中，探寻如何更好地修复植物群落和动物关键种（如提供传粉与植物繁殖体传播的鸟类、昆虫和小型哺乳动物等）之间的协同共生关系，利用其他生物要素提供的关键生态功能对城市生境和种植景观进行可持续做功，达到景观的长期自我稳定与可持续发展目的。

4. 生境修复与生态种植的文化内涵构建与审美认同培养

生境修复与生态种植的可持续发展需要建立在更加普遍且具有感染力的文化内涵之上，也需要不断提高的公众审美来获得广泛的认同意识和保护意识。应当在生境修复与生态种植场景中积极传递自然之美，重新连接城市公众与自然，引导公众的审美认同。在种植设计中，应研究如何构建更接近自然荒野的景观意象，创造"有序的框架"和"无序的内在"，生成兼顾自然野趣、文化特色、时间动态、季相变化的植物群落景观。

（四）城市街区与公共开放空间设计

1. 追求精细化的街道设计

街道设计导则的广泛推出和大量实践促进街道设计从注重交通疏导转向人本需求。设计导则对街道类型和功能进行了明确界定，对人行道、建筑前区、街道绿化、街道设施等进行了精细化指导，关注理念创新和多元设计策略。街道设计整合自行车道、社区绿道等组成了城市慢行系统，提升城市交通和人居环境品质。

2. 广泛应用的大数据分析

大数据提供了更高精度和测度的街道数据。手机信令、微博签到、兴趣点、出行数据（公交、地铁、单车、出租车等）等广泛应用于街道分析。物联网、互联网及结合人工智能的各类城市传感器也成为街道数据的新来源。大数据通过宏观分析和量化研究，为街道规划和设计突破传统束缚提供了有效保障。

3. 多元维度的公共开放空间

城市设计、城市更新和社区生活圈的视角丰富了公共开放空间设计的内涵，使其从日常生活维度拓展到可达性和空间正义等维度。公园城市、绿色健康等新的价值导向对公共空间设计产生了明显的牵引作用，被纳入城市生态系统的公共空间兼具雨洪管理、生物多样性和健康支持等多重功能。随着存量背景下城市功能与结构的协同发展，如何利用闲置地块和小微空间创造有活力的公共开放空间成为未来发展的重点。

（五）城市更新与老旧社区公共空间改造

1. 社区营造和多元共治平台搭建

多元平台的建立有助于综合制定自上而下与自下而上相结合的长期可持续微更新计划。通过多个利益相关方的积极参与，以公共参与为基础，以共同的关注点为契机，兼顾效率与公平。以社区为基本单元，配备相应的社区规划师指导和监督社区的健康可持续发展。通过探讨和完善责任规划师制度，为居民提供咨询服务、参与项目的前期策划和定位，协助挖掘地块的历史文化和生活等资源，参与设计方案讨论和制定，提出针对性的建设意见等。

2. 社区文化和邻里关系原真性保护

基于参与式设计的社区公共空间微更新强调保护与发展社区文化，通过结合使用者和原住民的日常生活，保障空间物质环境和居民生活的真实性。挖掘在地历史和传统文化是保护社区原真性的有效途径。通过查阅历史资料和记录居民口述史等途径，以及展览和书籍编撰、宣传等途径，对相关历史内容进行保护和挖掘，同时保护社区邻里关系的原真性和真实的社区感。

3. 参与式营造设计和共建

参与过程包括从项目前期立项、设计到实施以及后期维护。参与式设计多采用参与式工作坊的模式组织居民参与社区公共空间更新。参与式设计除传统意义上的风景园林设计，还可以是临时性的装置、景观事件、公示与展览甚至访谈与调查等，实现真正意义上的参与式营造。

4. 参与式可持续的后期运营和维护机制

社区公共空间景观微更新的后期运营和维护机制将直接关联社区营造活动的可持续性。在设计方案和材料选择等方面体现低造价、低维护和可持续性。需要持续进行公众参与式运营维护机制探讨，并通过认领分包、街巷长制度、运营维护等机制促进老旧社区公共空间的有效维护和可持续发展。

（六）后工业景观改造提升设计

城市的不断发展使全球面临着严重的土地资源紧缺，引发了世界对景观设计与环境保护的需求和思考，后工业园区这类被废弃或未被充分利用的地区如今也受到了更多的关注。比起不断地开发和消耗其他新的绿地，更需要重新开发被废弃的后工业场地并赋予其新的生命，以实现更可持续性的城市环境。后工业场地重构或将成为有效缓解城市用地紧张、抑制城市扩张的方法。

在未来，如何有效利用遗存资源进行"场所营建"，强调社会群体的参与性与主动性，将作为后工业景观视角下的地方管理策略引导棕地的再生实践重要视角。其目标是通过社会群体的有效参与来提高空间的使用率和使用质量，同时创造一个有识别性的生活场所。目前，随着工业生产活动的结束，产生的废弃闲置土地通过工业废弃和腾退土地之上的改造或再生利用，实现"工业锈带"到"生活秀带"的转变。杨浦滨江作为"世界仅存的最大滨江工业带"的老工业区，浓缩了上海城市文明崛起的历史。国家发改委等五部委出台了《推动老工业城市工业遗产保护利用实施方案》，充分肯定并推广杨浦"工业锈带"变"生活秀带"的经验做法。面对设计需要满足的极高公共性以及高强度的复杂利用方式，设计如何谨慎地对场地原有信息进行最大化的保留，并以此结构为参照置入新景观结构，是未来本学科的重要研究内容。

（七）景观循证设计与景观绩效

1. 案例研究方式创新

案例研究的主要目的是对案例的景观绩效评价，即确定被评价项目的价值特征并对这些特征进行量化。其中，快速检索库和效益工具包能够为量化具体的可持续特征价值提供方法与工具。案例研究分为选择指标、数据收集、数据分析和生成评价报告四个步骤。针对指标确定、数据的多源收集、评价指标的量化结果与交叉对比，还需进一步研究创新。

2. 景观绩效评价体系创新构建

构建景观绩效评价体系的三方面内容包括：①案例研究库，需要对已有的案例研究进行分类；②指标评价工具包，提取已有的评价指标和具体评价工具；③绩效研究文献检索库，收集以往景观绩效评价研究中用到的文献和与景观绩效相关的文献。未来如何进行分类制定，如何通过对评价过的案例进行不同时间的纵向研究、对相似的案例进行横向比较研究，仍需建立更为成熟的研究方法。

3. 指标评价工具获取

这些工具有的是为某种可持续特征的测定专门开发的工具，如 i-Tree、Envi-met、Re-con、Fragstat 等软件；还有用于量化特定指标的公式，如径流系数公式、香农维纳多样性指数公式；还有利用某一种软件量化指标的方法，如使用 SWMM 计算地表径流洪峰曲线的方法、使用 InVEST 计算生态系统服务的方法。大多数指标能够在可持续发展的语境下归为生态、社会、经济效益评价的一类，更为细致的分类可以根据指标所涉及的物质载体或设计要素进行分类，另外还有根据生态系统服务的类型对可持续特征进行分类（LPS 所采用）的方法等，新的可持续特征可以通过案例研究来对现有的体系进行补充。后续研究应重点关注效益因子和评价指标，提升景观绩效在评价后的循证效率。

（八）公共空间运营

1. 城市公园功能的多元化转变

随着人的需求的变化，城市公园的功能除了最基本的生态功能外，是否可以适应人对健康和生活品质不断提升的需求，进一步优化调整城市公园在健身和休闲方面的功能，进而影响到相应的场地、设施标准的调整，这是开展城市公园运营最基本的基础研究。

2. 城市公园运营的新思路和新机制

未来需要借鉴国外特别是日本的先进经验转变思路，把城市绿地作为绿色资产来运营。绿色资产既是维育城市生态的生态空间，又是服务城市大众的休闲空间，具有双重性质。城市公园运营主要是公园内休闲空间的运营，包括休闲空间的策划、设计、建设和运营，重点研究政府引入第三方的条件、模式和配套机制，鼓励一些城市尝试先行，特别是长三角流域和粤港澳大湾区城市，在实践中摸索总结做法，为全国其他城市提供经验借鉴。

（九）乡村景观设计

1. 完善乡村景观评价体系

未来应基于"乡村振兴""乡村建设行动""农村人居环境整治"等国家战略，从生态景观质量、人居环境风貌、乡村活力、景观功能、发展适应性等不同角度建立合理评价体系对乡村景观进行评价研究，可融合数字化技术的量化分析与传统方法的定性分析使其成为乡村景观评价研究的技术突破口。

2. 关注乡村景观自身特征与真实性

未来应更聚焦乡村本体资源特征、地域文化、产业发展，开展"乡村旅游""美丽乡村""乡土景观"等以开发乡村旅游、乡村文化为重点的乡村景观研究。深入分析乡村文化演化的动力要素及其作用机制，为揭示推动村镇旅游化与乡村文化保护协调发展提供理论依据。

3. 重视乡村景观格局

在快速城镇化进程中，不断扩张的城市空间造成了乡村景观空间的侵占及其风貌特征和地域美学的丧失。未来研究需重视从单一乡村聚落景观、自然环境、农业景观研究过渡到关注乡村聚落与环境、生产之间的关系及其景观演变过程与内在动因；注重恢复乡村景观格局的自然特征、维护乡村景观文化的地域特性，并支持乡村景观的健康和可持续发展。

（十）设计批评与评论

近五年发展中的风景园林批评仍需要从内部结构与外部环境中进行双向探索，结合历史研究、设计理论研究及实践评价研究进一步展开。未来的设计批评应在历史谱系中进行溯源并获取理论内核，在设计理论研究进行体系化论证、通过实践活动的梳理与评述进行回应，使得批评话语得以发生并扎根。

历史与理论为风景园林批评构建合法性，因此历史谱系与话语体系仍然需要梳理与重组，从相邻学科经验中合理性形成稳定发展的研究范式，明确实践话语的更新转换过程，在这一过程中构建自身批评话语的稳定性，借由相邻学科批评话语的转变与定位借鉴，反馈并明确自身的位置与话语结构。实践则作为其互相反馈的诉说载体，具有极强差异性与在地性，通过关注风景园林实践中的文化推动力、表征及想象力，进一步在全球化范围形成批判性思维并反馈至实践当中。

参考文献

[1] 许浩. 对日本近代城市公园绿地历史发展的探讨 [J]. 中国园林，2002（3）：62-65.

[2] 陈明仪. 对广州公园免费开放问题的探讨 [J]. 广东园林，2005（2）：38-41.

[3] 杨馥，曾光明，焦胜，等. 城市滨水区的生态恢复研究 [J]. 环境科学与技术，2005，28（4）：108-110.

[4] 陈英瑾. 乡村景观特征评估与规划 [D]. 北京：清华大学，2012.

[5] 贺勇，孙佩文，柴舟跃. 基于"产、村、景"一体化的乡村规划实践 [J]. 城市规划，2012，36（10）：58-62，92.

[6] 姜洋，王悦，解建华，等. 回归以人为本的街道：世界城市街道设计导则最新发展动态及对中国城市的启示 [J]. 国际城市规划，2012，27（5）：65-72.

[7] 欧阳勇锋，黄汉莉. 试论乡村文化景观的意义及其分类、评价与保护设计 [J]. 中国园林，2012，28（12）：105-108.

[8] 岳邦瑞，郎小龙，张婷婷，等. 我国乡土景观研究的发展历程、学科领域及其评述 [J]. 中国生态农业学报，2012，20（12）：1563-1570.

[9] 赵春丽，杨滨章. 步行空间设计与步行交通方式的选择——扬·盖尔城市公共空间设计理论探析（1）[J]. 中国园林，2012，28（6）：39-42.

[10] 詹姆斯·希契莫夫，刘波，杭烨. 城市绿色基础设施中大规模草本植物群落种植设计与管理的生态途径 [J]. 中国园林，2013（3）：16-26.

[11] 李煜，朱文一. 纽约城市公共健康空间设计导则及其对北京的启示 [J]. 世界建筑，2013（9）：130-133.

[12] 鲍梓婷，周剑云. 当代乡村景观衰退的现象、动因及应对策略 [J]. 城市规划，2014，38（10）：75-83.

[13] 刘海龙，张丹明，李金晨，等. 景观水文与历史场所的融合——清华大学胜因院景观环境改造设计 [J]. 中国园林，2014，30（1）：7-12.

[14] 刘月琴，林选泉. 人行空间透水铺装模式的综合设计应用——以陆家嘴环路生态铺装改造示范段为例 [J]. 中国园林，2014，30（7）：87-92.

[15] 罗毅，李明翰，孙一鹤. 景观绩效研究：社会、经济和环境效益是否总是相得益彰？[J]. 景观设计学，2014，2（1）：42-56.

[16] 仇保兴. 海绵城市（LID）的内涵、途径与展望 [J]. 建设科技，2015（1）：11-18.

[17] 戴代新，李明翰. 美国景观绩效评价研究进展 [J]. 风景园林，2015（1）：25-31.

[18] 福斯特·恩杜比斯，希瑟·惠伊洛，芭芭拉·多伊奇，等. 景观绩效：过去、现状及未来 [J]. 风景园林，2015（1）：40-51.

[19] 克里斯托弗·D.埃利斯，权炳淑，莎拉·阿尔瓦德，等. 景观绩效：多功能景观的度量和评估 [J]. 风景园林，2015（1）：32-39.

[20] 张东，唐子颖，张亚男，等. 长沙中航国际社区"山水间"公园 [J]. 风景园林，2015（6）：80-91.

[21] 佐金. 裸城：原真性城市场所的生与死 [M]. 上海：上海人民出版社，2015.

[22] 林箐. 乡村景观的价值与可持续发展途径 [J]. 风景园林，2016（8）：27-37.

[23] 马宏，应孔晋. 社区空间微更新：上海城市有机更新背景下社区营造路径的探索 [J]. 时代建筑，2016（4）：10-17.

［24］陈泳，张一功，袁琦．基于人性化维度的街道设计导控——以美国为例［J］．时代建筑，2017（6）：26-31.

［25］葛岩，唐雯．城市街道设计则的编制探索——以《上海市街道设计则》为例［J］．上海城市规划，2017（1）：9-16.

［26］杭烨．新自然主义生态种植设计理念下的草本植物景观的发展与应用［J］．风景园林，2017（5）：16-21.

［27］刘晖，王晶懋，吴小辉．生境营造的实验性研究［J］．中国园林，2017（3）：19-23.

［28］刘晖，吴小辉，李仓拴．生境营造的实验性研究（二）：场地生境类型划分与分区［J］．中国园林，2017（7）：46-53.

［29］周纯良．开放式公园管理的运行现状与发展对策探讨［J］．建材与装饰，2017（32）：171-172.

［30］侯晓蕾，郭巍．社区微更新：北京老城公共空间的设计介入途径探讨［J］．风景园林，2018，25（4）：41-47.

［31］胡凯富，郑曦．基于CiteSpace计量分析的景观绩效研究重点领域和前沿趋势的文献述评［J］．风景园林，2018，25（11）：84-89.

［32］熊瑶，张秀．基于存量环境更新的新市镇公共空间设计研究——南京星甸案例［J］．中国园林，2018，34（7）：110-115.

［33］赵波．多元共治的社区微更新：基于浦东新区缤纷社区建设的实证研究［J］．上海城市规划，2018（4）：37-42.

［34］周敏，焦胜，黎贝．基于动态模拟的低影响开发设施组合设计及雨洪控制效果分析［J］．中国园林，2018，34（12）：112-116.

［35］陈照方，尚磊，曹静怡．基于AHP法的城市滨河绿地宽度划定方法研究［J］．中国城市林业，2019，16（5）：39-43.

［36］侯晓蕾．基于社区营造的城市公共空间微更新探讨［J］．风景园林，2019，26（6）：8-12.

［37］金云峰，陈栋菲，王淳淳，等．公园城市思想下的城市公共开放空间内生活力营造途径探究［J］．中国城市林，2019，17（5）：52-56.

［38］李哲，成玉宁，陈菲菲，等．面向全地表径流的科创园区"建筑-景观"协同改造设计研究——以苏州金枫产业园为例［J］．中国园林，2019，35（6）：18-22.

［39］冉展，朱文一．纽约布莱恩公园变迁中的政府角色［J］．城市设计，2019（1）：64-71.

［40］沈洁，龙若愚，陈静．美国LEED-ND/SITES/LPS雨水管理评价标准对中国海绵城市绩效评价的启示［J］．风景园林，2019，26（3）：81-86.

［41］王向荣．设计思维［J］．风景园林，2019，26（7）：4-5.

［42］魏方，朱育帆．城市景观复写——从空间分析到设计途径［J］．风景园林，2019，26（7）：45-50.

［43］杨俊宴，吴浩，郑屹．基于多源大数据的城市街道可步行性空间特征及优化策略研究——以南京市中心城区为例［J］．国际城市规划，2019，34（5）：33-42.

［44］占晓松．价值开发为导向的城市滨水区更新型城市设计探索［J］．城乡规划·设计，2019（16）：67-69.

［45］蔡哲铭，田乐．生态还是自然主义：关于当代种植设计的简要回顾和一些思考［J］．景观设计学，2020（3）：102-113.

［46］刘喆，欧小杨，郑曦．基于循证导向的景观绩效评价体系、在线平台的构建与实证研究［J］．南方建筑，2020（3）：12-18.

［47］王丽容，冯晓蕾，常青，等．基于InVEST-MCR复合模型的城市绿色空间生境网络格局构建研究［J］．中国园林，2020（6）：113-118.

［48］王名名，游祖勇，张舒云，等．基于山水林田湖草生态保护的滨水景观［J］．城乡规划与环境建设，2020，40（1）：24-26.

［49］王向荣．中国的国土景观［J］．风景园林，2020，27（1）：4-5.

［50］魏方，余孟韩，李怡啸，等．基于战术都市主义的社区公共空间更新研究——一种促进景观公平的实践

路径［J］. 风景园林, 2020, 27（9）：102-108.

［51］徐毅松. 空间赋能, 艺术兴城：以空间艺术季推动人民城市建设的上海城市更新实践［J］. 建筑实践, 2020（S2）：22-27.

［52］杨阳, 林广思. 面向循证设计的景观绩效评估研究：发展、内涵与重点［J］. 景观设计学, 2020, 8（2）：74-83.

［53］袁嘉, 杜春兰. 城市植物景观与关键种的协同共生设计框架：以野花草甸与传粉昆虫为例［J］. 风景园林, 2020, 27（4）：50-55.

［54］袁兴中, 陈鸿飞, 扈玉兴. 国土空间生态修复：理论认知与技术范式［J］. 西部人居环境学刊, 2020（4）：1-8.

［55］朱育帆. 历史对象与后工业景观［J］. 中国园林, 2020, 36（3）：6-14.

［56］宗敏, 彭利达, 孙旻恺, 等. Park-PFI制度在日本都市公园建设管理中的应用——以南池袋公园为例. 中国园林, 2020, 36（8）：90-94.

［57］王云才, 陈照方, 成玉宁. 新时期乡村景观特征与景观性格的表征体系构建［J］. 风景园林, 2021, 28（7）：107-113.

［58］袁嘉, 游奉溢, 侯春丽, 等. 基于植被再野化的城市荒野生境重建——以野花草甸为例［J］. 景观设计学, 2021, 9（1）：26-39.

撰稿人：郑　曦　姚　睿　侯晓蕾　余　洋　沈　洁　杨凌晨　袁　嘉　魏　方

城市园林生态建设研究

　　风景园林是城市生态系统的重要组成部分，在城市应对气候变化与提升可持续发展水平方面具有重要作用，不仅具有视觉上的美学价值，也具有增湿固碳、保护生物多样性、改善空气、调节气候等一系列生态价值。以风景园林与人居环境建设视角开展城市绿地生态功能评价研究无疑更能为城市绿地的规划布局与设计提供科学依据，从而建设更安全舒适、可持续的城市人居环境。

　　本专题重点围绕城市园林绿地生态功能评价、城市园林绿地生态建设的技术与实践及乡村绿地建设技术与实践等三个方面的现状、成就及近期研究趋势进行总结。其中，绿地生态系统功能评价主要围绕城市绿地生态系统定位监测及与人类福祉息息相关的主要服务功能（碳汇、空气净化、雨水蓄渗、缓解热岛、生态文化）等六个方面的研究内容；城市园林绿地生态建设的技术与实践研究方向包括近年来绿化建设中涉及的节约型园林绿化建设及技术、城市绿地生态修复技术与实践、立体绿化技术与实践等三个方面；乡村绿地建设技术与实践部分概况总结了国内外开展的乡村绿化和绿地建设方面工作及研究现状。最后，基于城市园林生态建设现状及学科发展趋势，提出近期以研究数字园林绿化系统、城市生态修复理论、城市绿化先进技术为主，为服务管理决策智能化、指导绿化建设科学化、促进行业建设标准化提供科学支撑。

一、城市园林绿地生态建设发展回顾

（一）城市园林绿地的生态功能评价

1. 城市绿地生态系统定位监测研究

　　国务院办公厅 2015 年印发《生态环境监测网络建设方案》，指出生态环境监测是生态环境保护的基础、是生态文明建设的重要支撑。方案的出台促进了城市生态环境监测网络建设的步伐。截至 2017 年年底，我国批准建设城市绿地生态定位监测站的有北京、太原、广州和乌鲁木齐 4 个市；以城市森林站批准的有上海、杭州、深圳等 10 余个站点。这些监测站积累的相关数据、方法和经验为所在城市开展城市绿地领域热点研究提供了必要条件，包括绿地滞尘、城市热岛、绿地固碳、雨水调蓄等。城市绿地生态系统监测工作，有助于揭示城市绿地的结构与功能规律，探索城市绿地与城市生态环境间的相互作用机理，全面客观地对城市生态环境质量与安全进行评估，为城市绿地规划、发展与管理提供科学依据；有助于连续观测城市绿地人工植物群落的结构变化，揭示人为干扰对城市绿地系统的影响，长期监测与评价城市绿地与人体健康的关系，为和谐宜居城市建设提供科技基础。

2. 城市绿地碳汇功能评价

风景园林对建设低碳城市与韧性城市意义重大。在积极应对气候变化的大背景下，要积极推动园林可持续发展，促进碳中和园林、气候适应型园林发展，这既是风景园林应对气候变化的策略选择，也是行业发展转型的重要方向。近年研究明确了风景园林在实现城市碳中和中具有重要作用，并且随着城市园林绿化水平的提高，这部分的增汇潜力很大。因此，风景园林绿地作为城市重要的自然碳汇，加强城市范围内绿地、森林、湿地等生态敏感区域的保护和管理，科学选择园林植物、绿量和配置方式以及后期养护管理方式等，可不断加强土壤、湿地、水体、植被等固碳能力与碳汇功能。同时减少对风景园林的人工干预程度，可强化自然的自我修复和维持能力。

3. 城市绿地净化空气功能评价

随着城市的不断扩张，$PM_{2.5}$ 污染凸显，引起广泛关注。城市绿地为城市生态服务系统提供至关重要的保障，是城市绿色基础的基本组成，是极好的天然过滤器，可以有效减少 $PM_{2.5}$ 污染，很多国家把城市绿化作为首要举措来改善空气环境质量；其过滤功能有助于大幅减少对人体健康造成的不利影响。不同的植被类型对 $PM_{2.5}$ 的消除作用不同，同时消除效果与天气条件也密切相关。近五年来，关于植被对 $PM_{2.5}$ 的阻滞和吸收作用定量化的研究逐渐增多，这些研究明确了城市林木为城市环境提供了重要的生态保障，在调控、缓解、降低城市 $PM_{2.5}$ 污染危害等方面发挥极其重要的作用，可以通过筛选树种、优化配置结构、提高林木质量等方面进行城市林木前瞻性布局。

4. 城市绿地蓄渗雨水功能评价

城市绿地雨水调蓄功能评价一直是学者关注的重点，在海绵城市建设兴起前，行业学者主要是将其作为一项重要的城市绿地生态系统服务功能开展相关研究。这些研究多采用GIS 技术从景观尺度对城市绿地的雨水调蓄进行评价，进而对区域绿地格局和分布进行优化。而在海绵城市建设过程中，行业更加关注新建和改建的城市绿地雨水调蓄的效果，形成了有不同研究对象、研究维度、研究方法的综合研究体系。针对单个雨水设施的功能特性、成本效益、适用区域等领域，学者们主要通过现场实测的方法研究了绿色屋顶、雨水花园、人工湿地等常用技术措施的径流削减和径流污染控制能力。还有部分研究涉及技术措施的费效比，提出了不同类型技术的适用条件。此外，使用设计降雨情景模拟法对场地雨水系统设计进行评价优化，可为案例及实际工程应用中的场地绿色雨水系统提高综合效益、优化设计方案、实现绿色雨水基础设施功能互补提供帮助和参考。

5. 城市绿地缓解城市热岛效应的功能评价

近十年来，许多研究者围绕城市绿地的热调节机制、热调节强度与范围、时空变化规律及其影响因素等内容开展了大量研究，并且伴随科学技术的进步与理论的不断发展，相关研究仍在进一步地拓展与深入。在研究尺度方面，当前研究已覆盖植物单体、群落、绿地斑块乃至局地绿地系统等各个级别，甚至随着遥感反演技术实现了大尺度、周期性地表温度数据的便捷获取，城市、城市群乃至区域宏观尺度的研究也都有所报道。在研究方法方面，除了传统的实地移动与站点监测方法与日益成熟的遥感影响反演技术，数值模型、统计模型、过程模型、物理模型等适用于不同气候尺度的模型模拟方法也逐渐在城市绿地热调节领域得到更多应用。以风景园林与人居环境建设视角开展城市绿地热调节效应的评价研究无疑更能为城市绿地的规划布局与设计提供科学依据，从而建设热安全、可持续的城市人居环境。

6. 城市绿地生态文化服务和自然教育评价

城市园林绿化对于城市的文化服务具有不可替代的贡献，得到了大量过往研究的重视。近十年来，从城市的园林绿化、绿地建设、景观提升、滨水景观到近年的城市森林、公园城市、公共空间提升、参与式社区花园等方面，都有大量研究关注园林绿化在城市文化服务方面的作用与机制。

随着风景园林学和城市生态学等多个学科的发展，近年来生态系统服务与风景园林研究交叉融合，对于生态系统文化服务的研究有所拓展，国内外在文化景观、地域文化、环境美化、景观审美、休闲游憩、身心健康、行为认知、生态文明、环境教育、社会公平、可持续发展等具体方面开展研究并取得成果。

（二）城市园林绿地生态建设的技术和实践

1. 海绵型绿地建设技术与实践

近十年是我国城市内涝治理思想从"快排"向"渗、滞、蓄、净、用、排"相结合方式转变的关键阶段。尤其是2013年习近平总书记在中央城镇化工作会议上提出建设"自然积存、自然渗透、自然净化"的海绵城市，从国家层面将海绵城市建设提到了新的高度。全国各地围绕海绵城市建设兴建了一大批集雨型绿地，并结合研究与实践不断探索城市雨水资源利用的新技术新方法，相继编制了集雨型绿地的相关标准导则及技术指南。

此外，结合集雨型绿地建设和使用中的问题，业界在几个领域开展了系列研究，主要包括城市绿地土壤的渗透性改良、基于各类园林植物耐涝特性的集雨型绿地适用植物筛选、集雨型绿地节水灌溉和雨水综合利用技术研发、低影响相关技术研发、地表径流污染对集雨型绿地的影响及其综合治理等。上述研究的开展对我国海绵城市建设中相关核心技术的自主化和应用推广具有重要作用，也带动了园林行业技术升级。

2. 城市绿地生态修复技术与实践

（1）城市绿地生物防治技术与实践。随着我国城市化的发展，城市绿地建设进入了发展的快车道。然而，严重依赖化学农药的城市绿地有害生物防治现状与当前生态文明建设的目标相悖，因此，绿色有效的生物防治技术成为解决当前城市绿地现存问题和矛盾的根本途径。为更好地指导我国林业、农业有害生物的防治工作，国家颁发实施了《国务院办公厅关于进一步加强林业有害生物防治工作的意见》，农业部制定了《到 2020 年农药使用量零增长行动方案》，并结合城市园林绿地植物有害生物发生及防控的现状，在城市园林绿地开展了有害生物绿色防控技术的研究与实践，主要包括：①推广应用生物农药；②加大物理阻隔防控技术的推广，利用围环防控草履蚧、春尺蠖；③科学应用信息素、粘虫板、黑光灯等诱杀技术，利用性信息素监测国槐叶柄小蛾、梨小食心虫、美国白蛾、小线角木蠹蛾等害虫的发生；④重视天敌昆虫的保护和利用技术的研究及推广，如利用捕食性瓢虫防治蚜虫、利用管氏肿腿蜂防治双条杉天牛、利用花绒寄甲防治光肩星天牛等；⑤制定保育式生物防治技术地方标准，指导蜜粉源植物在城市园林绿地中的应用；⑥积极引进信息、数据管理等前沿技术，开发有害生物监测、管理系统等应用，用以有害生物的监测与管理。

（2）城市绿地土壤污染防治、改良技术与实践。在绿色发展理念下，土壤污染防治已被上升到长远发展战略高度。2010—2019 年，土壤环境保护相关法律法规、管理和标准文件发布多达 83 项，远超前 30 年总和。尤其在《土壤污染防治行动计划》《中华人民共和国土壤污染防治法》和《十三五生态环境规划》等政策法规的支持下，近十年我国土壤防治与实践发展迅猛。目前，城市绿地污染治理主要包括物理、化学、生物和联合治理等措施。与传统物理和化学治理不同，生物治理因具有污染少、成本低、效率高和对生物影响小等优势，近年来备受关注。该技术主要包括动物修复、植物修复、微生物修复以及联合修复等技术，其中以植物 – 微生物联合修复技术应用最为广泛。整体而言，城市绿地土壤污染复杂，单一治理已不能达到理想效果，联合两种或两种以上技术克服单项修复技术局限、提高修复效率、修复多种污染物的复合污染已成为近年来城市绿地土壤治理的新趋势。

（3）城市绿地应对雾霾污染防控技术与实践。城市绿地能够在一定程度上缓解大气污染，现有研究主要从两方面展开。一方面，通过绿地空间布局，构建通风廊道增加污染物疏散的有利条件，目前已取得了良好成效。另一方面，城市绿地植物通过吸附、吸收、滞纳大气颗粒物污染物，成为大气颗粒物污染治理的一种不可替代的有效手段。树木可以通过直接和间接去除污染物的方式对空气进行净化。直接方式是指树木通过叶面气孔的主要途径吸收去除气体污染物，而对于空气携带性颗粒物质则主要通过截留的方式清除。间接去除方式是指树木通过荫蔽和蒸发散降低大气温度，从而通过节省降温能源的方式减少相关污染物的排放；同时，降低空气温度能够降低化学反应活动，减少由此产生的次级污染物。将城市绿地有机契合在建筑环境中，发挥其改善空气质量功能，满足快速城市化发展需求，实现城市可持续发展目标。

（4）城市滨水绿地建设技术与实践。城市滨水绿地是城市中重要的典型生态交错空间，是构建城市公共开放空间的重要部分，集景观、旅游、悠闲人文、生态、防洪等多功能于一体，具有强化城乡景观格局连续性、保护和促进生境与生物多样性、改善城市小气候、有效调节城市生态环境、增加自然环境容量等作用。城市滨水绿地空间是城市最具活力的开放性空间，是构成城市骨架的主要元素之一。近年来，滨水绿地和滨水公共空间规划建设已成为城市绿色生态空间规划建设的重点领域。

（5）城市生态修复评估与实践。近年来，城市生态修复成为生态文明导向下的新型城市建设方式，在《全国城市生态保护与建设规划》等国家中长期规划顶层设计的引领下，住建部在全国范围内组织开展了 3 批 58 个城市的生态修复和城市修补试点，助力了城市绿地生态功能的恢复和提升。依托修复实践的城市生态修复评估也在海口、徐州、天津、北京、武汉、上海及长三角地区等地深入开展，研究重点由传统的覆盖率、绿地率、景观美化、游憩价值等向支持、调节、供给、文化的系统生态服务功能角度转变，更加关注人、城市与自然间关系的协调，促进了风景园林学科生态功能研究的深化。城市生态修复评估工作与海绵城市、生态园林城市、公园城市等行业热点紧密结合，拓展了风景园林的实践范畴，评估逐步由"山、水、棕、绿"的单一评价向"山水林田湖草"生命共同体的综合评价转变；由单一项目修复向系统、流域、城市群的尺度扩展；由生态效益向生态社会经济兼顾的综合效益转变。制定了《城市生态评估与生态修复标准》（T/CHSLA 10003—2020）等标准规程，提升了生态修复评估工作的规范性和科学性。

3. 立体绿化技术与实践

随着城市化进程的加速，各类建设用地需求的增长与土地资源稀缺性之间的矛盾使平面绿地建设受到较大制约，立体绿化成为人口、建筑高密度区域进行绿化建设的重要发展和研究方向，我国"十三五"生态环境保护规划中明确了推广立体绿化的要求，因此，立体绿化从初期作为城市绿地的补充和提升逐渐转变为重要组成部分，并被纳入多地政府的城市绿地系统规划中。其中，上海市在"十三五"期间新增立体绿化 206.3 万平方米，广州市新增了约 53 万平方米。

回顾作为政府顶层设计的公共政策，立体绿化配套的强制性和鼓励性政策在过去十年间陆续出台，除了城市园林绿化部门的专门法规和实施意见外，我国推行的海绵城市、建筑节能、绿色建筑等政策也有相关篇章。在强制性政策方面，多地提出了新增立体绿化面积的目标和公共空间（建筑）实施立体绿化的要求；在鼓励性政策方面，主要围绕折算绿地面积、折算植树义务、税费减免、资金补贴（扶持）和表彰奖励等提出了具体实施细则。基于这样的发展背景，立体绿化在材料、工艺的技术层面和其功能效益的评价两方面均取得了丰硕的研究成果。

（三）乡村绿地建设技术和实践

"美丽乡村"的理念最早由浙江省安吉县提出，早在 2008 年，安吉县就开始了美丽乡村的建设。近十年，美丽乡村建设项目在全国范围内大规模推进。2012 年，党的十八大报告首次提出"建设美丽中国"理念。建设美丽中国，重点和难点在农村。2013 年中央一号文件首次提出了"建设美丽乡村"奋斗目标，全国掀起了建设美丽乡村的热潮。2017 年，党的十九大报告再次提出人与自然相处、村庄景观综合治理、实施乡村振兴战略等大政方针。2019 年，为认真贯彻中央关于实施乡村振兴战略和农村人居环境整治的决策部署，国家林业和草原局研究制定了《乡村绿化美化行动方案》。方案强调，开展乡村绿化美化，重点任务在于保护乡村自然生态、增加乡村生态绿量、提升乡村绿化质量、发展绿色生态产业，方案的提出推动了乡村绿化美化行动的快速开展。2021 年，《北京市国民经济和社会发展第十四个五年规划和二〇三五年远景目标纲要》提出要"加强美丽乡村建设，注意保住乡村味道、留住乡愁"，并且要大力改善乡村生态环境风貌。这些重要决策的提出都体现出了美丽乡村绿化建设的重大意义。

二、城市园林绿地生态建设研究成果综述

（一）城市园林绿地的生态功能评价

1. 城市绿地生态系统定位监测研究

将城市作为一个生态系统，研究城市生态系统的结构、格局、过程和功能。1997 年，美国自然基金会在"长期生态学研究"计划中资助建立了马里兰州的巴尔的摩和亚利桑那州的凤凰城两个城市生态系统研究站，开展城市生态系统的长期观测和研究。2008 年年初，北京城市生态系统研究站加入中国生态系统研究网络，标志着城市生态系统长期研究在中国开始发芽，将为中国城市可持续发展提供重要科学支撑。无论是美国长期生态研究网络的两个城市生态站巴尔的摩和凤凰城，还是中国生态系统研究网络的北京城市站，都以面向长期生态学研究为主。

除中国生态系统研究网络，林业部门从 20 世纪 50 年代开始逐步建立的中国森林生态系统定位研究网络也具有重要影响。该网络积极建设城市生态系统监测网络，为了规范网络运行管理及监测标准化和规范化，制定并颁布了城市方面的一系列标准规范。目前的城市生态监测技术仍不规范，监测指标不一，监测方法、评价方法多样；没有科学统一的监测技术体系，各部门、各单位的监测信息本身由于缺乏可比性、连续性，无法进行有效整

合，造成了分析、评价上的片面性、局限性；在监测能力方面，环境要素的监测能力逐步提高、自动化能力较强，而生物要素监测能力不足、自动化水平落后。北京市园林绿化科学研究院按照研发应用与集成示范相结合的思路，率先在国内建立了城市绿地生态系统定位监测站。研究确定城市绿地生态系统监测方法和指标体系，填补了我国城市绿地生态系统研究中缺少定位监测平台和手段的空白，建立的"北京城市绿地生态系统定位监测站"是国内首家建立在城市中心地区绿地中的生态定位监测站。监测站以为行业服务为宗旨，突出人居生态环境监测，研究方向新颖、针对性强。目前已开展大气、土壤、水分、生物四个生态因子 100 余个生态环境指标的监测，相关科学成果已经开始应用，如通过对站内园林植物规格指标的长期监测，修正了树种叶面积的回归方程，提高了北京常见园林植物固碳速率的估算精度。

2. 城市绿地碳汇功能评价

城市园林绿地作为城市生态环境建设的重要组成部分，其植被与土壤通过光合作用等生态过程发挥碳汇贡献，有助于应对全球气候变化、实现城市碳中和目标。已有研究发现，1984—2014 年长春森林碳储量逐渐增加，且城市森林的碳储量年均增长量可以抵消城市碳排放年均增长量的 3.9%，很显然，城市园林绿地在城市碳平衡中发挥着重要作用。

在提倡低碳经济发展与应对气候变化的背景下，为了解北京城市园林绿化碳汇贡献，2010 年获批的国家自然科学基金面上项目"城市园林绿地系统碳收支量值研究——以北京为例"基于 IPCC 国家温室气体清单指南有关"林地"中的库差别方法原理，选择了北京城市园林绿地生态系统作为研究对象，根据样方的植物规格实地调查、北京市第七次园林绿化资源普查数据以及文献资料，运用立木材积表分析植物生物量中碳储量的变化，从而计算得到了北京园林植物碳固定，并提出了营造低碳园林的植物配置建议。

3. 城市绿地净化空气功能评价

近年在测量估算植物个体或城市绿地净化空气能力方面的研究主要以评价植物净化大气颗粒物污染能力为主。基于扫描电镜观测结果计算植物滞留细颗粒物质量的方法，可以更准确评估不同种类的植物对细颗粒物的吸附滞留能力，解决了缺乏行之有效的计算植物消减细颗粒物质量的问题。已有研究表明，不同植物个体滞留 $PM_{2.5}$ 的能力表现出很大的差异，落叶乔木元宝枫单位叶面积滞留 $PM_{2.5}$ 的能力是绦柳的 38 倍；常绿乔木雪松是油松的 20 倍。

国内外在构建模型评价植物消减细颗粒浓度的能力研究方面也取得一定进展。国外学者主要通过结合场景对象的生态模型在城市尺度上进行城市植物对减少 $PM_{2.5}$ 的效果模拟，估计城市树木对空气污染的去除能力；或基于城市森林污染沉积速率、空气污染排放和周边环境空气质量的大小与空间分布差异分析，利用模型研究 $PM_{2.5}$ 与林木冠层指标的关系。国内学者基于不同尺度研究植物对 $PM_{2.5}$ 的削减及滞留影响，通过模型估算城市尺度林冠覆盖面积上的 $PM_{2.5}$ 的年均削减量；基于林带对阻滞吸附 $PM_{2.5}$ 等颗粒物的影响研究，建立林带阻滞吸附颗粒物有效宽度的模型。

4. 城市绿地蓄渗雨水功能评价

随着海绵城市建设的兴起，绿地的雨水蓄渗功能越来越受到重视，在一定程度上缓解了城市防洪排涝压力。国内低影响开发技术起步较晚，前期主要借鉴国际上低影响开发建设模式的成功经验，因此在绿地雨水蓄渗功能评估方面，主要围绕这些技术模式在国内的效果进行定量研究。

有学者以 2009 年北京城市园林绿地调查数据为基础，采用径流系数法和影子价格法评估了绿地调蓄雨水径流的功能及其价值。结果表明，2009 年北京城市绿地生态系统调蓄雨水径流 1.54 亿立方米，单位面积绿地调蓄雨水径流 249400 立方米 / 平方千米；绿地年调蓄雨水径流价值 13.44 亿元，约合 218 万元 / 平方千米。研究结果对于认识北京城市绿地的功能与价值具有一定的指导意义。

5. 城市绿地缓解城市热岛效应的功能评价

近年来，国内外学者对城市绿地的热环境调节效应开展了大量研究，取得一系列研究成果。城市绿地的热岛调节作用源于植物气孔蒸腾蒸散、吸收太阳辐射，以及冠层遮阴和对空气流动的影响作用。植物的蒸腾速率、气孔阻力等生理特性差异决定其降温增湿与吸收太阳辐射的能力，而植物形态特征影响其遮阴及对空气流动的影响效果。当个体植物聚集形成植物群落，群落的热湿效应就具有季节与昼夜特征，我国所处气候带夏强冬弱、正午强夜晚弱。郁闭度、树木平均冠幅、叶面积指数、冠层盖度等群落结构与冠层特性是影响其热湿效应的主要因素。

目前，不同学者在不同地区与研究条件下得出的量化结论不甚相同，这与绿地冷岛效应的影响因素复杂有较大关联。除了气象条件、人类活动密集程度与热源位置等外部因素，绿地斑块面积、形状、植被覆盖率甚至内部下垫面构成等绿地格局与结构均对其冷岛效应存在不同程度的影响。因此，在进行各类城市绿地的规划与设计时，需要从缓解城市热岛效应的角度，充分考虑绿地大小、形状、土地利用类型组成比例及空间配置等因素，从而有效改善局地热环境，营建更加友好的城市人居环境。

6. 城市绿地生态文化服务和自然教育评价

当前有大量研究成果关注城市绿化的营建、管理、空间与文化之间的紧密关系。近几年取得的突出进展主要表现在以下几方面。

城市绿地系统规划方面的研究有所延伸，明确了城市绿地系统的内涵、主导功能、空间特征和各类要素的用地载体，并提出绿地系统与文化形象、文化精神和文化特色方面的内涵，对实现功能多元和结构复合具有意义。

城市绿色基础设施概念的引入得到大量研究关注，总结了场地、城市和乡村等人居环境中绿色基础设施提供的生态系统服务，并提出我国绿色基础设施研究与实践在认知、共识、多重价值的社会公共服务以及评估策略方面的发展需求。

在面向城市存量发展的背景下，城市修补和生态修复的工作成为城市发展模式和治理方式的新理念并受到业内重视。研究注重生态环境、城市功能、社会民生、文化传承、空间品质支撑系统方面的综合修复，将城市文化与双修紧密结合。

生态系统文化服务相关研究系统梳理了不同景观的文化服务对不同人群在生理和心理健康以及福祉的影响，并提出保护有意义的环境文化服务对地方社区和弱势群体至关重要。

（二）城市园林绿地生态建设的技术和实践

1. 海绵型绿地建设技术与实践

绿地系统的构筑是实现生态与景观绿化目标的重要举措。当前，海绵城市建设直接推动了我国园林绿化事业的快速发展，这是由于绿地系统除具有生态环境保护与城市美化的作用外，还具备海绵城市理念要求的吸水、蓄水、渗水、净水与排水的功能。海绵城市对风景园林的规划设计提出了更高要求，也预示着园林与海绵城市建设的结合已成为未来城市建设和发展的大趋势。因此，从业人员开始积极从园林设计、景观规划、植物配置等不同角度探索集雨型绿地的建设，并对绿地系统的重要性、必要性与建设路径有了新的认识。

2. 城市绿地生态修复技术与实践

（1）城市绿地生物防治技术与实践。

自 2017 年正式提出"生态文明"发展理念以来，植物保护由传统的农药植物保护转入生态植物保护时代，害虫的生物防治技术得到大发展，城市绿地有害生物的生物防治技术研究及应用也得到了前所未有的重视和发展，当前应用普遍的生物防治技术有：①利用周氏啮小蜂防治以美国白蛾为主的食叶类害虫；②利用捕食性瓢虫防治刺吸类害虫；③利用花绒寄甲防治以光肩星天牛为主的蛀干害虫；④利用管氏肿腿蜂、白蜡吉丁肿腿蜂防治双条杉天牛、白蜡窄吉丁等。

近年来，许多科研、生产机构以城市园林绿地植物有害生物防治为研究方向，系统研究天敌的人工规模化繁育技术、长期保存技术、复壮技术等，制定了许多天敌的人工规模化繁育技术体系。北京市园林绿化科学研究院通过研究城市绿地骨干树种虫害发生规律和蜜粉源植物对天敌昆虫的诱集效应，提出《绿地保育式生物防治技术规程》（DB11/T 1733—2020），积极开展天敌昆虫的生产及技术推广。

（2）城市绿地土壤污染防治、改良技术与实践。

近十年来，国家和地方针对土壤污染防治与管控出台了系列政策法规，逐步建立完善了土壤环境保护法律法规体系，同时高度重视防治技术研发投入，极大促进了土壤污染防治的科技发展。在各项计划支持下，全国土壤环境整治行动全面铺开，城乡土壤污染防治取得关键进展。2016 年 5 月，国务院印发《土壤污染防治行动计划》，作为全国土壤污染防治工作行动纲领。

2018年，由中国科学院南京土壤研究所牵头的国家"十二五""863"计划资源环境技术领域重大项目"污染土壤修复技术及示范"通过科技部组织验收。该项目研发了土壤植物修复、原位钝化、生理阻控等技术、产品与装备，开发了场地土壤快速淋洗、热脱附、固化稳定化、多相抽提、渗透反应屏障等修复技术与装备，构建了土壤修复评估综合集成与管理体系。在场地重金属、持久性污染物、石油、挥发/半挥发有机污染物修复技术与示范等方面取得了创新成果，有力促进了我国土壤修复战略产业的快速发展，缩短了与发达国家在土壤修复方面的技术差距。

近年来，上海市园林科学规划研究院立足城镇搬迁地、垃圾填埋场、滨海盐碱地等城市困难立地领域的绿化技术研究与实践，形成支撑城市困难立地生态绿化和园林绿化的快速成景配生土技术，以解决城市绿地土壤的复合污染和养分缺乏的难点问题，并普遍应用于上海迪士尼、上海老港垃圾填埋场造林、杭州湾滨海滩涂生态造林、青岛伊甸园土壤改良等区域重大工程项目。

（3）城市绿地应对雾霾污染防控技术与实践。

发挥城市园林植物对大气颗粒物的滞留作用是降低大气颗粒物污染的一种有效手段，依据植物选择和优化城市园林绿地植物配置模式，对降低城市大气颗粒物污染和提高空气质量有着重要意义。不同园林植物及不同类型城市园林植物群落对空气颗粒物的调控能力存在高低之分，总体来讲，叶片具有表面蜡质结构、表面粗糙、多皱、叶面多绒毛、分泌黏性的油脂和汁液等特性的园林植物能吸附大量的降尘和飘尘；较矮植物和草地对空气颗粒物的沉降作用要比绿量多、高大的森林植物群落吸附空气颗粒物的能力弱，但普遍认为，具有复层结构的乔灌草群落模式滞尘效益最突出，是城市园林绿地调控空气颗粒物首选的植物配置模式。

2017年由北京市园林绿化科学研究院承担完成的国家科技支撑课题"北京地区扬尘抑制技术研发及示范应用"率先提出"一种植物滞留细颗粒物质量的检测方法"，对北方常用园林绿化植物进行了评价，并筛选出滞尘及滞留细颗粒物能力较强的园林植物；在道路绿地、公园绿地监测结果分析筛选的基础上，根据不同绿地的主导功能特点，综合考虑绿地的景观美化功能、游憩功能、生态功能等，提出多类型消减细颗粒物型城市绿地植物群落优化配置模式。课题成果为解决城市颗粒物污染提供了关键技术支持。

（4）城市滨水绿地建设技术与实践。

为总结城市滨水公共空间建设的成功经验，持续推动城市绿色生态空间建设，提升城市公共环境建设和治理水平，住房和城乡建设部城市建设司安排中国风景园林学会启动长江沿线城市滨水绿地公共空间建设研究工作，依托相关省市风景园林学（协）会，面向长江沿线近40个城市进行了优秀案例征集，并针对上海、南通和成都等城市进行了重点调研。2016年以来，南通市在全省率先编制并实施《南通沿江生态带发展规划》，城区已逐步构成"两圈五廊、八湖九脉、多点多带"独具特色的滨水空间体系。2017年以来，上海市实施"黄浦江、苏州河"规划建设，贯通黄浦江45千米公共空间和苏州河两岸滨水步道，解决原本水城隔离的状态，全力打造世界级滨水空间。2018年，广东省提出"加强公共慢行系统建设，整治河道水网，建设水碧岸美的万里碧道"；2020年8月，广东省人民政府批复《广东万里碧道总体规划（2020—2035年）》，建设以水为纽，具有生态、景观和文化休闲功能的复合性廊道。2020年6月，住房和城乡建设部科技与产业化发展中心牵头组织相关单位编写《滨水绿地工程项目建设标准》。

随着三峡大坝和丹江口"南水北调"等重点工程陆续建设完成，消落带生态修复成为滨水绿地建设中特殊的热点研究区域。围绕消落带植被生态恢复适宜物种的筛选、适宜植物的合理定植、群落的优化配置及适宜植物耐水淹机制研究等核心技术，重庆市风景园林科学研究院应用10余年科研示范成果，制定了《主城区两江四岸消落带绿化技术标准（DBJ50/T-350—2020）》等多个消落带生态治理技术规范；完成"2013年度国家环保系统湿地保护工程重大项目——三峡库区重庆城区段两江湿地生态修复项目（一期）"。

（5）城市生态修复评估与实践。

当前，城市生态修复效果评估的研究与实践尚处在起步阶段。城市矿山、湿地、河流、海岸带等方面的修复效果评估是研究热点，重点关注生态服务价值、生物多样性、水土保持、环境修复和生态安全等方面，评估案例主要分布在海口、徐州、天津、北京、武汉、长三角地区等地。城市层面的生态修复综合效果评估也在逐步开展，如徐州结合生态园林城市创建，在城市山、水、棕、绿生态修复效果评估基础上，进一步对资源枯竭型城市生态修复效果进行了系统评价。

在近年城市生态修复实践，尤其是2015年"城市双修"试点工作开展的基础上，中国风景园林学会组织住房和城乡建设部科技与产业化发展中心、中国城市建设研究院有限公司等技术单位编制了《城市生态评估与生态修复标准》（T/CHSLA 10003—2020）。该标准明确了"现状评估—识别问题—修复规划—工程实施—效果评估"的工作流程，系统提出了城市生态修复评估的应用阶段、适用范围、技术方法和指标体系，为今后的城市生态修复评估研究工作形成了技术指导。

3. 立体绿化技术与实践

国内主要以植物应用与栽培、专用基质、种植容器与施工工艺、其他配套产品等为研究对象，涵盖了屋顶绿化、墙体绿化、边坡绿化、桥梁绿化、棚架绿化、围栏绿化、立柱绿化和立体花坛等类型，多个城市已发布立体绿化技术标准或实施指导意见。各地针对植物选择和配置开展的研究取得了较多成果，其中上海市园林科学规划研究院收集了700余（品）种常用立体绿化植物建立指标体系，筛选出不同类型立体绿化的适生植物，并形成扦插、分株等繁育技术。随着城市综合体因立体绿化获得更高的商业价值，资本的投入将进一步推进花园式屋顶绿化的发展，使植物选择范围继续扩大。截至2020年12月，广州已有 426 座桥梁实施了绿化，总长度 349 千米，实现了"四季常绿、四季有花"的景观效果。深圳和广州近年来通过"最美阳台"等活动，持续加大宣传力度，鼓励全民参与立体绿化。

目前，立体绿化生态效益的研究以维持碳氧平衡、降温增湿、净化空气、降雨截留、减少噪声等效益评价为主。广州市林业和园林科学研究院建成的全国首个屋顶绿化节能检测场，可精确检测出不同屋顶绿化产品的节能减排效益，推荐市场应用。在社会效益评价研究方面，较多学者使用层次分析法对景观进行评价，但综合性评价研究较少，有学者通过对景观、康养、社交等综合社会效益分析，得出立体绿化对商业空间的人流分布有积极促进作用的结论。

（三）乡村绿地建设技术和实践

"美丽乡村"以生态化建设为基础，从人居环境建设、经济发展、文化培育等方面着手，统筹城乡资源，建设和谐、生态的现代新农村。建设美丽乡村始于"安吉模式"。从2008 年起，浙江安吉县全面开展"中国美丽乡村"建设行动，并成为全国首个生态县以及美丽乡村的发源地。依据安吉县美丽乡村建设发展的经验，中央贯彻落实十八大精神，2013 年 7 月在海南、重庆、福建、安徽、浙江、贵州、广西 7 个省市建立了美丽乡村试点，作为中国美丽乡村建设的首批重点建设省份。在全国美丽乡村建设中，"安吉模式""临安模式""湖州模式""桐庐模式""宁国模式"等更是成为美丽乡村建设全国效仿的示范样板。

近十年来，许多学者在乡村绿地建设方面开展了积极探索并取得了丰富的理论研究成果。但这些研究多为具体区域案例分析，实用性较强，理论研究有待提升；研究也多偏重于具体现状描述与评价，普遍应用性相对较差，而且乡村绿化在总体水平、建设规划、绿化标准等方面仍存在棘手问题。国家应健全政策机制、加强宣传教育、丰富理论研究、科学规划设计、制定绿化标准、融入文化元素、突出本土特色、加大资金投入、完善管护机制、强化责任落实，确保建设成效。

三、城市园林绿地生态建设重点研究方向

（一）城市（生态）园林绿化发展趋势和研究方向

1. 研究智慧园林绿化系统，服务管理决策智能化

作为国家智慧城市试点指标体系中的重要指标之一，智慧园林将是顺应智慧城市发展的必然。随着生活方式的改变和生活水平的不断提高，人们追求与自然联系和融合的愿望更加迫切。智慧园林的特征体现为全场景感知交互、全过程精细运营、全环节智能决策和全要素协同推进，因此，智慧园林能使人们充分享受到园林绿色福祉，使所处的生活环境

更和谐、更宜居。这也要求园林行业在 5G 技术、人工智能、云计算、区块链等优势技术的加持下，在大数据平台建设、实时监测评估系统建设等方面积极探索，从而服务行业主管部门通过可视化绿化资源管理、动态化养护巡查、智能化辅助决策等实现园林绿化管理模式的转变，达到规范化、标准化、数字化、网格化、智能化的管理水平。

2. 研究城市生态修复理论，指导绿化建设科学化

生态文明建设是我国新时代中国特色社会主义建设的一项基本国策，尊重自然、关注环境、创造健康的生活和消费方式已成为时代的强音。"十四五"规划也提出优化国土空间布局，建设美丽中国。因此，开展"城市双修"是城市发展的必然要求，城市生态修复工作是改善城市生态环境、促进城市可持续发展的一项重要举措。园林绿化的作用和意义决定其成为城市生态修复工作舞台上的"主角"，园林绿化规划设计作为搞好城市生态修复工作的基础和前提显得十分重要。城市园林绿化需要继续紧跟生态文明建设主题，建立符合城市生态修复要求的理论体系，有计划、有步骤地修复被破坏的山体、河流、湿地和植被，更好地改善和提升城市生态环境质量，为城市可持续健康发展打下良好的基础。

3. 研究园林绿化先进技术，促进行业建设标准化

园林绿化是我国城市现代化建设非常重要的一项工程，也是居民十分关注的城市基础建设工程。随着人们生活水平质量的提高，城市居民对周围生活环境的质量要求也进一步提高。将新技术运用于城市园林绿化中，可以满足人们日益发展的精神需求，有利于提高园林工程的整体质量，从而促进城市园林工程建设的可持续发展。因此，需要持续对园林绿化领域的新技术新工艺进行研究开发，不断创新设计理念。此外，基于当前我国园林一线从业人员技术水平相对薄弱的现实情况，需要充分做好园林绿化标准化的工作，做好技术控制与管理等，逐步推行先进技术，从而促进园林绿化行业的可持续发展。

（二）城市园林绿化研究重点

1. 生态园林城市建设的新理论、新思路研究

生态园林城市是中国城市为适应新的发展要求和挑战所提出的，是在园林城市基础上新的发展阶段和目标。城市绿地作为指引城市生态和人居环境发展建设工作的重要环节和基本保障，其规划设计如何进行调整与响应仍需进一步探索。基于生态园林城市新的要求分析和当前城市绿地系统规划约束剖析，对城市绿地系统规划目标与功能响应内容进行研究，主要研究包括生态园林城市发展的理念、建设方式、管控体制等的更新与变化。

2. 海绵城市的新技术研究

近十年来，人们更加重视城市建设与生态园林规划建设，不断结合原有经验及国内外的先进知识，以期提升城市建设的质量。海绵城市为解决城市内涝问题而被提出，为减少极端恶劣天气下出现的城市内涝做出了重要贡献。随着国内试点城市的验收总结，海绵城

市理念更加深入人心。在总结试点城市经验的基础上，未来在园林绿地涉及海绵城市建设领域的主要研究包括集雨型城市公园设计理念更新、新型屋顶绿化基质材料研究、透水铺装材料研究、雨水面源污染治理等。

3. "城市双修"背景下的城市困难立地绿化研究

城市发展由外延扩张式向内涵提升式转变，大力开展城市生态修复是其重要途径。针对城市范围内可开展园林绿化的优良立地资源越来越少，城市出现大规模产业结构调整与旧城区改造，生态环境质量越来越受到重视，园林绿化被赋予改善城市与区域生态环境的重要基础设施定位，必须在立地条件差的土地或空间资源上开展园林绿化活动。主要研究包括水土质量快速监测与综合评估技术研发，抗逆、适生植物种质资源库、群落配置模式和景观营建关键技术研发，以及技术集成示范工程与标准体系建设。

4. 绿色基础设施的供给侧改革研究

绿色基础设施作为一种可持续发展的战略，在我国处于供给侧改革背景下的城市更新实践中将起到举足轻重的作用。在城市中建立相互联系的绿色基础设施体系，不仅能够改善城市区域生态环境、修复城市破碎的肌理、提升城市整体绿化质量，还能同城市中废弃或半废弃的基础设施相结合，构建成为具有复合功能的城市绿色基础设施，提升基础设施的运行效率。主要研究包括旧城改造绿地规划新理论、多功能绿地系统设计、棕地修复技术研发、低碳园林养护技术研发等。

5. 智慧园林系统开发和应用研究

在当前智慧城市建设方兴未艾，人工智能、云计算、5G等新技术应用日趋成熟之际，有必要高起点地构建智慧园林顶层设计，高质量、高效率地推进园林绿化的信息化建设工作，以实现更透彻的感知、更全面的互联互通、更深入的智能化为目标，为构建宜居、宜业、宜商的智慧城市提供有力支撑。其中，智慧园林应用是整个智慧园林体系框架中的核心基础内容，主要研究包括智慧园林管理平台系统总成研究、智能园林养护决策系统研发、移动终端应用研发等。

6. 城市动物栖息地修复研究

快速城市化和高度人工化的建成环境导致严重的野生动物栖息地破碎，是威胁生物多样性和导致物种灭绝危机的主要原因，同时也显著改变了城市动物的生长过程（栖息地破碎化干扰其个体行为、种群间基因交换以及物种间相互作用过程）。因此，城市动物栖息地的修复对于保护城市生物多样性至关重要。主要研究包括城市动物食源植物的筛选和配置、城市动物偏好绿地小环境的构建、城市动物迁徙廊道规划设计和城市小微湿地系统修复研究。

7. 城市绿地生态功能评价与应用研究

城市绿地是城市中必不可少的组成部分，可以提高城市的生态质量、增加城市的美学效果和提高城市居民的生活质量。因此，对于城市绿地的生态功能评价是非常重要和必要的。绿地空间分布格局、斑块面积大小、形状及其影响范围等因素对城市绿地生态功能具有显著的影响。观测方法的持续更新在一定程度上改善了传统绿地评价存在的不足，提高了评价的精度，使评价结果更接近实际情况。主要研究包括实时观测数据与绿地生态评价的联动、绿地评价模型的优化更新、大数据与 GIS 技术结合评价大尺度绿地生态功能等。

8. 城市绿地和人居环境的耦合研究

随着我国城市化的持续推进，大多数城市的城市绿地率、城市绿化覆盖率以及城市人均公共绿地面积等指标均显著提升，但从城市绿地空间分布来说，还是存在着绿地公平性的问题，并且随着社会经济的快速发展，需要不断满足城市居民改善人居环境的迫切需求。因此，需要逐步实现绿地分布的地域均等、绿地分布的空间公平，最后达到绿地分布的社会公平。主要研究包括绿地可达性研究、公园服务半径评估、城市骑行绿道覆盖、绿地与公共健康关系以及绿地使用效率评估等。

9. 低碳城市绿地系统构建研究

"十四五"时期是中国提升城镇化发展质量的关键阶段，加快推进低碳城市规划建设是"十四五"乃至中长期经济社会高质量发展的一项战略要务。城市绿地是城市生态系统的重要组成部分，通过合理的规划设计各类城市绿色空间，推动形成绿色低碳的城市生态系统，可以有效增强城市碳汇功能、缓解城市热岛效应、降低城市能耗。主要研究包括绿地碳汇战略规划、绿地全周期碳排放评价、绿地低碳养护技术开发、高固碳植物筛选与配置以及立体绿化技术研究等。

（三）乡村生态保护研究

1. 乡村生态保护规划体系研究

乡村生态保护规划是以生态作为乡村性质、乡村目标和乡村特征的规划。乡村生态保护规划应在梳理乡村生态资源的基础上，针对山、水、林、田、村、居等生态要素，提出生态保护规划措施，构筑村域生态空间体系。生态保护规划应坚持生态优先、生态与经济双赢和保护与建设并举的方针，结合地域实际情况，做好乡村生态保护规划体系方面的研究，同时处理好生态资源保护与产业发展的关系，实现乡村生态、经济和社会的可持续发展。主要研究包括乡村生态环境保护体系构建与规划研究、乡村景观生态保护规划研究、乡村生态安全格局构建研究、乡村传统风貌与建筑保护规划研究等。

2. 乡村生态保护制度研究

十八届三中全会提出，建设生态文明必须建立系统完整的生态文明制度体系，实行最严格的源头保护制度、损害赔偿制度、责任追究制度，完善环境治理和生态修复制度，用制度保护生态环境。乡村振兴战略是关乎我国民生的根本战略，美丽乡村建设是乡村振兴的重要部分，生态保护和经济发展又是美丽乡村建设的两项重要工作，因此，加强乡村生态保护制度与经济发展协同机制研究对于乡村振兴及生态文明建设具有重要意义。乡村应健全生态系统保护机制，完善各类乡村绿地、天然林和公益林保护机制，进一步细化管控措施。主要研究包括乡村生态保护与经济发展协同机制研究、乡村生态保护监管制度研究、乡村生态环境监测体系研究等。

3. 乡村生态保护补偿机制研究

生态保护补偿机制建设是国家的战略要求，是提升生态系统的多重生态价值的需要，是实施乡村振兴战略、推动城乡融合发展的需要。国家应健全乡村生态保护补偿机制，加大对重点生态功能区转移支付力，建立生态保护补偿资金投入机制。同时，加大对我国不同地域乡村生态保护补偿机制建设和实施情况的研究，通过具体案例分析优化乡村生态保护补偿机制。主要研究包括乡村生态保护补偿机制研究、不同地域乡村生态保护补偿机制建设和实施情况研究等。

4. 乡村生态系统保护和修复重大工程研究

乡村生态系统是将自然系统嵌入人居生态系统中。加强乡村生态系统保护和修复重大工程方面的研究对于推进生态文明建设、保障国家生态安全具有重要意义。实施乡村重要生态系统保护和修复重大工程，统筹山水林田湖草系统治理，优化生态安全屏障体系对于乡村生态保护也具有重要的意义。主要研究包括山水生态修复与保育研究、乡村自然生态景观保护技术研究、乡村植物群落构建与保育研究、乡村自然保护区生物多样性与保育研究等。

参考文献

［1］ 张彪，谢高地，薛康，等. 北京城市绿地调蓄雨水径流功能及其价值评估［J］. 生态学报，2011，31（13）：3839-3845.

［2］ 秦仲，巴成宝，李湛东. 北京市不同植物群落的降温增湿效应研究［J］. 生态科学，2012，31（5）：567-571.

［3］ 晏海，王雪，董丽. 华北树木群落夏季微气候特征及其对人体舒适度的影响［J］. 北京林业大学学报，2012，34（5）：57-63.

［4］ 曹传生，刘慧民，王南. 屋顶花园雨水利用系统设计与实践［J］. 农业工程学报，2013，29（9）：76-85.

［5］ 刘滨谊，张德顺，刘晖，等. 城市绿色基础设施的研究与实践［J］. 中国园林，2013，29（3）：6-10.

［6］ 赵晨曦，王玉杰，王云琦，等. 细颗粒物（PM$_{2.5}$）与植被关系的研究综述［J］. 生态学杂志，2013，32（8）：2203-2210.

［7］ 赵松婷，李新宇，李延明. 园林植物滞留不同粒径大气颗粒物的特征及规律［J］. 生态环境学报，2014，23（2）：271-276.

［8］ 郑克白，徐宏庆，康晓鹍，等. 北京市《雨水控制与利用工程设计规范》解读［J］. 给水排水，2014，50（5）：55-60.

［9］ 高吉喜，宋婷，张彪，等. 北京城市绿地群落结构对降温增湿功能的影响［J］. 资源科学，2016，38（6）：

1028-1038.

［10］ 李新宇，赵松婷，郭佳，等. 公园绿地植物配置对大气 $PM_{2.5}$ 浓度的消减作用及影响因子［J］. 中国园林，2016，32（8）：10-13.

［11］ 梁晶，方海兰，张浪，等. 基于城市绿地土壤安全的主要生态技术研究及应用［J］. 中国园林，2016，32（8）：14-17.

［12］ 颜文涛，王云才，象伟宁. 城市雨洪管理实践需要生态实践智慧的引导［J］. 生态学报，2016，36（16）：4926-4928.

［13］ 臧洋飞，陈舒，车生泉. 上海地区雨水花园结构对降雨径流水文特征的影响［J］. 中国园林，2016，32（4）：79-84.

［14］ 刘颂，毛家怡，沈洁. 基于SWMM的场地绿色雨水基础设施水文效应评估——以同济大学校园为例［J］. 风景园林，2017（1）：60-65.

［15］ 王红兵，谷世松，秦俊，等. 基于多因素的屋顶绿化蓄截雨水效果可比性研究进展［J］. 中国园林，2017，33（9）：124-128.

［16］ 殷利华，赵寒雪. 雨水花园构造及填料去污性能研究综述［J］. 中国园林，2017，33（5）：106-111.

［17］ 张浪，韩继刚，伍海兵，等. 关于园林绿化快速成景配生土的思考［J］. 土壤通报，2017，48（5）：1264-1267.

［18］ 张晓菊，董文艺. 下凹式绿地径流污染控制与径流量消减影响因素分析［J］. 环境科学与技术，2017，40（2）：113-117.

［19］ 吴岩，王忠杰，束晨阳，等. "公园城市"的理念内涵和实践路径研究［J］. 中国园林，2018，34（10）：30-33.

［20］ 戴子云，隋静轩，许蕊，等. 北京城市绿地土壤水分入渗性能研究［J］. 中国园林，2019，35（6）：105-108.

［21］ 张明娟，卫笑，苏晓蕾，等. 南京市不同结构植物群落在冬夏两季的微气候调节作用［J］. 生态学杂志，2019，38（1）：27-34.

［22］ 赵松婷，李新宇，戴子云，等. 集雨型绿地雨水净化功能效果评估——以北京望和公园为例［J］. 北京农学院学报，2019，34（1）：82-86.

［23］ 郝珊，王晨光，张阿凤，等. 不同物料配比对城市绿地土壤渗透性及污染物净化效果的影响［J］. 应用生态学报，2020，31（4）：1349-1356.

［24］ 花利忠，孙凤琴，陈娇娜，等. 基于Landsat-8影像的沿海城市公园冷岛效应——以厦门为例［J］. 生态学报，2020，40（22）：8147-8157.

［25］ 李舟雅，霍锐，戈晓宇. 半湿润地区内源径流型海绵绿地设计方法研究——以山西省晋中市社火公园为例［J］. 中国园林，2020，36（6）：107-112.

［26］ Hee-Jae Hwang, Se-Jin Yook, Kang-Ho Ahn. Experimental investigation of subm icron and ultrafine soot particle removal by tree leaves［J］. Atmospheric Environment，2011（45）：6987-6994.

［27］ SæBø A, Popek, Nawrot B, et al. Plant species differences in particulate matter accumulation on leaf surfaces［J］. Science of the Total Environment，2012（427）：347-354.

［28］ Ali H, Khan E, Sajad M, et al. Phytoremediation of Heavy Metals-concepts and Applications［J］. Chemosphere，2013，91（7）：869-881.

［29］ Dai W, Gao J Q, Cao G, et al. Chemical composition and source identification of PM2.5 in the suburb of Shenzhen, China［J］. Atmospheric Research，2013（122）：391-400.

［30］ Chang C, Li M. Effects of urban parks on the local urban thermal environment［J］. Urban Forestry & Urban Greening，2014，13（4）：672-681.

［31］ Nowak D J, Hirabayashi S, Bodine A, et al. Tree and forest effects on air quality and human health in the United

States［J］. Environmental Pollution, 2014（193）: 119-129.

［32］ Carrus G, Scopelliti M, Lafortezza R, *et al.* Go greener, feel better? The positive effects of biodiversity on the well-being of individuals visiting urban and peri-urban green areas［J］. Landscape and Urban Planning, 2015（134）: 221-228.

［33］ Liu X H, Yu X X, Zhang Z M. PM$_{2.5}$ concentration differences between various forest types and its correlation with forest structure［J］. Atmosphere, 2015, 6（11）: 1801-1815.

［34］ Bottalico F, Chirici G, Giannetti F, *et al.* Air pollution removal by green infrastructures and urban forests in the city of Florence［J］. Agriculture and Agricultural Science Procedia, 2016（8）: 243-251.

［35］ Wu Z, Chen L. Optimizing the spatial arrangement of trees in residential neighborhoods for better cooling effects: Integrating modeling with in-situ measurements［J］. Landscape and Urban Planning, 2017（167）: 463-472.

［36］ Fan S, Li X, Han J, *et al.* Assessing the effects of landscape characteristics on the thermal environment of open spaces in residential areas of Beijing, China［J］. Landscape and Ecological Engineering, 2018, 14（1）: 79-90.

［37］ Ren Z, Zheng H, He X, *et al.* Changes in spatio-temporal patterns of urban forest and its above-ground carbon storage: Implication for urban CO$_2$ emissions mitigation under China's rapid urban expansion and greening［J］. Environment International, 2019（129）: 438-450.

［38］ Kosanic A, Petzold J. A systematic review of cultural ecosystem services and human wellbeing［J］. Ecosystem Services, 2020（45）: 101168.

撰稿人：李新宇　谢军飞　戴子云　范舒欣　刘柿良　郑思俊　吴毓仪

　　　　冯义龙　王国玉　薛　飞　段敏杰　李嘉乐　仇兰芬

风景名胜与自然保护地研究

风景名胜和自然保护地是生态文明、美丽中国、文化自信的核心载体，是践行"两山论"、实现两山转化的核心依托，是乡村振兴、长江经济带等国家发展战略的重要组成部分，是构建中国自然文化遗产保护体系的主体。在这样宏大的时代背景下，风景名胜和自然保护地的学科发展须以保护自然文化遗产、构建中国魅力国土空间、复兴山水文明为目标，服务人民群众新需求，融入经济社会新发展格局，用风景园林的视野全面审视、研究全国自然文化资源和国土景观空间，守正创新，以理论研究支撑行业不断前行。

风景名胜和自然保护地是国家珍贵的自然文化遗产资源，经过数十年的发展，具备文化传承、审美启智、科学研究、旅游休闲、区域促进等综合功能及生态、科学、文化、美学、经济等综合价值，在维护国家生态安全、传播中华文化、服务人民群众、促进经济社会发展等方面发挥着难以替代的重要作用。

自 1956 年我国最早的自然保护地鼎湖山国家级自然保护区建立至今，目前我国有自然保护地 10 余类、1.18 万处，总面积约占国土陆域面积的 18%、约占领海面积的 4.6%。基本覆盖了我国各类地理区域，囊括了我国主要的名山大川，包含了华夏大地典型独特的自然景观和生态系统，彰显了中华民族悠久厚重的历史文化，形成了中华大地上靓丽的风景线。目前，自然保护地已建立起比较完整的类型体系，初步建立了法规体系、适于国情的管理体制，并以规划为抓手开展严格的管理，强化了资源保护监管。截至 2021 年，中国共有 56 项世界遗产，世界遗产总数居世界第二（占世界总数的 4.9%），自然遗产和双遗产数量居世界第一。中国还建立了世界遗产预备名录制度，出现了行业专类遗产，如农业文化遗产、灌溉工程遗产等。为推动世界各国各地区不同文明的交流互鉴发挥了不可替代的作用。

风景名胜和自然保护地的理论研究大致分为四类：哲学层面的基础理论，风景园林学基础理论，风景名胜和自然保护地领域的系统认知理论，相关学科理论。基于理论指导，2010 年以来，风景名胜区和自然保护地开展了更广、更深入的实践研究并取得重要进展。

管理体制研究主要以问题为导向，从申报设立、管理机构建设、产权制度、规划管理、立法与执法机制等方面展开。经营管理研究内容主要针对特许经营进行研究。规划设计研究包括对体系规划、总体规划、详细规划、专项规划、风景设计等不同层次的研究。风景旅游研究主要针对不同保护地类型的资源特征和利用方式开展旅游环境、生态旅游、森林旅游、地质旅游等方面研究，全域旅游研究已成热点。资源保护研究主要对资源认知评价和资源保护的方式方法进行研究。景乡协调研究主要集中在景乡格局优化、景乡风貌协同、景乡产业协同、景乡协同政策四个方面。自然保护地整合优化主要从空间分布分析、实施路径与规则、风景名胜区整合优化、整合优化实践总结、后续管理五个方面展开。遗产实践研究包括对世界遗产、历史名园、近现代名园、专类遗产公园、水利遗产、农业遗产的研究。

未来，风景名胜和自然保护地研究的总体方向是以风景园林为视角，以全域国土景观为对象，以风景名胜区、自然保护地和遗产为核心，研究构建中国风景体系。今后一段时间内，在理论研究方面重点开展风景名胜与自然保护地的学科体系和理论框架研究、国家公园理论体系研究、风景生态理论研究、风景园林遗产理论研究；在风景名胜与自然保护地实践研究方面重点开展中国特色自然保护地体系研究、适于国情的管理体制研究、新发展理念下的规划设计研究、新时代社会主要矛盾下的风景旅游发展研究、新发展格局下的经营管理研究、国土空间规划视角下的魅力国土空间研究、生态文明背景下的生态资源保护研究、"两山理论"下的两山转化模式与机制研究、乡村振兴战略下的乡村风景研究等；在遗产实践研究方面重点开展资源调查与管理，保护、建设与修复，可持续发展模式等研究。

一、风景名胜与自然保护地研究发展回顾

（一）概况

1. 风景名胜区

自 1982 年国务院首次审定发布至 2017 年审定发布第 9 批国家级风景名胜区，目前我国共有国家级风景名胜区 244 处，面积约 11.28 万平方千米；省级风景名胜区 807 处，面积约 11.95 万平方千米。两者总面积约 23.23 万平方千米，占我国陆地面积的 2.42%。基本覆盖了我国各类地理区域，囊括了我国主要的名山大川、典型独特的自然景观和悠久多样的中华文化。

2. 自然保护地

自 1956 年我国最早的自然保护地鼎湖山国家级自然保护区建立至 2020 年，我国自然保护地主要包括国家公园体制试点区、自然保护区、森林公园、地质公园、湿地公园、沙漠公园等 10 余个类型，共有自然保护地约 1.18 万处，总面积约占国土陆域面积的 18%、

约占领海面积的 4.6%。

3. 遗产

1985 年，中国正式加入《保护世界文化和自然遗产公约》，1987 年首次申报世界文化遗产——长城。截至 2021 年，中国共有 56 项世界遗产，占世界总数的 4.9%，其中文化遗产 33 项、自然遗产 14 项、文化和自然双遗产 4 项、文化景观 5 项。我国世界遗产总数、自然遗产和自然与文化双遗产数量均居世界第一。中国还建立了世界遗产预备名录制度，截至 2019 年，共包括 46 项文化遗产、18 项自然遗产、17 项双遗产，其中 60 项已纳入联合国教科文组织的世界遗产预备清单。我国还申报了 15 项全球重要农业文化遗产、23 项世界灌溉工程遗产。

（二）发展回顾

1. 风景名胜区

（1）体系建设。2010 年以来，国务院分别于 2012 年、2017 年批准设立了第八批、第九批国家级风景名胜区共计 36 处。当前，《风景名胜区分类标准》确定的 14 类分类法正处在修订变化中，湖南、江西、广东、四川、新疆等省区先后制定了省域风景名胜区体系规划，对此，2016 年住房和城乡建设部印发《全国风景名胜区事业发展"十三五"规划》予以明确支持，并要求编制全国风景名胜区体系规划。

（2）法规和体制。2014 年，国务院将国家级风景名胜区重大建设工程项目选址核准事项下放至省级主管部门。2016 年，《风景名胜区条例》相应条款进行了修订。河北等 17 个省份颁布了地方性法规。2018 年因机构改革，风景名胜区管理职责由住房和城乡建设部划入国家林草局，各级主管部门也相应调整。

（3）资源保护。2010 年以来，主管部门依托遥感技术加强了保护管理动态监测。2012—2015 年开展国家级风景名胜区保护管理执法检查，查处了一批违法违规行为，同年出台《国家级风景名胜区管理评估和监督检查办法》。2015 年发布《国家级风景名胜区规划编制审批办法》，要求不得在核心景区内安排索道、缆车、铁路、水库、高等级公路等重大建设工程项目。

（4）规划管理。2010 年以来，国务院共批准实施了 93 处国家级风景名胜区总体规划。2015 年，住房和城乡建设部发布《国家级风景名胜区总体规划大纲（暂行）》和《国家级风景名胜区规划编制审批办法》，并在随后两年内促使国务院集中批复了 50 处国家级风景名胜区总体规划。2017 年发布《关于开展国家级风景名胜区总体规划评估工作的通知》，要求各地开展总体规划评估工作。2018 年发布《风景名胜区详细规划标准》和《风景名胜区总体规划标准》两个国家标准，有力支撑了规划管理工作。

（5）国际交往。自 1998 年起，建设部与美国国家公园管理局正式开展合作。目前，27 个国家级风景名胜区与国外的国家公园建立了友好公园。风景名胜区已成为我国申报世界遗产的核心载体之一。

2.自然保护地

（1）体系建设。各级各类自然保护地持续发展，形成了多部门主导，类型丰富、功能多样的自然保护地体系，但重叠设置、多头管理、定位模糊、权属不清等问题日益凸显。2019年，中央印发《关于建立以国家公园为主体的自然保护地体系的指导意见》，提出要建立以国家公园为主体、以自然保护区为基础、以各类自然公园为补充的自然保护地体系，构建起我国新型自然保护地分类分级体系，形成国家和地方分级管控的架构。《国家公园空间布局方案》提出了50余个国家公园候选区和优先区。全国自然保护地整合优化预案于2020年完成阶段性成果。2025年将初步建立起中国特色自然保护地体系。

（2）法规和体制。2010年以来，国家为规范管理先后出台了《国家级森林公园管理办法》《国家湿地公园管理办法》《国家沙漠公园管理办法》，但总体上自然保护地立法层级较低。目前，《国家公园法》《自然保护地法》正在制定中，《自然保护区条例》《风景名胜区条例》均在修订中，正在形成两法两条例多个办法的法律框架。云南、青海、福建、湖北等省份还制定了国家公园地方性法规。《关于建立以国家公园为主体的自然保护地体系的指导意见》提出按照生态系统重要程度，将国家公园等自然保护地分为中央直接管理、中央地方共同管理和地方管理3类，实行分级设立、分级管理。

（3）资源保护。2010年印发的全国主体功能区规划明确国家级自然保护区、国家级风景名胜区、国家森林公园、国家地质公园列入国家禁止开发区域。针对随意调整自然保护区范围和功能区划等问题，国务院印发了《国家级自然保护区调整管理规定》。自然保护区通过专项"绿盾行动"查处各类违法建设活动。中央生态环境保护督察将自然保护地作为督察重点。生态环境部制定了《自然保护地生态环境监管工作暂行办法》。

（4）规划管理。《建立国家公园体制总体方案》明确提出编制国家公园总体规划及专项规划，先后发布了国标《国家公园考核评价规范》《国家公园监测规范》和行标《国家公园总体规划技术规范》《国家公园资源调查与评价规范》《国家公园勘界立标规范》。自然保护区和其他各类自然公园均出台了相应的规划标准。

3.遗产

世界遗产增强了中华民族的文化自信，提升了中华文化对世界的影响力，为推动不同文明的交流互鉴发挥了不可替代的作用。2010年以来，我国世界遗产数量增加了18项，增长到56项，预备清单项目持续增长。住房和城乡建设部于2013年更新了《中国国家自然遗产、自然与文化双遗产预备名录》，国家文物局于2012年更新了《中国世界文化遗产预备名单》，加强申报项目培育。自2017年，我国将每年6月第二个星期六的"文化遗产日"调整设立为"文化和自然遗产日"。

住房和城乡建设部先后发布了《世界自然遗产、自然与文化双遗产申报和保护管理办法（试行）》《关于进一步加强世界遗产保护管理工作的通知》《关于进一步加强国家级风景名胜区和世界遗产保护管理工作的通知》，国家文物局发布了《世界文化遗产申报工作规程（试行）》。各省、自治区、直辖市结合实际制定了60余部与世界遗产保护相关的地方性法规。世界遗产保护管理日趋规范。

二、风景名胜与自然保护地研究主要成果和实践

（一）理论研究

1. 哲学层面基础理论的指导和应用

"道法自然"的宇宙观、"人与自然和谐"的生态观、"比德"思想的自然审美观、"以时禁发"的时空观、"和而不同"的实践统一观、"可持续发展"的发展观以及"复杂系统理论"等，为我国风景名胜和自然保护地领域的理论研究提供了基础视角。2012年11月，十八大明确提出要倡导人类命运共同体，为风景名胜和自然保护地研究构建了崭新的全球价值观。

2. 风景园林学基础理论的指导和应用

风景园林学在实践中继承哲学思想，发展出"抽象继承论"（吴良镛）、"地域论"（齐康）、"三境论"（孙筱祥）等基础理论。2012年，孟兆祯继承、发展《园冶》思想精髓，完成造园学专著《园衍》，构建了"园衍论"。2014年，杨锐提出"境"与"境其地"理论，认为本质上风景园林学是研究和实践"转地为境"的学科。2017年，张国强提出"三系论"，认为风景、园林、绿地三系鼎立成三角交织循环关系。这些基础理论从历史观、空间观、设计手法、概念框架等多元化认知角度探讨现代风景园林的走向，为我国风景名胜和自然保护地领域的理论研究提供了方法论。

3. 风景名胜和自然保护地领域的系统认知理论研究

（1）谢凝高于2011年提出风景遗产科学的学科体系和核心论题，认为风景遗产是具有国家或世界突出普遍价值的地域空间综合体，认为价值、性质、保护、展示、传承、管理和效益等是风景遗产科学的核心论题。

（2）风景认知和风景审美理论在20世纪80—90年代已经构建的"组景论""边际文化信息论"等基础上逐步深化，或传承中国传统风景理论，或借鉴国际先进经验。如从主客体关系的认识视角构建中国风景名胜区审美价值识别框架以及"相－制－理"风景名胜区风景特质理论体系。

（3）风景名胜区的使命和价值认知。随着国家层面国家公园、自然保护地体系的改革与建设逐步深入，曾经作为法定三大类保护地之一的风景名胜区的使命和价值认知受到学界高度关注和讨论。源自中华文化的风景名胜区是新时代最具中国特色的自然保护地的观点得到风景园林学界的广泛认同。学界还开展了文化景观、整体性、历史地理、世界遗产等不同理论视角下风景名胜区特征的多角度认知研究。

（4）我国国家公园基础理论构建。我国国家公园理论研究与我国生态文明建设和国家公园实践紧密结合，近十年来，理论研究总体呈现研究规模迅速增长、研究者学科来源广泛、学科交叉深度融合等特点。其理论研究和实践大致可以分为 3 个阶段，分别为：① 2013 年之前，国外理论借鉴和地方探索实践阶段；② 2013—2017 年，我国国家公园基础理论构建阶段，包括国家公园的定义、特征、定位以及国家公园体制建设的目标和具体内容等；③ 2017 年之后，我国国家公园体制试点全面建设和理论全面深入阶段，包括国家公园立法、管理机制、用地管制、社区协调、多方参与等方面。

（5）自然保护地体系系统认知。如何构建具有中国特色的自然保护地体系成为学术界研究的热点和焦点，不同学者从自身专业角度出发提出对我国自然保护地分类体系的构想。其分类依据大致可归纳为保护强度、资源特点和功能定位 3 个方面。我国的风景名胜区实现了对自然景观和文化景观的融合保护，是对 IUCN 自然保护地管理分类标准中单一的自然保护或生物多样性保护目标的很好补充。也有学者提出，充分认识风景名胜区在整个自然保护地体系中的特色和地位，维系风景名胜区空间的完整性和功能的综合性，可以为世界各国自然保护地处理保护与发展的关系提供更多中国智慧、中国方案。

4. 相关学科理论的应用

主要涉及自然资源保护领域、历史文化资源保护领域、游憩经营和管理领域、城乡发展领域、管理体制领域、规划设计程序方法和新技术等。近十年来，相关学科理论的应用呈现学科类型多、应用视角广、应用方法深入、技术方法新等特征，如生态系统服务理论、文化景观相关理论、旅游学扎根理论、社区共管理论、生态补偿理论、点云技术和数字景观等。

（二）风景名胜与自然保护地实践研究

2010—2020 年是我国风景名胜与自然保护地事业发展的重要十年。以风景名胜区为代表，法规体系、制度体系、技术支撑体系日益完善，实践研究持续深入，主要集中在管理体制、经营管理、规划设计、风景旅游、资源保护、景乡协调等方面。

1. 管理体制研究

2010 年以来，管理体制机制研究主要以问题为导向，从申报设立、管理机构建设、产权制度、规划管理、立法与执法机制等方面展开。

在申报设立方面，风景名胜区设立采用分级审批与管理的方式，从完善设立体系角度，研究认为应出台《风景名胜区设立标准》《风景名胜区资源价值分类标准》，明确申报设立时间，逐步推行主动申请和国家强制设立的双轨制。

在管理机构方面，风景名胜区现有的管理机构大致可归纳为政府型、准政府型、协调议事型、机构缺失 4 种类型，管理机构存在职权受限等问题。优化建议主要聚焦在统一管理的实现路径上，包括在国家层面设立风景名胜区管理机构，由中央政府履行管理职能，或由中央政府委托省级政府管理，统一行使管理职能，此机构具有统一制辖权和独立财政划拨权；明确风景名胜区管理机构规格、最低行政级别和隶属关系，明确主要行政职能，尝试集权式保护管理体制。

在产权制度方面，研究认为要明确风景名胜区管理、监督、经营的主体及其权、责、利范围，逐步推行特许经营制度，严格区分风景名胜区的行政管理和经营管理。还应建立风景资源保护的动态监督考核指标体系，准确界定授权经营必须满足对风景名胜区保护投入的资金数量、具体责任、监督处罚标准。

在规划管理方面，研究认为应强调风景名胜区规划的严肃性和权威性，进一步完善法规制度和编制技术体系强化规划管理，可在规划体系中增加实施规划、年度规划，利于规划实施落地。

在立法与执法机制方面，研究认为现行的《风景名胜区条例》立法等级偏低，应当制定《风景名胜区法》，完善风景名胜区相关法律法规体系，从风景名胜区规划、管理、开发利用等方面详尽各利益相关主体权利和义务。在执法机制方面，很多风景名胜区没有执法权，研究建议推进实行相对集中的行政处罚权或建立综合执法制度，赋予风景名胜区管理机构必要的行政执法权和处罚权，强化管理力度。

2. 经营管理研究

2010年以来，多地相继发布了风景名胜区特许经营权管理办法，如《重庆市风景名胜区项目经营权管理办法》；国内关于风景名胜区特许经营的研究越来越多，包括特许经营的定义、特许经营与管理机制的关系、特许经营的程序及具体措施等，但单独研究其他自然保护地经营管理的案例较少。

风景名胜区内存在经营实体和投资形式多元的特征。经营实体主要有国有企业、集体企业、有限责任公司、私营企业、个体工商户五种类型。在经营产业方面，依托风景名胜区面向社会的产业及项目主要有交通运输、信息通信、宾馆餐饮、文化娱乐、广告宣传、商业贸易以及旅游工艺纪念品等；社会企业面向风景名胜区的产业及项目主要有环保技术、建筑与工程、信息工程、园林绿化、环境卫生等。

经营管理在市场化环境下面临巨大挑战。一方面，风景名胜区内部物质形态多样、价值内涵丰富，涉及部门多、农业人口多、产权归属多，相关利益者构成复杂，经营管理难度极大。另一方面，国家对风景名胜区及遗产地资金投入不足，民间资本相对丰富且活跃，为风景名胜区的保护与开发奠定了良好的资金来源，但民企投资往往要求尽快收到投资回报，两者存在较大矛盾。

风景名胜区特许经营存在诸多限制。现有的相关法规与政策对风景名胜区经营的准入、监督与退出缺乏明确的规定及制度设计。研究认为，特许经营应以资源保护和让游客获益为最根本目标，避免采取垄断、整体承包甚至出卖门票专营权的方式；特许经营合同或协议时间不宜过长，导致丧失竞争机制；特许经营应接受社会的广泛监督，管理机构和特许经营企业角色不能错位，不能以经营取代管理。

3. 规划设计研究

风景规划设计以风景名胜区为代表，以各类自然保护地为核心，已发展出较为成熟的体系，包括体系规划、总体规划、详细规划、专项规划、风景设计等层次。近十年来，相关实践不断深入，学科领域不断扩大，研究水平不断提高。随着国土空间规划体系的建构，风景规划设计逐步向全域风景延伸。

（1）风景名胜区。2001 年以来，已有 10 余个省份编制了省域风景名胜区体系规划，更加注重从区域尺度保护和利用好风景名胜资源。在总体规划研究方面，一是开展了 3S、BIM 等信息技术的应用研究，探讨建立风景名胜区规划的信息模型；二是提出了基于 GIS 空间分析与模糊层次分析法的景观视觉综合评价方法；三是与其他自然保护地和国土空间的整合归并原则与策略研究；四是相关专项规划的深入研究，包括建立以风景资源为核心的保护分区体系、从游赏主体出发开展游赏规划研究、居民社会分类分区管理研究、基于多规合一下的风景名胜区土地利用规划研究等。详细规划研究主要集中在控制要素体系构建、控制性详细规划的指标体系研究、详细规划项目实践案例研究等。风景设计主要集中在入口设计、景点设计、改造提升设计、风景建筑设计等实践案例研究方面。

（2）自然保护地。

1）国家公园。国家公园的规划设计研究包括规划体系、总体规划、专项规划三个层次。在规划体系方面，提出构建国家层面发展规划、国家公园总体规划、专项规划、管理计划、年度实施计划等规划层级。在总体规划方面，已编制了国家公园总体规划技术指南，此外对边界划定方法、功能分区方法等也有较多探讨。专项规划相关研究主要集中在社区、设施和游憩规划等。2019 年，武夷山国家公园试点区率先探索编制了保护、科研监测、科普教育、生态游憩和社区发展 5 个专项规划。

2）自然保护区。目前，我国自然保护区建设已进入科学规划和集约管理阶段，规划设计相关实践研究较偏重生态保护和科普教育、保护功能区划、生态旅游规划设计、生物多样性保护规划设计、生物廊道与栖息地规划设计等。

3）自然公园。在各类自然公园中，森林公园和湿地公园的研究成果相对较多。森林公园的实践研究重点包括植被与森林景观规划设计、森林生态旅游与服务设施规划等。湿地公园研究主要包括湿地资源评价、生态保护 / 恢复规划设计、鸟类栖息地规划设计、科普宣教规划、植物景观规划设计等。地质公园的规划设计研究以地质遗迹资源评价及保护利用规划、科普展示规划等为主。

（3）全域风景。全域风景是城镇化发展进入下半场以来的一种新型区域发展模式。近年来主要的规划设计实践研究内容有魅力景观区规划研究、全域景区化（旅游）规划编制研究、全域风景视角下的景区 / 乡村等规划研究、风景道体系构建以及景线、景带、景廊规划等。

4. 风景旅游研究

各类自然保护地围绕旅游方面的研究各有侧重，旅游活动的内容和强度也反映了各类自然保护地的性质和特征。

风景名胜区的旅游职能突出，在资源保护的基础上，将风景名胜区的美景进行充分的展示利用是风景名胜区的优先管理目标。近十年在旅游环境容量方面，众多学者对不同类型的风景名胜区进行了实证研究，从旅游空间环境容量、旅游生态环境容量、旅游社会心理环境容量等方面开展研究。在开发利用方面，强调有限度地合理利用风景资源，实行"山上游、山下住""沟内游、沟外住"的合理布局模式。同时从提升风景名胜区旅游竞争力着眼，对产品体系完善、旅游线路优化、基础设施及旅游配套设施完善等多方面进行了研究。

近年来关于自然保护区生态旅游的研究较多，大多从旅游活动开展、资源评价与开发、维持生态系统平衡、社区参与等方面入手。同时，针对生态旅游存在的"重开发，轻保护；重经济，轻生态"问题，出现了众多自然保护区生态旅游管理与可持续发展策略的实践研究。

随着地质科普旅游逐渐成为热点，学界对地质公园科普旅游评价指标体系的构建、地质公园科普旅游开发模式或策略的研究较多，并研究了在旅游产品设计、科普解说、软硬件建设、品牌营销等方面进一步优化的可能性。

基于国内旅游需求的结构性转变以及以景区（点）建设为核心的发展模式存在局限性，2016年提出的全域旅游理念成为研究与实践的热点，涌现出一批实践研究成果。

5. 资源保护研究

一方面是对资源进行认知评价研究。如风景名胜区提出了景观视觉综合评价的新方法。国家公园作为新生事物，国家规定在设立时期需针对生物资源、人文资源和游憩资源，采用资料收集、线路调查、航片解译、实验分析、访谈问卷等方法进行调查，在此基础上对资源开展科学与保护价值、教育价值、游憩价值等方面的评价。另一方面是对资源保护的方式方法进行研究。建立自然保护地与遗产地是进行资源保护的有效手段，学者对于较为成熟的范围界定、保护分区、人类活动管控、建设管控开展了更为深入的研究。另外，有学者研究认为应建立国家遗产保护体系，提倡基于环境哲学的"人与自然和谐为本"的理念，提倡尊重自然、结合自然的规划设计方法。

6. 景乡协调研究

乡村多、居民多是我国风景名胜区和自然保护地的突出特点，随着近年来经济社会快速发展，景乡矛盾凸显，主要体现在乡村与风景争地、建设难以管控、环境污染、传统乡村景观特色缺失、乡村经济发展受限等方面。围绕协调景乡关系，学界对风景名胜区开展了较多研究，主要集中在景乡格局优化、景乡风貌协同、景乡产业协同、景乡协同政策四个方面。

格局优化应从资源价值角度坚定保护大局，加强乡村建设管控与人口调控，将风景名胜区乡村和人口引导、疏解至区外，同时建设风景名胜区内的乡村体系，调控乡村人口总量与分布。风貌协同应从人文角度控制好乡村景观，如控制总体格局、保护传承乡村文化、控制建筑形式、控制建筑高度、增加绿色空间等，增强风景与乡村的旅游吸引力。产业协同应从民生角度结合资源利用，促进可持续的绿色产业发展，积极发展适宜风景名胜区的非污染、非环境破坏型的乡村产业经济，解决居民就业和经济可持续发展问题。协同政策应从管理角度加强规划政策研究，促进规划建设实施落地。

7. 自然保护地整合优化研究

2020年自然保护地整合优化开始后，相关研究密集出现，主要从空间分布分析、实施路径与规则、风景名胜区整合优化、整合优化实践总结、后续管理五个方面展开。

（1）空间分布分析。通过全国自然保护地空间重叠分析，识别出高密度重叠生态地理区和行政区，作为优先普查区与整合优化重点对象。对自然保护地集中的热点区域，按照主要生态系统类型进行优化整合，通过建设国家公园合并空间距离近、保护对象存在关联的自然保护地来减少重复。

（2）实施路径与规则。有关学者研究提出了体系转换、整合归并、范围调整和区划优化规则，以及预案、确认、实施三步走的实施路径。在操作层面，应以自然资源和保护现状研究为基础，以资源价值评估为依据，通过整合、归并、优化、转化、补缺五项任务实现整合优化的路径方法。北京案例研究则提出了全面评估自然文化资源、严格执行"三个不"、充分论证类型整合、以实效看待类型归并、科学确定范围调整五个方面的应对措施。

（3）风景名胜区整合优化。相关研究提出风景名胜区资源特殊、构成特殊、意义特殊，已自成体系，应建立独立的风景名胜区体系，在整合优化中保持其国家法定自然文化遗产保护地性质不变，保护强度及总体规划管理级别不降低。在浙江省59个风景名胜区总规案例研究中，提出风景名胜区应坚持与国家公园、自然保护区和其他自然公园的差异化定位。

（4）整合优化实践总结。根据各地对实践工作的总结研究，整合优化与生态保护红线评估调整衔接存在基础数据与规则差异、矿业权避让等方面的分歧，整合优化过程中存在破碎化程度增加、相邻保护地整合随意、不实事求是分析保护空缺、保护区功能分区调整随意的情况。

（5）后续管理。有学者探讨了整合优化后自然保护地分类分级分区管理及治理支撑体系，提出重构整合后自然保护地分区管控体系应"制度刚性"与"管理弹性"并重。

（三）遗产实践研究

中国风景园林遗产具有类型多样、历史悠久且延续性强等特点，初步分为世界遗产、历史名园（1840年之前）、近现代名园（1840年之后）、专类遗产公园、水利遗产、农业遗产等类型。近十年的相关实践和理论研究在广度和深度上呈现多点开花、日渐繁荣的趋势，风景园林遗产的文化内涵和社会功能渐成研究热点。

1. 世界遗产

基础研究包括遗产演变分析、景观特征解读、学科交叉辅助解读、现状问题总结等方面。管理监测研究关注对相关管理体系的总结提升、智慧遗产应用与研究，建立全方位遗产监测和预警体系研究等。保护理念研究包括遗产价值研究、关注社区参与发展、遗产可持续旅游利用的相关讨论。活化利用研究重点关注对"活态遗产"的探讨，集中于景观体验感知以及相关产业规划领域。规划设计研究包括对遗产的修缮整治、对文化价值的提炼表达以及解说教育、生态系统、保护管理等专项规划研究。

2. 历史名园①

基础研究往往基于地域调研梳理历史名园现状，并进行特征分析。理念研究主要包括对相关国内外文件、法规的解读，以及对遗产保护的真实性、完整性探讨。管理体制和政策研究注重国内外对比研究。规划设计研究包括基于地域特点的总体设计流程研究，功能活动、照明、声景、雨洪等专项规划研究，保护更新研究，与城市关系研究，园貌复原与设计研究等。

3. 近现代名园②

基础研究包括对规划理论与实践的整体梳理、发展演变研究、中西文化交融研究等。现状与管理研究包括构建价值评估体系、公园现状评估反馈、信息数据库研究等。规划设计研究包括基于城市文脉延续、城市景观格局调整的更新策略研究以及国内外近代历史名园更新案例研究等。

4. 专类遗产公园

（1）工业遗产类公园。总体规划相关研究多关注工业遗产廊道构建；景观设计相关研究多探究景观叙事领域的设计语言和设计理论；部分研究关注生态修复、活化利用方式等。

（2）考古遗址类公园。基于《国家考古遗址公园创建及运行管理指南》，相关基础与理论研究注重对遗址公园整体情况、与城市协调发展关系、原真性、大遗址保护等方面的研究。规划设计研究专注于展示、标识、声景观、种植等专项系统研究，对遗址本体价值、文化、生态方面的研究较少，同时注重对国外规划设计理念和案例的研究。管理运营领域主要探讨遗产资源管理、法规政策分析、管理体制等方面，研究改革建议。遗址旅游研究逐年增长，由关注遗址本体展示型旅游产品设计转向连带周围环境的综合设计，生

---

① 历史名园指始建于1840年以前、园林格局及要素至今尚存、具有可开放性、具有突出历史文化价值并能体现传统造园技艺的园林，往往属于全国、省、市、县级文物保护单位。

② 近现代名园指始建于1840年之后且建成时间超过30年、园林历史格局与要素至今保存较为完好、具有可开放性、具有突出历史文化价值并能体现一定时期造园技艺的园林。

态、文化旅游及旅游基础设施建设等问题的研究成为新趋势。学界对于考古遗址公园使用评价的研究则较少。

5. 水利遗产

近十年，学术界对此类遗产的关注与研究并不是很多，缺乏深入性与系统性。基础研究一方面从理论层面探讨定义与分类、构建价值评价体系、古今中外案例总结等，另一方面着眼于某一区域内的水利工程遗产保护研究。

古代典型水利工程研究包括对都江堰、灵渠、通济堰、大运河等古代水利工程的发展变迁历史、理念与技术特点以及保护利用进行研究。水利遗产保护和利用研究包括活态开发、遗产旅游与乡土社会矛盾、城市水利遗产网络完善、规划设计等内容。

6. 农业遗产

农业遗产作为新型领域，各方面研究体系还未完善。可持续性发展、多学科交叉合作、动态保护、旅游开发、"三生"等为近十年间研究的重点。基础研究包括景观要素研究、概念辨析、特点研究等，核心议题涉及适地智慧的基础性研究、动态存续的应用研究。管理监测方法研究包括探讨建立分级分类的管理体系，应用 GIS、遥感等先进技术手段优化遗产地景观布局，以景观多样性指标进行对象评价与分类。遗产保护利用研究主要包括法制研究、多重价值研究、动态保护机制研究与旅游开发研究，重点关注多功能产业发展与乡村振兴。

三、风景名胜与自然保护地研究趋势和重点

风景名胜和自然保护地研究的总体方向是以风景园林为视角，以全域国土景观为对象，以风景名胜区、自然保护地和遗产为核心，研究构建中国风景体系，逐步完善风景理论体系、风景资源体系，顺应新时代高质量发展要求，贯彻发展新理念，加强风景名胜和自然保护地管理体制、规划设计、风景旅游、经营管理、科研教育、两山转化模式等方面的研究，构建中国魅力国土空间，服务新发展格局。

（一）理论研究重点

在理论研究方面，重点开展以下四方面研究。一是进一步系统整合和构建完善风景名胜与自然保护地的学科体系和理论框架，包括从概念到认识论和方法论等层面，并基于核心论题（价值、性质、保护、展示、传承、管理和效益等）将相关学科理论在风景名胜与自然保护地领域的应用进一步融贯和体系化。二是进一步推进国家公园理论体系构建，尤其是国家公园生态保护第一、国家代表性和全民公益性三大特征从概念进一步向认识论和方法论的传导和实现等。三是深入推进风景生态理论研究。目前对风景和遗产领域的研究在自然文化交融综合基础上更偏重社会和文化视角，自然科学视角的研究相对偏少。在我

国生态文明建设的大背景下，深入推进风景和遗产领域生态理论研究具有重要意义。研究内容包括风景生态保护传统理念和价值识别，风景的生态系统服务价值评估、保护和管理，风景与气候变化和生物多样性保护等。四是全球视角下风景园林遗产理论研究。随着中国从世界遗产大国走向世界遗产强国，应进一步扩大遗产研究的国际视野，探讨国际语境下的风景园林遗产理论，一方面通过国际比较深刻认识我国风景园林遗产特征，另一方面通过理论研究为全球风景园林遗产保护提供中国智慧、中国方案。

（二）风景名胜与自然保护地实践研究重点

1. 中国特色自然保护地体系研究

目前，中国自然保护地体系在如何突出"中国特色"方面不甚清晰，核心问题在于没有正确确立风景名胜区这一具有中国原创性的保护地在自然保护地体系中的独立地位。首先，应开展现有自然保护地的对比研究、自然保护地分类划定标准研究，为建立清晰的"两园两区"保护地分类体系奠定基础。其次，在风景名胜区的保护管理实践中，已积累了很多适用于我国自身的优秀经验，要对此进行总结研究。最后，对与其他保护地交叉重叠的风景名胜区开展整合优化进行专门研究。

2. 适于国情的管理体制研究

在自然保护地体系构建背景下，各类自然保护地过往的管理体制已经发生根本改变，面向建设中国特色自然保护地体系的目标，未来风景名胜和自然保护地的管理体制研究应把握"继承发扬"和"适应发展"两个关键词。"继承发扬"是要立足国情，系统梳理、客观评价过去几十年间我国风景名胜和自然保护地管理体制建设的探索和成果，特别要对一些风景名胜区结合地方实际开展的管理体制实践创新的背景、措施、效果开展研究。"适应发展"则是以建立统一规范高效的管理体制为目标，针对性开展风景名胜和自然保护地设立、管理机构、执法等方面的制度建设研究以及分区管控、规划管理、建设管理、科研监测、旅游利用、社区治理等支撑性研究。

3. 新发展理念下的规划设计研究

在国土空间规划体系和自然保护地体系构建背景下，风景规划设计领域未来的研究重点包括五个方面。一是生态文明视野下的生态规划设计方法研究，进一步推进山水林田湖草等各类自然资源和生态系统的保护与发展，如资源调查分析方法、保护分区划定方法和生态修复技术手段等。二是"全域风景"背景下的区域统筹发展研究，统筹布局风景区域及外围交通和服务设施，发挥周边村镇的支撑作用，与地方经济协同发展。三是社区与自然保护地协同发展研究，在保护生态环境的同时促进社区参与和可持续发展，具体包括社区产业模式研究、生活空间的建设管控和功能优化、社区参与自然保护地建设管理和保护的途径等。四是数字技术在规划设计中的应用研究，具体包括自然保护地信息模型的建立、规划设计成果的矢量化、图形图像化、"二维平面"向"三维空间"的转化等研究。

五是风景详细规划与风景设计研究，景区入口、景点、景中村等区域的详细规划设计以及风景建筑设计将成为未来的研究重点。

4. 新时代社会主要矛盾下的风景旅游发展研究

当前我国的社会主要矛盾已转为"人民日益增长的美好生活需要和不平衡不充分的发展之间的矛盾"，社会主要矛盾的变化正印证着我国风景旅游发展的新趋势。首先，游客需求升级倒逼风景旅游升级，应进一步探索各类保护地开发利用和带动脱贫致富模式，提供高质量、重体验、多样化的优良生态产品；同时拓展以国民教育为主题的旅游方式，弘扬中华优秀传统文化，加强相关旅游发展研究。其次，风景旅游已从"单一景区景点旅游"向"全域风景""全域旅游"转变，全域风景旅游的战略布局与提升将是未来重点研究方向。

5. 新发展格局下的经营管理研究

加强风景名胜区在内的各类保护地特许经营利益主体关系结构研究，厘清国家、地方政府、景区管理机构、管理公司或经营者、社区等不同利益主体之间的关系。加强特许经营的准入和监管机制研究，明确理想的受许人所应具备的条件，对受许人实行有效的监督管理。加强特许经营权出让收益的收取研究，兼顾国家、地方、集体、企业和个体的利益，确定特许经营权出让收益收取的标准和支付办法。加强特许经营计划或规划内容研究。加强实施特许经营的评估体系研究，建立"专业化""规范化"的实施特许经营评估验收体系，保障特许经营制度的实施。

6. 国土空间规划视角下的魅力国土空间研究

目前，已有学者开展了魅力景观区规划研究，新疆、江西、河北、浙江、西藏等省份的国土空间规划中已进行了魅力景观区规划实践。魅力国土空间已成为国土空间规划中的一项重要内容，其基础是以风景名胜区为代表的各类自然和文化保护地。未来，要依托风景名胜、自然保护地和遗产，从顶层视角对国土空间进行全局性、整体性认识，建设国家魅力国土空间，展示国土景观形象，提供高品质生态文化服务，满足人民日益增长的对优美生态环境的需要。

7. 生态文明背景下的生态资源保护研究

风景名胜和自然保护地的空间基础是自然生态环境，进行生态保护是风景名胜和自然保护地的应有之义。要加强动植物、生态系统方面的调查、评价与科学研究，加强科学监测；加强生态保护与修复研究，保护生态系统；加强自然教育研究，提高人民群众对生态保护的思想认识并转化为自觉行为。

8. "两山理论"下的两山转化模式与机制研究

风景名胜和自然保护地是实践"两山理论"、实现两山转化的最适合之地。全国各地区具有不同资源价值的风景名胜区和自然保护地，其转化方式也将千差万别。具体如何转化，需要通过实践研究不断引导和助推形成多样化的两山转化模式。

9. 乡村振兴战略下的乡村风景研究

乡村风景包括乡村地区内的村落、民居、祠堂、庙宇、农田、菜园、道路、桥梁等诸多要素。在我国有数量众多的以"乡村风景"为主体的保护地和遗产，如开平碉楼与村落世界文化遗产、西递宏村世界文化遗产、哈尼梯田文化景观、高岭－尧里风景名胜区、黎平侗乡风景名胜区等。在现阶段实施乡村振兴战略的背景下，乡村风景作为"在乡村地域内相互关联的社会、人文、经济现象的总体"，承担着改善乡村人居环境、促进乡村文明建设、助力乡村旅游发展等众多重要任务，具有重要的研究意义。下一步应进一步开展传统聚落、农业景观、非物质文化遗产等保护及其传承利用的研究工作，保护好独特的"乡村风景"。

（三）风景园林遗产实践研究重点

1. 资源调查与管理研究

研究风景园林遗产的概念和内涵，提出构建其管理体系的路径；系统梳理风景园林遗产的代表性主体，发掘其在类型、空间等方面的特征；研究风景园林遗产管理特征和需求，提出特异性的管理模式；研究风景园林遗产和其他保护性称号的关联度，提出基于国家保护体系的保护管理模式。

2. 保护、建设与修复研究

对历史名园等遗产对象面临的保护问题进行研究，并提出保护与修复方式；综合相关学科的新成果和新进展，研究考古遗址类公园、工业遗址公园等特殊遗产对象的规划设计、建设和修复的新技术和新方法；进一步研究各类遗产在监测方面的制度和技术。

3. 可持续发展模式研究

加强世界遗产可持续旅游的本土化路径研究；进一步研究我国国情下的社区参与旅游模式和社区共管策略；研究国土空间规划、科学绿化、文化传承等在当前遗产保护大政方针背景下的风景园林遗产保护和利用协同模式。

参考文献

［1］王绍增，林广思，刘志升. 孤寂耕耘　默默奉献——孙筱祥教授对"风景园林与大地规划设计学科"的巨大贡献及其深远影响［J］. 中国园林，2007（12）：27-40.
［2］严国泰. 风景名胜区遗产资源利用系统规划研究［J］. 中国园林，2007（4）：9-12.
［3］贾建中，邓武功. 建立具有中国特色的国家遗产保护体系［J］. 中国园林，2010，26（9）：4-6.
［4］谢凝高. 风景遗产科学的核心论题［J］. 北京大学学报（哲学社会科学版），2011，48（3）：104-108.
［5］张国强，贾建中，邓武功. 中国风景名胜区的发展特征［J］. 中国园林，2012，28（8）：78-82.

［6］陈耀华，黄丹，颜思琦. 论国家公园的公益性、国家主导性和科学性［J］. 地理科学，2014，34（3）：257–264.

［7］贾建中，邓武功. 中国风景名胜区及其规划特征［J］. 城市规划，2014，38（S2）：55–58.

［8］唐小平. 中国国家公园体制及发展思路探析［J］. 生物多样性，2014，22（4）：427–431.

［9］杨锐. 论"境"与"境其地"［J］. 中国园林，2014，30（6）：5–11.

［10］贾建中，邓武功，束晨阳. 中国国家公园制度建设途径研究［J］. 中国园林，2015，31（2）：8–14.

［11］孟兆祯. 回应家麒学长对《园衍》的质疑［J］. 中国园林，2015，31（8）：33.

［12］杨锐. 防止中国国家公园变形变味变质［J］. 环境保护，2015，43（14）：34–37.

［13］束晨阳. 论中国的国家公园与保护地体系建设问题［J］. 中国园林，2016，32（7）：19–24.

［14］许晓青，杨锐，庄优波. 中国名山风景区审美价值识别框架研究［J］. 中国园林，2016，32（9）：63–70.

［15］赵智聪，彭琳，杨锐. 国家公园体制建设背景下中国自然保护地体系的重构［J］. 中国园林，2016，32（7）：11–18.

［16］唐小平，栾晓峰. 构建以国家公园为主体的自然保护地体系［J］. 林业资源管理，2017（6）：1–8.

［17］杨锐. 生态保护第一、国家代表性、全民公益性——中国国家公园体制建设的三大理念［J］. 生物多样性，2017，25（10）：1040–1041.

［18］张国强. 中国风景园林史纲［J］. 中国园林，2017，33（7）：34–40.

［19］杨锐. 中国国家公园设立标准研究［J］. 林业建设，2018（5）：103–112.

［20］邓武功，贾建中，束晨阳，等. 从历史中走来的风景名胜区——自然保护地体系构建下的风景名胜区定位研究［J］. 中国园林，2019，35（3）：9–15.

［21］邓武功，宋梁，王笑时，等. 城市型风景名胜区景城协调发展的规划方法——青城山 - 都江堰风景名胜区总体规划例证研究［J］. 小城镇建设，2019，37（6）：35–40，48.

［22］邓武功，张晓巍，陆柳，等. 景乡协调——风景名胜区美丽乡村规划建设路径研究［J］. 小城镇建设，2019，37（5）：13–17，62.

［23］杨锐，申小莉，马克平. 关于贯彻落实"建立以国家公园为主体的自然保护地体系"的六项建议［J］. 生物多样性，2019，27（2）：137–139.

［24］杨锐. 论中国国家公园体制建设的六项特征［J］. 环境保护，2019，47（Z1）：24–27.

［25］贾建中. 风景名胜区功能定位与国家保护地体系［J］. 中国园林，2020，36（11）：2–3.

［26］李晓肃，邓武功，李泽，等. 自然保护地整合优化——思路、应对与探讨［J］. 中国园林，2020，36（11）：25–28.

［27］唐芳林，吕雪蕾，蔡芳，等. 自然保护地整合优化方案思考［J］. 风景园林，2020，27（3）：8–13.

［28］唐小平，刘增力，马炜. 我国自然保护地整合优化规则与路径研究［J］. 林业资源管理，2020（1）：1–10.

［29］王笑时，束晨阳，邓武功，等. 国土空间规划语境下魅力景观空间构建研究［J］. 中国园林，2021，37（S1）：100–105.

撰稿人：邓武功　庄优波　李　鑫　于　涵　何　露　杨　恩　朱振通
　　　　孙　铁　蔺宇晴　王笑时　宋松松　康晓旭　梁　庄　陈本祥
　　　　陈路平　宋　梁　程　鹏　吴　韵　范苑苑　杨天晴

园林植物研究

园林植物是适于城乡各类园林绿地、风景名胜区、森林公园、休疗养胜地、居住区绿化、美化、防护、组景、造景及室内外装饰应用的植物的统称。我国园林植物学研究始于20世纪50年代，并在1979年后得到迅速发展。近十年，在园林植物种质资源调查和收集、园林植物新品种选育、园林植物种苗繁育技术、园林植物应用等方面取得了重要进展，并率先迈入了园林植物全基因组时代。目前的主要研究方向包括：①园林植物种质资源研究。涉及园林植物的种质资源调查、收集和保存，针对重要观赏性状、抗逆性状等开展系统评价，为园林植物新品种选育提供材料。②园林植物新品种选育研究。通过传统育种方法结合分子育种技术，培育优良的园林植物新品种，丰富城市园林植物多样性，开展新品种制、繁种技术研究。③园林植物繁育技术研究。研究园林植物的有性和无性繁殖技术，开展苗圃经营、园林花卉种苗、种子、种球的生产与经营。④园林植物栽培养护理论与技术。研究园林植物生长发育规律、栽植和反季节施工的理论与技术。⑤园林植物有害生物防治研究，包括园林植物病害监测、诊断与防治技术研究，园林植物虫害发生及防治技术研究，入侵植物和杂草发生与防治技术研究等。⑥古树名木保护与复壮理论与技术研究。⑦园林植物应用理论与技术研究，包括花卉装饰艺术与技术和园林植物群落配植理论与技术等。⑧园林植物分子生物学基础研究，包括园林植物基因组学研究、园林植物观赏性状和抗逆性状分子基础研究等。目前，我国园林植物学科所拥有的基础设施、人才储备、研究手段和方法达到了世界先进水平，在园林植物重要性状分子形成机制、中国传统名花种质创新等方面具备了参与国际竞争、引领发展的能力，并取得了一大批研究成果，为我国园林绿化行业发展做出了重要贡献。

一、园林植物研究发展回顾

（一）国外园林植物研究发展回顾

国外对园林植物的研究主要围绕丰富城市园林景观的园林植物多样性，开展大规模的园林植物引种和育种、园林植物反季节施工技术和栽培技术、园林植物生态效益、园林植物人工群落科学配置等领域的研究。目前，国外对园林植物多样性的研究主要集中在乡土植物的开发与利用、城市生物多样性维持、稀有濒危野生物种保护等方面。国外非常重视园林植物种质资源，在园林植物资源的收集、商品品种选育、产业化应用等方面开展了持续性工作。在此基础上，针对园林植物固碳释氧、污染去除、水土保持等生态效益以及缓解疲劳、开发智力、健康恢复等康养效益开展了持续和全面的评价研究，并指导园林植物配置与应用，使其不仅符合自然规律和功能性需求，而且讲求艺术性，力求科学合理的配置，创造出优美的景观效果，从而使生态、景观、社会三者效益都得到发挥。

（二）我国园林植物研究发展回顾

以风景园林学科成为一级学科为契机，我国园林植物方向近十年发展迅速。在国家"十二五"科技支撑计划、"十三五"重点研发计划、国家自然科学基金等项目的支撑下，本领域在园林植物基因组学、分子生物学、新花卉作物开发、传统名花新品种选育、园林植物产业化技术等方面取得了一系列研究成果。其中，梅花、菊花、月季、紫薇、杜鹃花、山茶、兰花等新品种培育与产业化研究成果先后获得 2011 年、2016 年、2018 年、2019 年国家科技进步奖二等奖 5 项；梅花新品种培育与产业升级技术获得 2015 年教育部科技进步奖二等奖；木兰属、海棠属、芍药属、石斛属、山茶属、杜鹃花属、蔷薇属、百合属等研究成果先后获得梁希科技进步奖约 50 项；南半球木本切花、绣球花等新花卉开发和产业化研究获得 2020 年中国风景园林学会科技进步奖一等奖。同时，随着国家生态文明建设、乡村振兴战略的推进，本领域衍生出园林植物生态效益评价、园林植物康养、园林植物药食等功能性产品开发、花卉旅游等多个新方向。

二、园林植物研究成果综述

（一）园林植物种质资源

中国被世界园艺学家盛赞为"园林之母"，中国的园林植物曾为世界园林事业的发展做出了巨大贡献。2010 年环保部牵头的"中国重点观赏植物种质资源调查"专项完成了对我国重点地区（云南、贵州、新疆、西藏等省区）重点花卉（如兰花、菊花、百合、山茶、杜鹃、木兰、蔷薇、牡丹、芍药、蜡梅、报春花等）的资源调查。2016 年农业部牵头的"国家重点保护野生花卉人工驯化繁殖及栽培技术研究与示范"行业科技专项完成了兰科、百合属和牡丹组的物种驯化繁殖及栽培研究。继 2016 年国家林业局公布"首批国家花卉种质资源库"37 处之后，2020 年国家林业和草原局又公布了"第二批国家花卉种质资源库"33 处，现拥有"国家花卉种质资源库"共 70 处，包括菊花、牡丹、梅花、兰花等传统名花，金花茶、野生蕨类等珍稀濒危花卉，百合、石蒜、鸢尾、玉簪、萱草等新优特品种和具有潜在利用价值的花卉等。2018 年，国家草本花卉种质资源圃在中国农业科学院南口中试基地启动，这是我国农业农村部批准的首个花卉种质资源圃。这些种质资源库（圃）的建立为我国菊花、牡丹、兰花、月季等传统名花的育种和野生花卉的开发提供了资源平台，为培育具有我国自主知识产权的园林植物新品种奠定了基础。

（二）园林植物新品种选育

近年来，我国先后有姜花、竹、蜡梅、海棠、山茶等植物获得国际登录权威。我国新发布了四批植物新品种保护名录，包含观赏植物超过 60 种（属），大力推进了我国花卉新品种选育研究的发展。2019 年中国首个朱顶红品种获得国际登录；蜡梅属分两批国际登录了 27 个新品种；仅 2017 年我国就有 19 个睡莲属和 26 个莲属进行了国际登录，我国睡莲、荷花新品种登录数量在国际上已连续荣登榜首；2011—2019 年我国登录报春苣苔新品种 112 个，成为该类花卉新品种培育的主要国家；6 个牡丹新品种在美国牡丹芍药协会获得登录认证；14 个芍药新品种、4 个石蒜属新品种、4 个兰花新品种、3 个月季新品种获得国际登录。2018—2020 年获国家新品种权的观赏植物有 11 个属共 400 多个品种。

选择育种、杂交育种、诱变育种等方法仍是园林植物新品种培育的主要手段。我国运用种内或远缘杂交技术培育了百合、月季、荷花、梅花、菊花、睡莲、兰花、山茶、萱草、玉簪、报春苣苔、耧斗菜等植物新品种；在运用倍性育种、辐射育种、化学诱变育种等方面也取得了不俗的成果。目前，我国园林植物分子生物学领域飞速发展，重点针对花色、花型、花香、株型、花期和抗性等性状开展分子育种，在梅花、牡丹、月季、菊花、香石竹、矮牵牛、紫薇、悬铃木等物种上已取得重要进展。

（三）园林植物繁育技术

1.园林植物传统繁殖技术

为了丰富城市园林绿化树种，提高城市园林绿化、美化水平，我国科研单位和园林企业一方面注重引进、消化、吸收和推广国内外新优园林绿化植物品种的栽培养护技术要点，在全国各地取得了良好的效果；另一方面注重开发我国丰富的野生植物资源，积极开展报春花属、堇菜属、苦苣苔科等野生花卉的引种和驯化，取得了良好进展。

2.园林植物组织培养技术

近十年，组织培养技术已经逐步完善，并成为园林植物繁殖的重要方法之一。该技术不仅可以有效用于植物脱毒，防止品种退化；也能在短时间内通过无性繁殖的方式获得大量性状稳定的植株，为园林植物商业化推广提供有力的技术保障，同时也为濒危珍稀物种的保护做出了巨大贡献。组织培养技术在草本植物中的应用较为广泛，尤其在菊科植物、兰科植物、百合、芍药以及天南星科植物等草本观赏植物中取得了长足进步。木本植物由于木质化的外植体诱导能力相对较差、培养过程易褐化、生长周期较长等缺点，成功的案例总体上较少。在一些重要的木本植物（如蔷薇科、杜鹃花科、木兰科、山茶科以及牡丹和悬铃木等）上，组织培育技术已取得一定突破。

（四）园林植物栽培养护理论与技术

1. 园林植物容器化栽培技术

园林植物容器化栽培在提高苗木质量、缩短育苗时间、节省劳动力和降低育苗成本等方面具有显著优势。目前，草炭、蛭石、珍珠岩等材料因质量轻、透气性强、利于苗木形成稳定根团等优点，已成为世界上最常用的容器苗生长基质。国内外也有利用农林废弃物、醋糟草木灰发酵、玉米秸秆、木屑等材料作为未来容器苗基质的研究。但对于我国苗圃而言，从大田育苗转变为容器育苗的过程中，仍有硬件设施不配套、技术落后、育苗成本较高等问题，需进一步研究和完善。

2. 园林植物苗木移栽技术

园林植物苗木移栽和大苗栽植常规技术体系已相对成熟，近年来颁布了一系列行业和地方标准。一些花灌木已形成了较完善的反季节栽植或周年栽植技术。另外，随着国外树木移栽机械的引进，相关设备的使用技术日趋成熟。苗木移栽更高效、操作更简便，可最大限度地保留苗木的根系和土球，提高大树移植的成活率。

3. 园林植物花期调控技术

传统的植物花期调控方法主要包括温度、光照和激素调控等方法。百合、郁金香、葡萄风信子、小苍兰、水仙、兰花等已有相对成熟的通过温度调控花期的技术。华北香薷、杜鹃花、兰花等可通过控制光照时间调控花期，而不同光质可使菊花等花卉提前开花。外源赤霉素可以替代长日照和低温环境调控开花，如仙客来、蝴蝶兰、郁金香、大花蕙兰、山丹等植物中已有相关技术应用。大量研究表明，其他外源激素及其混合物也对植物花期有调节作用。

4. 园林植物修剪技术

修剪作为园林绿地养护管理的重要手段，不仅能够调节树木生长发育、改善树体结构、调整树形，还能促进开花结果、提高树木观赏性。对树木修剪截口愈合和腐烂的影响因素的研究主要涉及修剪方法、修剪时间、截口规格、伤口处理、枝条与主干的结合等方面。近年来，研究主要集中在关于不同规格、修枝强度、枝龄以及修枝季节等对树木修枝截口愈合的影响，修剪中不同浓度的化学药剂对伤口愈合的促进作用以及修剪与树体内部营养物质分配、生理变化的影响等方面。目前，国内关于园林树木修剪的定量研究仍然较少，操作规范主要来自经验总结，部分定量指标仍需进一步明确。

（五）园林植物有害生物防治

1. 园林植物病害监测、诊断与防治

新技术、新手段的应用使得园林病害诊断、监测更加便利，也提高了防控效率。手机终端 App 软件开发取代以往仅凭经验的判断，图像处理和机器视觉等技术应用于植物病害识别；采用遥感技术开发有害生物监测系统，实现林业病虫害区域性、大尺度综合性防控；应用病菌孢子捕捉仪可对一定区域范围内的主要病菌种类与数量实施动态监测；另外，分子生物学技术被应用于园林植物病害鉴定，提高了病害诊断的准确性。

园林植物病害防治从以往单纯施药逐渐向多措施并用的方向转变，特别是针对一些生理性病害（如碱性土壤环境引起的香樟缺铁性黄化，在土壤紧实的城市道路、人行区域银杏长势衰弱等问题），采用遗传学、生理学、土壤学等多学科研究揭示发生、发展的过程机制，通过改善种植环境、增加树势的方式提高抗病能力而达到综合防治的目的。

2. 园林植物虫害发生及防治技术

随着各地园林植物引种的扩大，外来入侵害虫占比上升，新发害虫不断涌现，如北美枫香在长三角地区广泛应用的同时导致枫香刺小蠹虫害发生严重，造成枫香大量死亡，目前已对这一重点害虫进行了重点监测，初步掌握了其形态特征及发生规律。另外，通过线粒体基因测序鉴定出危害草坪的早熟禾拟茎草螟这一中国大陆新发现的入侵害虫，基因测序技术的运用大大提高了虫害鉴定的准确度。在园林植物虫害防治方面，以虫治虫、以菌治虫等无公害防治得到普及，目前已开发出包括莱氏野村菌菌株用于防治淡剑纹灰翅夜蛾、周氏啮小蜂防治美国白蛾等多项生物防治新技术，并取得良好的生态、社会效益。

3. 入侵植物和杂草发生与防治技术

2018 年《中国外来入侵植物名录》根据生物学特征和生态学特性、原产地自然地理分布信息、入侵范围、对生态环境的危害和对国民经济产生的影响等将外来入侵植物进行了分级，共查明我国外来入侵植物有 72 科 285 属 515 种。以一种或多种适应性强、生长速度快、短时间内形成较高郁闭度的植物取代外来入侵植物种群优势的新型"替代控制"法开始在我国小范围内应用，该方法相较传统人工除草、化学药剂防控具有安全性、持续性、经济性等优势，利于生态系统的恢复与重建。如北京地区采用野草替代人工草坪的方式推广应用蛇莓、紫花地丁等野生地被植物，形成"缀花草坪"园林景观。

（六）古树名木保护与复壮理论与技术

1. 古树名木衰弱症状诊断研究

常规技术依据标准进行叶片、树枝、树干和根系的感官诊断、动态观测和取样分析。

近年来，仪器无损伤探测技术快速发展，可减少对树体伤害。空腐检测仪可直观测定树干空腐率，尤其适用于干皮完好但内部中空的古树检测，大大降低树体倒伏造成的损害；探地雷达仪在不挖根的情况下可探测 0~4 米深土壤中分布的直径 1 厘米以上根系。针对严重衰弱古树，可通过土钻探根、剖面观测分析根系分布和活力分析，结合地上部指标，综合判断并制定复壮方案。在生理方面，通过测定 SOD、POD、CAR 等代谢途径及 Ca、Na、P 等元素作为古树健康诊断的指标。

2. 古树名木保护与复壮技术

当前，各地城市建设部门非常重视古树名木的保护工作，配备了专职人员逐株建档，资金投入逐年增长。2019 年，北京市首次设立"古树名木保护专项基金"，助推全市古树名木更健康。截至 2020 年年底，我国共有 9 个省、市出台了《古树名木保护管理条例》，20 余个省、市、自治区出台了《古树名木保护办法》，31 个省、市、自治区共出台了 40 余个《古树名木养护与复壮技术规范》，健全了较为完整的法规和标准体系。

古树保护和复壮措施较之以往更加科学合理，将古树保护范围从树冠垂直投影外 3 米扩大至 5 米，细化了补水与排水、施肥、有害生物防治、树冠整理、地上环境整治、树体预防保护等养护工程，以及土壤改良、树体损伤处理、树洞修补和树体加固等复壮工程。古树病虫害实现定期检查，多采取生物防治。树体修复由最初的水泥、砖石填充修补，过渡到以环氧树脂作为树皮、发泡剂填充，到目前广泛使用的防腐处理后补干不补皮、树干硅胶仿制原树纹理，修旧如旧。树干支撑采用高分子材料，注重艺术化，与古树色彩、纹理相一致，保持古树沧桑美。地下环境改良除了挖复壮沟更换基质外，还设置有复壮井、通气管、渗水井等。

3. 古树名木基因保存技术

古树原地保存常采取靠接、桥接换根或倒插皮接等方式，但单纯保护古树名木母株已无法满足园林的需求。当前，对古树名木的保护已逐渐变为通过无性克隆技术永久保存古树优良基因。2017 年，繁殖成活的黄帝手植柏克隆苗入驻咸阳市中国暖温带森林文化博览园。2016 年，北京、河北和天津三地联合成立了"京津冀古树保护研究中心"，旨在建成全国最大古树基因库，目前已对油松、白皮松、侧柏、桧柏、国槐、银杏、玉兰、楸树等 30 余种古树名木开展了嫁接、扦插、组培等克隆研究。

（七）园林植物应用理论与技术

1. 园林植物群落配置理论与技术

我国在 20 世纪 50 年代初开设园林教育以及开展园林建设实践时，提出"植物配置"这一概念。90 年代初，中国工程院院士汪菊渊先生扩展"植物配置"的概念，提出了"植物造景"。北京林业大学苏雪痕教授认为伴随风景园林学科领域的扩大，当今世界的风景园林概念已经不再局限于传统的公园或者风景区的范畴，"植物配置"的理论和技术宏观可至国土或城市规划，如规划城市绿带的植物群落。伴随着城市的发展，城市绿地系统的规划与公共绿地的设计蓬勃发展起来，各个城市纷纷编制城市绿地系统规划，并开展针对不同人群的城市公园系列建设，将防灾、环境改善等功能纳入绿地建设和植物选种配置中。

近年来，园林植物、绿地的生态效益日益成为关注的焦点。研究者相继开展了园林生态的研究，提出了观赏型、环保型、保健型、知识型、生产型、文化型和文化娱乐型等不同植物群落配置造景方式。植物群落配置日益关注其对环境的修复作用，通过植物群落进行矿坑修复、棕地修复的研究和实践已成为新的热点。此外，湿地植物群落配置研究和实践、新型居住区植物群落配置、旅游休闲度假区植物群落配置、专类园区植物群落配置、绿色海绵城市建设植物配置等理论和技术目前也正在发展和探索中。

2. 园林植物衍生产品开发与应用

园林植物是重要的健康产业生物资源，如阴香、香樟、杨梅、茉莉花、栀子花等可萃取精油物质用于衍生产品开发。精油传统提取方法包括水蒸气蒸馏法、压榨法、有机溶剂法。现代提取方法包括顶空 – 固相萃取法、超临界 CO_2 萃取法、亚临界流体萃取、同时蒸馏 – 萃取法、超声波辅助提取方法、微波辅助提取技术。目前，我国已经成功提取并应用的园林植物精油包括茉莉花精油、栀子鲜花精油、牡丹花精油、迷迭香精油、薰衣草精油、香叶天竺葵精油、牛至精油、鼠尾草精油、白千层茶树精油、海南沉香精油、亮叶桦叶片精油、桑叶精油等。

（八）园林植物分子生物学研究

1. 园林植物基因组学

2012 年，首个花卉基因组——梅花基因组发表，标志着园林植物基因组学研究的开端。随后，园林植物基因组研究快速发展，截至 2020 年，已有超过 100 种园林植物公布了基因组信息，为了解园林植物复杂性状形成奠定了重要基础。

2. 园林植物观赏性状分子基础

近十年来，随着分子生物学技术突飞猛进的发展以及基因组、转录组、代谢组、蛋白组等多组学研究手段的利用，园林植物花色、花香、花型、花期、观赏寿命等观赏性状分子基础研究快速发展，以牡丹、梅花、菊花、月季为代表的一系列园林植物重要观赏性状形成及其调控的分子机制正在被揭示，近年研究工作主要集中在花色、花香、花型、花期、观赏寿命等性状的分子解析上。

3. 园林植物抗逆性状分子基础

除了花色花型等观赏性状以外，抗逆性也是园林植物研究的重要方向。国内研究者在菊花抗寒性、抗热性、抗旱性、耐涝性、耐盐碱、抗蚜虫等方面进行了分子机理研究，在梅花、月季、百合、石竹等多种园林植物中也有较好的研究进展。虽然园林植物抗逆性的分子生物学研究相对较少，但其机理的研究对于园林植物的育种及推广应用具有重要意义，仍是未来研究的重要内容。

三、园林植物重点研究方向

（一）园林植物品种培育研究领域

1. 园林植物资源挖掘与评价

"谁掌握资源，谁就掌握育种的主动权"。近年来，在国家林业和草原局的推动下，牡丹、海棠、山茶、水仙、紫薇等园林植物国家种质资源库已获准建设。我国拥有丰富的园林植物种质资源，对种质资源的收集、评价、挖掘等工作仍然在路上。随着测序技术的快速发展，对资源重要性状的形成机理和遗传规律的探索越来越深入和详细，基于此，未来将有更多的园林植物实现性状的定向改良。同时，随着"千种新花卉"计划的提出和地方项目的相继启动，未来势必会有更多更新颖的植物出现在园林建设中。

2. 园林植物育种技术创新与应用

目前，我国大多数园林植物育种仍然以传统育种手段为主，虽然传统育种方法具有一定的缺陷，但我国丰富的花卉资源是育种的原动力，进行园林植物的传统育种仍具有深度的发展前景。随着我国航天事业的发展，未来园林植物的辐射育种、倍性育种等方面也具有广阔的前景。在分子育种方面，转基因技术、基因编辑技术、高通量测序等技术已取得飞速发展。在未来，这些新型分子生物技术将极大地应用于花卉育种工作中，定向育种技术、高效的花卉转化技术体系、关键性状的分子调控机制等基础理论研究也将是研究的热点。总之，将多种育种方法结合使用，利用分子标记辅助育种、分子设计育种和传统的育种方式相结合，加速花卉育种的进程，会在未来成为园林植物新品种选育的发展趋势。

3. 园林植物重要性状解析

今后，一些重要和常见园林植物的基因组学研究将作为基础性工作迅速展开。围绕分子定向育种，花色、花香等次生代谢过程，花型、株型等表型性状，抗逆、抗病虫等适应性性状的分子机制解析将逐渐深入，研究种类将越来越广泛，研究水平将从功能基因、调控基因等单基因分析向分子调控网络解析转变，研究方向也将从跟风、重复向围绕物种自身特性设定转变。

（二）园林植物应用与产业化技术研究领域

1. 园林植物适应性研究与树种区域规划

（1）园林植物适应性评价。在园林绿化过程中，需要根据不同的环境要求进行树种选择。研究不同立地条件下不同树种的适应性，实现树地对位，充分发挥园林植物有益机能，为园林绿化树种的选择提供可靠的判断标准和评价结果，进而为城市园林建设提供科学依据。树种选择应适应城市园林绿化实际建设需求，针对不同城市地理、人文、社会等因素，提出园林绿化树种规划的具体性原则与策略。

（2）园林植物区域规划。在树种区域规划研究领域，我国还需要进行大量园林植物基础数据资料的积累，并进一步结合各地复杂多样的自然条件，补充、完善和深化《中国城市园林绿化树种区域规划》研究成果。此外，还应根据气象站点的增加及气象数据年份的更新等，对研究成果进行定期更新与修正。当前我国对园林植物区划的研究主要集中于华东、华南、华北及西南地区等，尚未覆盖全国。今后应积极开展地方省市园林绿化树种调查及规划工作，通过航空遥感技术、地理信息系统技术、无人机航拍与图像分析技术等新技术对园林植物资源进行高效率、高精度调查，为地区园林树种的引种栽培和迁地保护提供参考作用，为地区园林树种选择及其相应的养护管理措施提供参考依据，从而提升城市园林绿化建设工作水平和科学性，建设具有地带性和乡土性的、可持续发展的园林景观。

2. 园林植物群落配置与管护

（1）植物群落配置。未来园林群落配置将更加注重功能性和实用性的发挥，特别是与人类环境共同体息息相关的功能，如健康功能、生态服务价值等，需要对不同园林植物有充分的了解，同时应着重对不同植物种类组成的合理配置进行研究与挖掘。此外，随着数字技术在风景园林行业中的应用越来越广泛，通过数字化手段将景观信息进行收集与评价，借助计算机设计模拟形成群落种植设计的不同模式，数字化策略的应用将有助于提高植物配置与设计的科学性与可靠性。

（2）古树名木保护与复壮。做好后备古树资源的保护，把80~100年大树纳入古树后备库。探讨古树长寿分子机理，挖掘长寿基因，持续推进古树基因保存。筛选耐用、环保、古朴的古树保护复壮材料，减少对树体伤害。建设古树主题公园，达到真正保护古树的目的。大中院校可设置古树专业，培养专业人才。

（3）有害生物防治。重视对新型天敌及有益微生物的筛选及应用基础研究，筛选适合规模化生产繁育的天敌种类，为害虫生物防治提供多样化的产品。加强对自然天敌昆虫保育技术的相关研究，开发适应于有害生物自然防治的技术，最终提高生态系统的自我调节能力。建立园林树木根际微生物群落结构检测平台，研发根际促生菌剂，实现特定树种特定生境下根际土壤微生物组的定向调控。加大相关学科融合，重视生物技术在植物-害虫-天敌三者生态关系的研究，为生物防治的研究及技术发展提供新的途径。

3. 园林植物产业化技术

随着我国城市建设的快速发展，建成区绿化已基本完成，绿化苗木总量过剩，但市场对于高品质、特色苗木仍有较高需求。长期以来，传统模式生产的种苗和成品苗生标准化程度低、品质差；同时，传统栽培模式需占用较多土地，耗费巨大的人力和物力，成本较高。绿色轻简化种植模式是贯彻节约成本、提高质量的目标，运用现阶段新技术将种植过程中多余的劳动力降到最低，并且将种植过程的多余程序进行科学规避，最终达到优质、丰产、高效、低耗的一种新型产业化模式。由于轻简化的绿色栽培模式有望实现花卉和苗木产业的可持续发展，因此，将成为现代园林植物生产的重要方式。在"十三五"重点研发项目的支持下，重要切花和盆花、重要木本花卉正开展轻简高效栽培技术研发、集成与示范工作，包括研发高品质种苗种球工厂化和标准化繁育技术；开发高效低耗水肥一体化智能调控技术；研发智能环境控制、花期精准调控、容器化轻简栽培技术和采后品质保持技术等，形成花卉轻简高效产业化生产新模式。

参考文献

［1］陈俊愉. 中国农业百科全书·观赏园艺卷［M］. 北京：中国农业出版社，1996.

［2］陈有民. 中国园林绿化树种区域规划［M］. 北京：中国建筑工业出版社，2006.

［3］杜淑辉，臧德奎，孙居文. 我国观赏植物新品种保护与DUS测试研究进展［J］. 中国园林，2010，26（9）：78-81.

［4］李芳，袁洪波，戴思兰，等. 园林植物景观季相变化及其生态和人文功能［J］. 北京林业大学学报，2010，32（S1）：200-206.

［5］柴思宇. 我国城市园林树种规划现状研究［D］. 北京：北京林业大学，2011.

［6］刘家麒. 建议积极推广《中国园林绿化树种区域规划》［J］. 中国园林，2011，27（6）：82.

［7］许贤书. 福建省园林绿化树种区域规划与应用研究［D］. 福州：福建农林大学，2011.

［8］杨学军，唐东芹. 园林植物群落及其设计有关问题探讨［J］. 中国园林，2011，27（2）：97-100.

［9］屈婷婷. 广西园林植物区划的研究［D］. 南宁：广西大学，2012.

［10］王国玉，白伟岚，梁尧钦. 我国城镇园林绿化树种区划研究新探［J］. 中国园林，2012，28（2）：5-10.

［11］戴思兰，黄河，付建新，等. 观赏植物分子育种研究进展［J］. 植物学报，2013，48（6）：589-607.

［12］李欣，史益敏. 中国花卉育种与发展对策［J］. 自然杂志，2014，36（4）：280-284.

［13］朱容洁. 从生态适应性对城市园林植物配置进行探讨［J］. 现代园艺，2014（24）：124.

［14］李子敬，陈晓，董爱香，等. 北京花卉种苗产业现状分析与发展策略［J］. 农学学报，2015，5（1）：51-55.

［15］罗拥兵. 设施花卉高效栽培技术探讨及效益分析［J］. 农业网络信息，2015（10）：11-14.

［16］李凌. 园林植物遗传育种［M］. 重庆：重庆大学出版社，2016.

［17］李名扬. 园林植物栽培与养护［M］. 重庆：重庆大学出版社，2016.

［18］朱薇. 从生态适应性探讨城市园林植物的配置［J］. 现代园艺，2017（2）：155.

［19］李培琳. 浙江省森林立地分类与杉木适宜性研究［D］. 杭州：浙江农林大学，2018.

［20］刘春霞，耿立召，许建平. 植物基因组编辑检测方法［J］. 遗传，2018，40（12）：1075-1091.

［21］罗小宁，翟立娟，李想，等. 园林植物microRNA研究进展［J］. 生物技术通报，2018，34（8）：17-26.

［22］李晓宇，徐文魁，Heslop Harrison，等. 植物基因组重复序列研究进展［J］. 扬州大学学报（农业与生命科学版），2019，40（5）：9-19.

［23］李永平. 设施花卉高效栽培技术探讨及效益分析［J］. 农业与技术，2019，39（17）：148-149.

［24］ 闫蓬勃. 中国城市树种多样性评价及树种规划研究［D］. 北京：北京林业大学，2019.

［25］ 杨园. 中国花卉产业的发展现状、趋势和战略［J］. 现代园艺，2019（11）：44-45.

［26］ 程少禹，宣铃娟，董彬，等. "红元宝"紫玉兰两次花芽分化差异代谢通路及关键调控基因筛选［J］. 园艺学报，2020，47（8）：1490-1504.

［27］ 苏小惠. 梅花繁育技术及园林应用现状分析［J］. 特种经济动植物，2020，23（8）：20-21.

［28］ 孙伟雄，石敏，薛宝贵，等. 三倍体枇杷花期调控基因 EjSPL5 的克隆、亚细胞定位及表达分析［J］. 园艺学报，2020，（2）：220-232.

［29］ 翟光耀，马蓓莉. 园林花卉栽培管理技术［J］. 现代农业科技，2020（14）：119.

［30］ 赵鑫，贾瑞冬，朱俊，等. 我国重要花卉野生资源保护利用成就与展望［J］. 植物遗传资源学报，2020，21（6）：1494-1502.

［31］ 曹斐姝，涂春艳，张超兰，等. 花卉植物对 Cd、As、Pb 污染农田的修复及其精油应用［J］. 广西植物，2021（5）：1-20.

［32］ 矫松原. 北京积极探索古树名木保护新模式［J］. 国土绿化，2021（5）：55.

［33］ 廖慧璇，周婷，陈宝明，等. 外来入侵植物的生态控制［J］. 中山大学学报（自然科学版），2021，60（4）：1-11.

［34］ 刘镇玮，何忠伟. 中国植物新品种保护分析与展望［J］. 农业展望，2021，17（3）：46-50.

［35］ 沈鸿. 基于 GIS 的掌上绿化管理系统的设计与应用［J］. 数字通信世界，2021（6）：53-54.

［36］ 王二强，王占营，庞静静，等. 大田切花牡丹高效栽培生产技术［J］. 特种经济动植物，2021，24（6）：56-57.

［37］ 徐明远，何鹏，赖伟，等. 植物叶色变异分子机制研究进展［J］. 分子植物育种，2021，19（10）：3448-3455.

［38］ 姚驰远，张德顺，Matthias Meyer，等. 园林植物引种与入侵植物防控［J］. 中国城市林业，2021，19（2）：17-21.

［39］ 张佳平，丁彦芬. 中国野生观赏植物资源调查、评价及园林应用研究进展［J］. 中国野生植物资源，2012，31（6）：18-23.

［40］ 赵均良，张少红，刘斌. 泛基因组及其在植物功能基因组学研究中的应用［J］. 植物遗传资源学报，2021，22（1）：7-15.

撰稿人：尹　豪　蔡　明　赵宏波　王金刚　张　蔚

贾　茵　冯娴慧　王永格　陈香波

风景园林工程与技术研究

风景园林工程与技术是风景园林学科体系的重要组成部分，同它的母体学科一样具有极强的综合性和交叉性特点，其发展很大程度上借鉴了相关学科的发展成就和技术，主要研究风景园林建设的工程原理、施工技术和养护管理的方法，包括园路和广场铺装工程、园林土方工程、园林给水排水工程、绿化种植工程、园林绿地养护工程、园林景观照明工程等。近几年来园林建设突飞猛进，多学科成果被综合运用到园林建设的各个方面，各种新材料新技术被应用于园林工程中，如生态修复技术、立体绿化技术、海绵城市技术、节约型园林建设技术、智慧型园林建设技术、装配式园林建设技术等，为风景园林工程的发展注入了新的活力，开拓出广阔的空间。

一、风景园林工程与技术发展回顾

2010年至今是风景园林工程建设的创新化、信息化发展阶段。在这一阶段，新兴技术快速发展，传统造园技术手段得以提升，同时各种新材料、新技术、新方法被充分运用到园林工程的施工过程中，简化了生产流程、提高了建造效率、缩短了建造时间，受到了广泛的关注和重视。创新化和信息化对风景园林工程的发展提供了更多的可能，起到了促进作用。

（1）传统造园技术手段的创新和提升。传统造园技术手段得到了充分的创新和提升，在园路和铺装工程、植物工程、土方工程、假山工程、水体工程等方面均有显著表现。

（2）生态修复技术。生态修复技术已经成为风景园林工程重要的一部分，在矿山生态修复、高边坡生态修复、水环境生态修复等方面均有研究和成果。

（3）立体绿化技术。近年来，立体绿化已成为实现城市可持续发展的一条重要途径，对改善居民的生活环境和城市的生态环境起到事半功倍的作用。主要技术手段包括太阳能节水自动灌溉技术、水肥一体化灌溉技术、新型无土栽培技术、植物墙补光技术、模块化立体绿化技术、智能化轻型屋顶绿化技术等。

（4）海绵城市建设技术。海绵城市是指城市能够像海绵一样，在适应环境变化和应对自然灾害等方面具有良好的"弹性"，下雨时吸水、蓄水、渗水、净水，需要时将蓄存的水"释放"并加以利用。主要包括渗透技术、储存技术、调节技术、转输技术、截污净化技术等。

（5）节约型园林建设技术。节约型园林建设是指按照资源的合理与循环利用的原则，在规划、设计、施工、养护等各个环节中最大限度地节约各种资源。主要包括节能技术、节水灌溉技术、园林绿化废弃物资源再利用技术等。

（6）智慧型园林建设技术。在前期测量阶段、设计阶段、工程建设阶段、运营养护阶段、交互产品方面均涉及新技术的应用，如 CORS 技术、RTK 技术、BIM 技术、3D 打印技术、智慧灌溉技术等。

（7）装配式园林建设技术。装配式园林建设是指园林设施的部分构件或全部构件采用工厂化生产，通过相应的运输方式运输到施工现场，按照一定标准在工程中使用机械化进行有序安装的一种系统化建设模式。如装配绿墙施工技术、装配式预制混凝土道路技术、装配式屋顶绿化技术等。

（8）新材料应用。各种新材料的应用也为园林工程建设提供了不少便利，如可再生PC 环保砖、陶瓷切块、玻璃轻石等。

二、风景园林工程与技术研究成果综述

（一）传统造园技术手段的创新和提升

随着我国经济的发展和科学技术的应用，传统造园技术手段得到了充分的创新和提升，在园路和铺装工程、植物工程、土方工程、假山工程、水体工程等方面均有显著的表现。风景园林工程与技术在提高园林工程建设效果的同时，促进了园林功能和设施的使用，满足了人们的需求，并顺应了现代社会的发展。

1. 园路和铺装工程

园林道路具有导向、指引和空间组织的重要作用，园路和铺装工程是园林工程重要的组成部分之一，在现代园林中具有极其重要的作用。近年来，基层施工技术、面层施工技术成为园路和铺装工程主要的施工技术手段。

在整个园林道路铺装工程的所有施工阶段，对园林道路基层的处理工作是最核心工作，也是最重要的施工项目。园林道路基层的处理质量直接影响到整个园林道路铺装工程最终的质量。在基层处理中，主要是使用自动化的压路设备进行施工。目前国内主要使用

的是由我国中国重工研发的夯实机，该机器可以根据施工现场的实际需求来选择对应型号，整个施工过程中只需要一名操作工人就可以完成。在对园林道路铺装工程的基层处理完毕之后，还要对整个园林路面进行一个全面的检测工作（如使用红外水平测试仪）。同时，使用超声波测试仪对整个路面稳定性进行检测，以检验整个基层内部的稳定性。

2. 园林种植工程

园林植物的栽植养护是园林工程中不可或缺的重要组成部分，主要利用绿色植物自身的特点帮助生态环境更新空气和自我调节，对可能遭到或已经受到破坏的环境进行良性修复，使空气、水体、湿度等达到较为适宜的效果。园林植物工程施工技术措施主要包括大规格苗木移植工程、容器育苗技术等。

在大规格苗木移植过程中应提前做好生根剂的使用，在树木运输过程中需要利用输液或喷抗蒸剂的方式来维持生长平衡。在大树定植过程中需对其根系进行修剪，对新鲜的切口及时喷上生根剂和消毒杀菌剂；当植物栽种好后，应及时浇灌，保证生根剂能更大面积地接触到树木的根部和土球内部的毛细根。赵晓权等指出，园林植物种植工程已从过去的常规育苗上升到了定制化、多元化育苗，在新型理念和技术的带动下，容器育苗与现代扦插育苗技术已成为园林苗圃产业是否进入现代化的重要标志。

3. 土方工程

土方工程是园林工程中举足轻重的一部分，包括一切土（石）方的挖梛、填筑、运输以及排水、降水等方面，具有工程量大、工期长、影响广、施工条件复杂等特点。近年的表土回填技术、种植土改良生产技术日趋成熟。

表土土壤为团粒结构且蕴藏着丰富的养分，是最适宜植物生长的一类土壤结构。表土回填应采用融合耕耘策略，将复原地表土和地基一同栽培，以避免地面滞水层的出现且尽量改良下层劣质土壤，深度控制在 80～100 厘米为宜。冯波等以武汉某湖泊环保疏浚底海为改良对象，针对试验底泥理化性质，采用脱硫石膏及有机肥作为改良物料，通过淋溶试验研究了淋溶量对改良底泥理化性质的影响规律，通过盆栽试验对比分析了改良及未改良底泥的实际种植效果。淋溶试验结果表明，添加了合适的改良剂并经过淋溶的环保疏浚底泥其理化指标得到了明显改善，有机质、有效磷、速效钾等营养元素含量显著提升，满足绿化种植土相关技术要求。

4. 假山工程

园林假山是园林风景造型中重要的组成部分，它决定了园林风景整体的质量和层次感。近年来假山钢结构施工技术成为一种新型假山施工工艺，通过对传统结构施工工艺的改进，优化了假山内部结构与外部装饰的习惯性做法，突破了传统方式的壁垒，解决了施工难题，提高了工程效益。

杨程伟等在上海迪士尼七个小矮人矿山飞车标志性工程中，创新脚手架体系、测量工艺和 BIM 技术的结合使用，对类似工程施工具有借鉴作用。

5. 水体工程

水体是园林景观不可或缺的构景元素和环境承载体,在园林中运用广泛且能起到特殊的作用与效果。近年来新兴的水体工程施工技术包括万能支撑器、枝桠沉床技术、透气防渗砂技术、膨润土防水毯等。

杨海勇等在清华大学百年会堂项目室外中央广场工程中,对利用万能支撑器与传统常规做法的效果进行细致、综合的比较,总结景观水景使用万能支撑器在质量、工期、造价、维修等方面均具有明显优势。马国青等在唐山南湖公园生态堤岸设计实践中采用枝桠沉床施工技术,不仅证明枝桠沉床技术对河床地盘沉降变化的适应性比较高,同时克服了衬砌施工过程中忽视保护生物多样性的缺点,取得了良好的生态效益和景观效应。

(二)生态修复技术

加强不同类型脆弱生态系统的维护和恢复的研究工作是不可或缺的。近年来,矿山生态修复技术、高边坡生态修复技术、水环境生态修复技术等均有了显著发展。

1. 矿山生态修复技术

矿区是因人类的剧烈开采活动的干扰形成的典型脆弱生态系统,常覆盖面积大、景观生态破坏严重。矿区复垦是跨尺度、多等级的问题,矿区恢复与重建不能仅局限于生态系统层次,而应着眼于景观层次甚至区域层次。矿区景观的恢复与重建必须同时兼顾生态学过程和空间格局。矿区景观的破坏是一个过程,其恢复与重建必须首先在时间尺度上把握,近年来相关技术措施主要包括植生槽技术、高次团粒喷播技术和坡脚叠石挡土墙绿化法。

2. 高边坡生态修复技术

高边坡防护技术是园林工程建设过程中比较常见的新技术,不仅可以确保园林工程建设施工的顺利进行,而且可以有效提高园林工程的施工质量。在园林工程实际施工过程中,植物防护和砌体防护是比较常用的高边坡防护技术。

3. 水环境生态修复技术

水环境生态修复技术的应用原理为生态学原理,其主要通过耦合技术以及生物代谢技术,利用相关工程处理措施对自然水环境生态系统的能量平衡、内部结构以及信息传达等部分进行合理调节,充分抑制水环境的生态退化,显著提升系统内部的自净功能,最终帮助水环境系统恢复到其原有的良好状态甚至更好。当前水环境生态修复的研究方向主要集中在河流水质修复、河道形态优化、景观建设以及新型修复材料研发等方面。

(三)立体绿化技术

立体绿化可以充分利用不同的立地条件对一切建筑物和构筑物所形成的再生空间进行多形式、多层次的绿化和美化,对改善居民的生活环境和城市的生态环境起到事半功倍的作用。近年来，立体绿化已成为实现城市可持续发展的一条重要途径，在节水灌溉、栽培基质、维护管理、种植方式等方面均有了显著发展。

1. 立体绿化节水灌溉技术

在立体绿化中，植物种植于人造环境（如墙体、屋面、室内、桥体等）中，其基质层厚度普遍偏低，生长环境相对恶劣。对于室外立体绿化，大风、强烈光照、建筑体散热等因素会加快水分蒸发速度，导致植物缺水状况的发生，为了保证植物存活，人们往往使用大量灌溉水，导致水资源的浪费；对于室内立体绿化，光照不足、通风不善降低了水分的蒸发速度，过多的无用灌溉容易导致烂根等情况。由此可见，节水灌溉新技术在立体绿化中的应用非常必要。节水灌溉需要针对不同场景确定最适宜的灌溉参数、使用适宜的节水器具。近年来新兴的节水灌溉技术包括太阳能节水自动灌溉技术、痕量灌溉技术、水肥一体化灌溉技术、结合天气大数据的灌溉技术等。

2. 新型无土栽培技术

新型无土栽培技术采用多层毡布、岩棉、PVC、发泡聚氨酯管等材料作为无土基质进行蓄水，采用混有液态肥料的水进行灌溉，植物的根系在无土基质中扩张生长。无土栽培技术在立体绿化中的应用优势明显，既可保证植物健康生长，而且轻巧方便、清洁环保。随着工艺水平的进步，各类新型栽培介质日益涌现，如玻璃轻石和一体化有机基质等。

3. 立体绿化补光技术

随着立体绿化走进室内，立体绿化补光技术得到了发展。补光主要有两个功能：一是通过灯光渲染提升景观效果；二是通过补光促进植物光合作用，保证植物的存活。在进行补光设计前，需要先进行光照模拟分析，测量不同高度、不同光源距离点的光照度，根据植物光照需求（最低 500 勒克斯）选择不同的补光产品，确定补光频率，同时需要满足补光渲染景观效果。对于室外墙面绿化，还应考虑不同朝向的不同光照强度，配置喜阴、耐阴或喜阳、耐阳光直射的植物。随着 LED 产品的普及，具备节能、长寿特征的 5000 开以上 LED 光源已经成为立体绿化补光光源的首选。根据装饰效果，还可选择洗墙灯、象鼻灯、轨道灯、泛光灯等不同补光产品。

4. 轻型装配式立体绿化技术

整体铺设的立体绿化经常出现漏水问题，导致责任不清、相互扯皮，而且很难找到漏点。当前，已有越来越多的立体绿化工程采用装配式施工工艺和产品，用模块组合构建植物种植区，不仅安装组合便捷，可快速构建成一个荷载低、易维护、防水阻根的独立种植系统，而且兼具雨水收集、抗风、耐老化等性能，具有美化建筑外表面、节能降耗和改善微环境等功能。近年来随着装配式容器产品体系的丰富，屋顶绿化逐步占领原有的屋顶绿化多层工艺的市场，墙体绿化逐渐取代了传统的布袋式种植技术。

5. 立体绿化智能运维技术

立体绿化的重要发展方向之一就是维护系统的智能化，而智能化运维系统的基本要求是：①具备环境参数（温湿度、土壤湿度、$PM_{2.5}$、风速、污染物浓度、水位等）的检测功能；②根据环境参数的检测结果自动或者半自动地对相关设备（灌溉设备、补光设备、通风设备、监控设备等）进行控制；③检测数据超过设定阈值时，通过报警动作提醒维护人员；④检测结果作为历史数据可供查询。目前立体绿化智能运维技术得到了发展，但稳定性以及智能化程度距广泛普及还有一定距离。

（四）海绵城市建设技术

1. 渗透技术

渗透技术主要实现对雨水径流的渗透作用，在一定程度上回馈地下水，包括透水铺装、绿色屋顶、下沉式绿地、生物滞留设施、渗透塘、渗井6种低影响开发设施。

（1）透水铺装按照面层材料不同，可分为透水砖铺装、透水水泥混凝土铺装和透水沥青混凝土铺装，嵌草砖、园林铺装中的鹅卵石、碎石铺装等也属于渗透铺装。当透水铺装对道路路基强度和稳定性的潜在风险较大时，可采用半透水铺装结构；当土地透水能力有限时，应在透水铺装的透水基层内设置排水管或排水板；当透水铺装设置在地下室顶板上时，顶板覆土厚度不应小于600毫米，并应设置排水层。

（2）绿色屋顶也称种植屋面、屋顶绿化等，根据种植基质深度和景观复杂程度，绿色屋顶又分为简单式和花园式。基质深度根据植物需求及屋顶荷载确定，简单式绿色屋顶的基质深度一般不大于150毫米，花园式绿色屋顶在种植乔木时基质深度可超过600毫米。

（3）下沉式绿地。狭义的下沉式绿地指低于周边铺砌地面或道路200毫米以内的绿地；广义的下沉式绿地泛指具有一定的调蓄容积（在以径流总量控制为目标进行目标分解或设计计算时不包括调节容积）且可用于调蓄和净化径流雨水的绿地。狭义的下沉式绿地应满足以下要求：①下沉式绿地的下凹深度应根据植物耐淹性能和土壤渗透性能确定，一般为100～200毫米；②下沉式绿地内一般应设置溢流口（如雨水口），保证暴雨时径流的溢流排放，溢流口顶部标高一般应高于绿地50～100毫米。

（4）生物滞留设施指在地势较低的区域，通过植物、土壤和微生物系统蓄渗、净化径流雨水的设施。生物滞留设施分为简易型生物滞留设施和复杂型生物滞留设施，按应用位置不同又称作雨水花园、生物滞留带、高位花坛、生态树池等。生物滞留设施的蓄水层深度应根据植物耐淹性能和土壤渗透性能来确定，一般为200～300毫米，并应设100毫米的超高；换土层介质类型及深度应满足出水水质要求，还应符合植物种植及园林绿化养护管理技术要求；为防止换土层介质流失，换土层底部一般设置透水土工布隔离层，也可采用厚度不小于100毫米的砂层（细砂和粗砂）代替；砾石层起到排水作用，厚度一般为250～300毫米，可在其底部埋置管径为100～150毫米的穿孔排水管，砾石应洗净且粒径不小于穿孔管的开孔孔径；为提高生物滞留设施的调蓄作用，在穿孔管底部可增设一定厚度的砾石调蓄层。

（5）渗透塘是一种用于雨水下渗补充地下水的洼地，具有一定的净化雨水和削减峰值流量的作用。渗透塘前应设置沉砂池、前置塘等预处理设施，去除大颗粒的污染物并减缓流速；有降雪的城市，应采取弃流、排盐等措施防止融雪剂侵害植物。边坡坡度（垂直∶水平）一般不大于 1∶3，塘底至溢流水位一般不小于 0.6 米。渗透塘底部构造一般为 200～300 毫米的种植土、透水土工布及 300～500 毫米的过滤介质层。渗透塘排空时间不应大于 24 小时。此外，还应设溢流设施，并与城市雨水管渠系统和超标雨水径流排放系统衔接，渗透塘外围应设安全防护措施和警示牌。

（6）渗井指通过井壁和井底进行雨水下渗的设施。为增大渗透效果，可在渗井周围设置水平渗排管，并在渗排管周围铺设砾（碎）石。雨水通过渗井下渗前，应通过植草沟、植被缓冲带等设施对雨水进行预处理；渗井的出水管内底高程应高于进水管的内顶高程，但不应高于上游相邻井的出水管内底高程；渗井调蓄容积不足时，也可在渗井周围连接水平渗排管，形成辐射渗井。

2. 储存技术

顾名思义，储存技术主要针对雨水径流进行收集与储存以实现雨水的再利用，包括湿塘、雨水湿地、蓄水池、雨水罐四种低影响开发设施。

（1）湿塘指具有雨水调蓄和净化功能的景观水体，雨水同时作为其主要的补水水源。湿塘有时可结合绿地、开放空间等场地条件设计为多功能调蓄水体，即平时发挥正常的景观及休闲、娱乐功能，暴雨发生时发挥调蓄功能，实现土地资源的多功能利用。湿塘一般由进水口、前置塘、主塘、溢流出水口、护坡及驳岸、维护通道等构成。

湿塘应满足以下要求：①进水口和溢流出水口应设置碎石、消能坎等消能设施，防止水流冲刷和侵蚀。②前置塘为湿塘的预处理设施，起到沉淀径流中大颗粒污染物的作用；池底一般为混凝土或块石结构，便于清淤；前置塘应设置清淤通道及防护设施，驳岸形式宜为生态软驳岸，边坡坡度（垂直∶水平）一般为 1∶2～1∶8；前置塘沉泥区容积应根据清淤周期和所汇入径流雨水的 SS 污染物负荷确定。③主塘一般包括常水位以下的永久容积和储存容积，永久容积水深一般为 0.8～2.5 米；储存容积一般根据所在区域相关规划提出的"单位面积控制容积"确定；具有峰值流量削减功能的湿塘还包括调节容积，调节容积应在 24～48 小时内排空；主塘与前置塘间宜设置水生植物种植区（雨水湿地），主塘驳岸宜为生态软驳岸，边坡坡度（垂直∶水平）不宜大于 1∶6。④溢流出水口包括溢流竖管和溢洪道，排水能力应根据下游雨水管渠或超标雨水径流排放系统的排水能力确定。⑤湿塘应设置护栏、警示牌等安全防护与警示措施。

（2）雨水湿地利用物理、水生植物及微生物等作用净化雨水，是一种高效的径流污染控制设施。雨水湿地分为雨水表流湿地和雨水潜流湿地，一般设计成防渗型，以便维持雨水湿地植物所需的水量。雨水湿地常与湿塘合建并设计一定的调蓄容积。雨水湿地与湿塘的构造相似，一般由进水口、前置塘、沼泽区、出水池、溢流出水口、护坡及驳岸、维护通道等构成。

（3）蓄水池指具有雨水储存功能的集蓄利用设施，同时也具有削减峰值流量的作用，主要包括钢筋混凝土蓄水池，砖、石砌筑蓄水池及塑料蓄水模块拼装式蓄水池。用地紧张的城市大多采用地下封闭式蓄水池。

（4）雨水罐也称雨水桶，为地上或地下封闭式的简易雨水集蓄利用设施，可用塑料、玻璃钢或金属等材料制成，适用于单体建筑屋面雨水的收集利用。多为成型产品，施工安装方便、便于维护，但其储存容积较小、雨水净化能力有限。

3. 调节技术

调节技术在一定程度上实现了对雨水径流的调节作用，包括调节塘、调节池两种低影响开发设施。

（1）调节塘也称干塘，以削减峰值流量功能为主，一般由进水口、调节区、出口设施、护坡及堤岸构成，也可通过合理设计使其具有渗透功能，起到一定的补充地下水和净化雨水的作用。调节区深度一般为 0.6 ~ 3 米，塘中可以种植水生植物以减小流速、增强雨水净化效果。塘底设计成可渗透式，塘底部渗透面距离季节性最高地下水位或岩石层不应小于 1 米，距离建筑物基础不应小于 3 米（水平距离）。调节塘出水设施一般设计成多级出水口形式，以控制调节塘水位、增加雨水水力停留时间（一般不大于 24 小时）、控制外排流量。适用于建筑与小区、城市绿地等具有一定空间条件的区域。

（2）调节池为调节设施的一种，主要用于削减雨水管渠峰值流量，一般常用溢流堰式或底部流槽式，可以是地上敞口式调节池或地下封闭式调节池。适用于城市雨水管渠系统中，用以削减管渠峰值流量。

4. 转输技术

转输技术可以实现对雨水径流的传输，包括植草沟、渗管 / 渠两种低影响开发设施。

（1）植草沟指种有植被的地表沟渠，可收集、输送和排放径流雨水，并具有一定的雨水净化作用，可用于衔接其他各单项设施、城市雨水管渠系统和超标雨水径流排放系统。除转输型植草沟外，还包括渗透型的干式植草沟及常有水的湿式植草沟，可分别提高径流总量和径流污染控制效果。植草沟应满足以下要求：①浅沟断面形式宜采用倒抛物线形、三角形或梯形；②植草沟的边坡坡度（垂直：水平）不宜大于 1：3，纵坡不应大于 4%，纵坡较大时宜设置为阶梯形植草沟或在中途设置消能台坎；③植草沟最大流速应小于 0.8 米 / 秒，曼宁系数宜为 0.2 ~ 0.3；④转输型植草沟内植被高度宜控制在 100 ~ 200 毫米。适用于建筑与小区内道路、广场、停车场等不透水面的周边，城市道路及城市绿地等区域也可作为生物滞留设施、湿塘等低影响开发设施的预处理设施。植草沟也可与雨水管渠联合应用，在场地竖向允许且不影响安全的情况下也可代替雨水管渠。

（2）渗管 / 渠指具有渗透功能的雨水管 / 渠，可由穿孔塑料管、无砂混凝土管 / 渠和砾（碎）石等材料组合而成。适用于建筑与小区及公共绿地内转输流量较小的区域，不适用于地下水位较高、径流污染严重及易出现结构塌陷等不宜进行雨水渗透的区域（如雨水管渠位于机动车道下）。它对场地空间要求小，但建设费用较高、易堵塞、维护较困难。

5. 截污净化技术

截污净化技术主要针对雨水径流进行一定程度上的净化，包括植被缓冲带、初期雨水弃流设施、人工土壤渗滤三种低影响开发设施。

（1）植被缓冲带为坡度较缓的植被区，经植被拦截及土壤下渗作用减缓地表径流流速，并去除径流中的部分污染物。植被缓冲带坡度一般为 2% ~ 6%，宽度不宜小于 2 米。适用于道路等不透水面周边，可作为生物滞留设施等低影响开发设施的预处理设施，也可作为城市水系的滨水绿化带。但坡度较大（大于 6%）时，其雨水净化效果较差。

（2）初期雨水弃流设施指通过一定方法或装置，将存在初期冲刷效应、污染物浓度较高的降雨初期径流予以弃除，以降低雨水的后续处理难度。弃流雨水应进行处理，如排入市政污水管网（或雨污合流管网），由污水处理厂进行集中处理等。常见的初期弃流方法包括容积法弃流、小管弃流（水流切换法）等，弃流形式包括自控弃流、渗透弃流、弃流池、雨落管弃流等。

（3）人工土壤渗滤主要作为蓄水池等雨水储存设施的配套雨水设施，以达到回用水水质指标。人工土壤渗滤设施的典型构造可参照复杂型生物滞留设施。适用于有一定场地空间的建筑与小区及城市绿地。人工土壤渗滤雨水净化效果好，易与景观结合，但建设费用较高。

（五）节约型园林建设技术

节约型园林是以自然资源和社会资源的循环与合理利用为原则，在城市园林景观规划和设计、建设与施工、养护及管理、健康可持续发展等各个环节可最大限度地节约各种自然资源和社会资源，提高资源利用效率，减少资源的消耗和不必要的浪费。

1. 节能技术

随着新能源的崛起，风能与太阳能等清洁能源成了新时代的潮流，与园林景观设计的结合多了起来，多体现在灯光照明、景观小品、制热装置、动力装置等方面。同时，风能和太阳能的结合应用逐渐增多，如风光互补路灯已经广泛应用在市政道路、公园景区、高速公路、工业园区等地方。

2. 节水灌溉技术

微管灌溉技术、微灌技术、精准灌溉技术等节水灌溉形式是灌溉领域新技术的主要类型。

（1）微管灌溉技术。微管灌溉技术是指利用管道末端的灌水器和连接的管道系统，通过管道系统将水和作物生长所需的养分均匀、精确地输送到作物根部附近土壤的一种灌水方法。与地面漫灌和喷灌相比，微灌用少量的水去湿润作物根区小面积的土壤，因此，又被称为局部灌溉技术。

（2）微灌技术。微灌技术将喷灌与滴灌传统方法设为参照物，通过把小型喷头安设于园林内，实现对每次灌溉用水量的有效调控，不仅能实现对用水量的有效控制，还能确保园林内植被生长期间均匀、缓慢地吸收所需水分。

（3）精准灌溉技术。精准灌溉技术是指以大田耕作为基础，通过3S信息技术的检测手段获取种植区气象资料、农田墒情资料、作物生长资料，以此来确定不同作物在各个生育期间的灌溉用水量及灌溉时间；并结合精准灌溉工程技术实施精量灌溉，以确保作物在各个生育期中的需水量，从而达到高产、优质、高效和节水的农业灌溉措施。

3. 园林绿化废弃物资源化再利用

景观设计中的可回收材料是指在景观的设计和改造过程中所利用的一些城市生产生活中废弃的、闲置的并可通过某种手段回收将其再生、改造、循环利用的材料。此类材料可作为再生材料，可造景，能起到节约资金、保护环境的作用，主要有生活性废旧材料、生产性废旧材料、废弃建筑及景观废旧材料。

（六）智慧型园林建设技术

随着科技的发展，风景园林建设过程中涉及越来越多的新型科技的运用，这些科技融入了风景园林建设的方方面面，包括前期测量、工程建设、运营养护。同时，一些新科技也改变了风景园林的设计方式、表现形式，如BIM技术、交互产品等。

1. 前期测量中的智慧技术

在智慧型园林建设中，通过运用一些园林新型设备和技术，可以让我们的前期测量工作更加轻松快捷。这些新型设备包括了经纬仪、红外测量仪，工作人员通过它们可以更好地掌握场地地形、高差等数据；而一些新技术，如CORS技术、无人机航拍测绘技术、RTK技术，则可以通过互联网、卫星、数字通信等媒介更快捷、精确地获取场地信息和相关数据，为下一步的设计打好基础。

2. BIM技术

BIM技术在风景园林领域的利用范围很广，包括绿色建筑设计BIM、公园建设BIM、假山BIM、仿古建筑BIM等。BIM技术可以在设计环节及评价环节提供各种量化数据，或通过BIM软件的可视性查看整个设计，也可以查看设计是否出错，以提高设计的准确度，避免返工及设计漏洞的出现。在方案设计完成后，也可以利用BIM在原基础上进行初步模型的优化；还可以通过自动模拟的方式，对场地的湿度、温度等数据进行量化分析，然后通过具体的建设标准和适宜度要求来分析公园的设计和施工活动是否合理。

3. 工程建设中的智慧技术

在工程建设过程中，可以利用3D打印、VR技术、地面三维激光扫描技术、网络图技术等智慧型园林建设技术缩短建造周期、降低生产成本、提高施工效率，实现有效的监管。

4. 运营养护中的智慧技术

园林建设离不开运营养护，通过智慧灌溉、智能监控、园林绿化移动巡查、城市绿地环境物联网监测等智慧化运营养护手段，可以让管理人员更好地指导绿地养护工作，实现人力、物力的节省。

5. 交互产品

交互产品起源于人机交互的计算机科学，是一项高科技产业的必然产品。近十年来，风景园林行业可以利用的交互产品包括了人脸识别系统、全息投影技术、物联网技术、全区 Wi-Fi 覆盖技术等，不仅改变了一些景观表现形式，也便利了园林的经营管理。

（七）装配式园林建设技术

1. 装配式绿墙施工技术

装配式绿墙是一种新型墙面绿化施工技术，通过在墙面搭设钢支撑并安装专用种植垄土，预留专用绿化种植孔，在上、下端分别设置喷淋孔和雨水收集槽，能够实现墙面绿化、喷灌一体化。墙面绿化由竖向槽钢支撑挂架、自动浇灌结构和水收集槽组成。该技术的支撑结构由生产加工制作而成，支撑挂架间隔、数量根据垄土高度和排水方向确定，可通过现场预拼装减少拼装误差、提高装配施工精度。

2. 装配式预制混凝土道路技术

装配式预制混凝土道路在施工中主要参与路面结构的施工建设，其路基处理及施工技术与传统道路施工模式下的路基技术相似，但路面结构构造则主要由预制混凝土板材与相关连接构件（如螺栓等）构成。预制混凝土装配式道路结构施工过程主要是进行预制构件的安装与连接作业，通过提高各环节技术操作的管控力度提升施工质量。

3. 装配式屋顶绿化技术

装配式屋顶绿化起源于美国，是指根据建筑物特点，将具有排水、蓄水、过滤、通风、阻隔根等功能的可移动容器拼装成一个完整的绿化系统，并在其中种植植物的一种技术。与传统屋顶绿化相比，装配式屋顶绿化具有很好的蓄水、排水和阻根能力，可自由拆卸移动，荷载轻，成景快且能有效降低能耗等优点。

4. 装配式水景技术

（1）装配式循环水景幕墙是一种能够实现水循环、确保幕墙不渗水受潮、在循环的水体上稳固安装幕墙的装配式幕墙结构，具有水体循环顺畅、防渗抗漏效果好、损水率低、更换水体便利等特点。

（2）装配式无边景观游泳池技术是一种通过工业化流水线生产部件进行灵活装配和拆卸的一种创新型钢结构技术游泳池，其主要特点是投资少、安装简单、功能多样且安全、可靠。装配式无边景观游泳池可以灵活利用已有场地，如学校、社区的操场、广场以及空置厂房等闲置土地空间。其特点既契合公众需求，同时也符合产业投资的属性。

5. 装配式桥梁技术

装配式桥梁是指桥梁各部分构件（含基础、墩台、上部结构）全部采用集中预制，然后运至现场进行拼装的桥梁，具有施工周期短、对现场的干扰少、施工质量有保障等优点。

6. 装配式建筑技术

装配式建筑是指在工地对事先预制好的构件进行装配的一种新型建筑模式，与传统建筑模式相比具有效率高、节能环保、生产更标准、操作可控、节省人力、缩短工期等优势。

7. 装配式雕刻艺术围墙技术

装配式雕刻艺术围墙是指在工厂中预制带有雕刻艺术图案的围墙构件，然后在施工现场直接装配成围墙柱子、底梁，将其连同栏杆固定焊接在位于围墙柱子之内的内立管及围墙基础上，并用涂料进行修饰的一种技术。利用该技术制作的围墙具有美观大方、图案多样、有浮雕感的优点，而且施工便捷、可拆可卸、能重复使用、成本低，可广泛用于临时围墙、施工围墙和永久围墙。

8. 装配式生态护坡技术

不同于一般的现浇生态混凝土，装配式生态护坡技术将不同部件分别按照统一的标准，采用先进的现代化工艺，按专门类别分工，集中在预制工厂进行大规模预制生产，然后运到现场进行机械化施工安装。装配式生态护坡结构主要包括预制装配式框格梁、植生卷材、植生混凝土板、透水带肋板桩墙、透水混凝土挡墙及生态型亲水平台。该结构适用于绿化要求高、需兼顾水陆两栖生态的临水护坡工程。

9. 装配式蓄水池技术

装配式蓄水池是由优质材料（再生的聚丙烯、波纹镀锌钢板或不锈钢钢板等）组成、配合防老化的内衬（EPDM 橡胶膜、饮用水级 PPR 膜、TPO 膜或者优质防老化 PVC 防渗膜等）做防渗的蓄水池。该蓄水池由工厂预制构件并于施工现场拼装，结构简易轻便，采用模块化设计，可灵活选择罐体尺寸和容积。该技术可以有效降低用工量、缩短工期、节约施工成本，安全高效，方便快捷。

（八）新材料

风景园林园建常用的材料主要有混凝土、水泥、石材、钢材、砖类、木材等以及由此衍生的相关材料。随着新材料的出现，新的工艺和技术也随之出现，而新技术的出现又推动了新材料和新工艺的更新。近十年来，风景园林行业出现的新材料大致可分为 5 类，分别为铺装材料、土工材料、防水材料、塑形材料、排水材料。

1. 铺装材料

（1）可再生 PC 环保砖通过水泥与各种砂、石粉的有效结合，可形成致密、耐磨的保护层，同时加入光亮剂使制品的表面光洁度和内部致密度提高，增强色彩持久性、耐磨性以及抗侵蚀性，并通过振动成型，消除传统半干料挤压成型的各种缺陷，使得新型 PC 砖的各项性能指标都有较大提升。可再生 PC 环保砖经济效益理想、施工制作方便，同时也更加符合国家提出的可持续发展战略。

（2）人工草坪在视觉感官方面具备优势，包括底部垫层、基布以及分布簇织在基布上表面的人造卷曲草丝。其中，基布铺设固定在底部垫层的上表面，人造卷曲草丝的横截面呈 U 型，基布和底部垫层之间通过胶水粘接固定或通过缝线缝纫连接固定。新型人工草坪结构设计合理，能在一段时间内锁住水分，具有良好的弹性和软绵度，能够提高人在草面上运动的舒适感。

（3）石英塑户外木塑板采用包覆材料与无机粉体的合成，不仅舒适耐用，而且防霉防水、防变形、耐磨、抗老化，非常耐用且美观大方。该材料不仅可以作为户外地板，还可以用来制造其他户外用品，如桌椅、秋千、葡萄架、木屋等。

2. 土工材料

（1）陶瓷切块具有透水性与保湿性的特点，在城市园林中使用能够更好地管控场地温度、保障部分植物长势，保持地面干燥、增强卫生管控。

（2）蜂巢式土工格栅是一种主要的土工合成材料，常用作加筋土结构的筋材或复合材料的筋材等。适用于地表土壤永久性固化与修复、绿化环境及河渠保护等，特别适用护坡、固沙等。

（3）生态袋具有目标性透水不透土的过滤功能，既能防止填充物（土壤和营养成分混合物）流失，又能实现水分在土壤中的正常交流，不仅能够有效保持和及时补充植物生长所需的水分，对植物非常友善，而且能够使植物穿过袋体自由生长，进一步实现了建造稳定性永久边坡的目的，大大降低了维护费用。

（4）生物混凝土是一种能够利用微生物进行自我修复的混凝土。这种混凝土得益于一种细菌的发现，这种细菌可以产生石灰石，而石灰石是有效修补混凝土裂缝的神器。这项新材料的出现可以改善混凝土因压力产生的裂缝问题，当水通过裂缝渗入混凝土时，细菌便会被激活并且产生石灰石。生物混凝土可以在 3 周内愈合最多 0.8 毫米的裂缝。

（5）BSC 生物基质混凝土主要运用于水利工程和山体滑坡中，它可以使河道护坡恢复到原生态的状态，不仅有利于植物生长，而且可以在洪水、滑坡等情况下存留外来客土或者洪水带来的泥沙，这些客土和泥沙可以恢复植物的生长，有利于生态治理。

3. 防水材料

（1）epdm 景观水池薄膜是一种黑色柔性橡胶膜，厚度为 3～5 毫米，能经受温度 40～80℃，扯断强度＞7.35 牛/毫米，使用寿命可达 50 年，施工方便，不漏水。

（2）遇水膨胀止水胶主要适用于雨水膨胀控制，可完全保证焊接结构的密封性。在园林工程建设中可用于填补钢筋空隙，通过止水胶达到止水成效。

（3）透气防渗砂是通过"增强水的表面张力"原理，以沙漠风积沙为原料研制开发出的一种具有呼吸功能的防渗材料。该产品具有防水、防渗性能显著，对环境无污染，透气性好，产品为流态，堆积角小，施工方便等优点，已经在内蒙古、宁夏、甘肃和新疆等沙漠地区进行了农业及林业种植示范应用，初步证明使用透气防渗砂种植比滴灌技术节水28%、成活率高达97%。该产品还可应用于阳台种植和河道湖泊的治理，在市场的推广使用中得到了社会各界的高度认可。

（4）膨润土防水毯是一种专门用于人工湖泊水景、垃圾填埋场、地下车库、楼顶花园、水池、油库及化学品堆场等防渗漏的土工合成材料。它将高膨胀性的钠基膨润土填充在特制的复合土工布和无纺布之间，用针刺法制成的膨润土防渗垫可形成许多小的纤维空间，使膨润土颗粒不能向一个方向流动，遇水时在垫内形成均匀、高密度的胶状防水层，可有效防止水的渗漏。

4. 塑形材料

新型塑形材料主要为水泥塑形，主要利用水泥石技术制作雕塑或各类构筑物，内用钢框架焊接，外用水泥砂浆（或雕塑砂浆）形式。塑形材料灵活多变，主要用于雕塑小品、护栏、栈桥、坐凳及公共配套设施、创意构筑物等。缺点是对施工人员的技能要求较高。

5. 排水材料

（1）玻璃轻石是将日常生活中的各种废玻璃研磨成粉末，通过添加不同的助剂，高温焙烧发泡后形成的一种多孔轻质无机材料。因其轻质且由废玻璃生产加工而得名。它是一种人工合成的硅酸盐材料，孔隙大小可以在生产过程中调节，具有良好的储蓄水分的作用。玻璃轻石可加工成不同的颜色，如珍珠白、天空蓝、时尚黄、翠玉绿、浓茶褐、沉稳灰。常在屋顶绿化中作为排水层使用或作为基质的组分，还可应用于土壤改良、水质处理、透水路面、管道铺设及植被混凝土生态护坡中。

（2）塑料盲沟由塑料芯体外包裹滤布构成。塑料芯体以热可塑性合成树脂为主要原料，经过改性，在热熔状态下通过喷嘴挤压出细的塑料丝条，再通过成型装置将挤出的塑料丝在结点上熔接，形成三维立体网状结构。塑料芯体有矩形、中空矩阵、圆形、中空圆形等多种结构形式。该材料克服了传统盲沟的缺点，具有表面开孔率高、集水性好、空隙率大、排水性好、抗压性强、耐压性好、柔性好、适应土体变形、耐久性好、重量轻、施工方便等优点，可大大降低工人劳动强度、提高施工效率，因而已经逐步替代传统铸铁材料并得到广泛应用。

三、风景园林工程与技术重点研究方向

为深入贯彻落实习近平生态文明思想，立足新发展阶段、贯彻新发展理念、构建新发展格局，在迈向全面建设社会主义现代化国家的新征程上，风景园林工程与技术研究与时

代发展同步是实现高质量园林、提高人居环境质量、增进百姓福祉的必然选择。

（一）智慧型园林建设技术

现阶段，我国创新能力不适应高质量发展要求，必须加快数字社会建设步伐，促进公共服务和社会运行方式创新，以数字化助推城乡发展和治理模式创新，全面提高运行效率和宜居度，分级分类推进新型智慧城市建设。将互联网技术和现代生态园林进行联系，设置智能园林数据库，以专业知识为指引，充分利用可视化、地理信息、网络技术等现代化的软硬件技术对园林景观资源的现状做详细的数据整理，建立一个完备的园林大数据和可视化、网络化的服务管理平台，促进园林信息的共享性、时效性和开放性，实现城市园林的智慧化，使其发挥更加显著的作用。此项研究将是一个长期的课题。

（二）节约型园林建设技术

节约型园林在城市园林景观规划和设计、建设与施工、养护及管理、健康可持续发展等各个环节可最大限度地节约各种自然资源和社会资源，提高资源利用效率，减少资源的消耗和不必要的浪费，获取最大的生态、社会、经济和美学效益，是新时代推动绿色发展、促进人与自然和谐共生的必然需求。坚持节约优先，实施可持续发展战略，重点研究园林绿化废弃物资源化再利用、节水灌溉技术、新能源利用等新技术将是未来课题研究的重要方向。

（三）装配式园林建设技术

展望 2035 年，我国将基本实现社会主义现代化，关键核心技术实现重大突破，进入创新型国家前列。装配式园林建设技术与传统的园林建设方式相比，具有节约资源、缩短施工周期、节省劳动力、保证工程质量等优势，能够有效响应当前节能减排的号召。因此，风景园林工程应加强对装配式花园、装配式景墙、装配式水景等园林景观的施工技术研究，做好灌溉、防水、排水等相关施工工作，更加明确其施工技术要点，让装配式园林景观的效果得到最大程度的发挥。

参考文献

［1］梁爱学，李统益，魏帮庆，等. 浅述公路边坡生态恢复措施［J］. 公路交通科技（应用技术版），2007（6）：6-9.

［2］童宁军，潘军标，赵绮. 常用园林生态水处理技术的研究［J］. 中国园林，2011，27（8）：21-24.

［3］王天予. 建筑材料在园林中的运用［J］. 中国园林，2011（8）：96-100.

［4］杨海勇，白音，邢毅. 万能支撑器在建筑工程中的应用［J］. 清华大学学报（自然科学版），2011，51（8）：

1116–1121.

［5］钱新锋，赏国锋，沈国清. 园林绿化废弃物生物质炭化与应用技术研究进展［J］. 中国园林,2012,28（11）：101–104.

［6］张海天，肖遥，林辰松，等. 蓝色的祈祷——以水系统恢复为中心的古尔巴哈战后规划模式［J］. 中国园林，2013，29（6）：35–38，133–134.

［7］刘敏. 山地废弃采石场生态恢复治理与再利用规划模式探索——以《重庆四山地区关闭采石场再利用规划》为例［J］. 中国园林，2014，30（12）：117–120.

［8］蔡鲁祥，范昱，章黎笋，等. 杭州市余杭塘河支流的水环境生态修复［J］. 中国给水排水，2015，31（10）：99–102.

［9］陈煜初，付彦荣. 基于园林造景的水生植物应用关键技术解析［J］. 中国园林，2016，32（12）：16–20.

［10］贺佳. 大规格苗木反季节移植技术探讨［J］. 现代园艺，2016（22）：26.

［11］孟晓东，王云才. 从国外经验看我国立体绿化发展政策的问题和优化方向［J］. 风景园林，2016（7）：105–112.

［12］唐彪，宋凤鸣，黄蕾，等. 工程创面生态恢复技术的典型案例分析［J］. 中国园林，2017，33（11）：25–29.

［13］徐畅，王仲宇，段旺，等. 景观预装配技术与体系探析——以北京奥南文化商务园中心绿地为例［J］. 风景园林，2017（4）：106–113.

［14］张玉侠，杜甘霖，周琳，等. 无人机航拍技术在小城镇环境综合整治中的应用［J］. 测绘通报，2017（S1）：108–110.

［15］程仁武，文才臻，张俊涛. 装配式屋顶花园节能技术应用与分析［J］. 广东园林，2018，40（4）：64–68.

［16］董则奉. BIM技术在园林工程中的运用——以上海迪士尼1.5期为例［J］. 中国园林，2019，35（3）：116–119.

［17］郭湧，胡洁，郑越，等. 面向行业实践的风景园林信息模型技术应用体系研究：企业LIM平台构建［J］. 风景园林，2019，26（5）：13–17.

［18］胡铁山，周忻，王勇. 平原区高速公路装配式桥梁方案设计探讨［J］. 中外公路，2019，39（6）：150–153.

［19］雷鹏飞. 园林绿化施工技术要点及保障措施［J］. 现代园艺，2019（2）：203–204.

［20］王俊岭，张亚琦，秦全城，等. 一种新型透水铺装对雨水径流污染物的去除试验研究［J］. 安全与环境学报，2019（2）：643–652.

［21］吴隽宇，陈康富. GIS技术在风景园林遗产保护本科课程教学案例中的应用研究［J］. 风景园林，2019，26（S2）：72–77.

［22］薛飞，杨锐，马晗琮，等. 生态智慧视野下北京中心地区历史水系廊道恢复研究［J］. 中国园林，2019，35（7）：61–66.

［23］车璐，李嘉华. 基于海绵城市理念的市政既有道路改造施工技术［J］. 施工技术，2020，49（17）：58–60.

［24］成政. CORS技术在城市规划基础测绘上的运用研究［J］. 西部资源，2020（2）：144–145，148.

［25］万磊，王小菊，闫勇，等. 探究园林工程施工中新技术的应用［J］. 现代园艺，2020，43（14）：152–153.

［26］王恒玺. 北方城市屋顶绿化太阳能节水自动灌溉技术应用研究［J］. 现代园艺，2020，43（17）：20–21.

［27］吴军，高笑寒，李鹏波. 浅析传统型与新兴技术型垂直绿化技术［J］. 现代园艺，2020，43（7）：110–112.

撰稿人：李运远　张　斌　路　毅　王　珂　戈晓宇　夏　晖　孙卫国　林辰松

风景园林经济与管理研究

一、风景园林经济与管理研究发展回顾

（一）学科的发展环境愈发向好

1. 风景园林经济管理研究范围

风景园林经济与管理重点研究城市中各种类型园林绿地的建设、养护管理技术。本专题着重阐述城市园林绿化有关情况，分析评估城市园林绿化在宏观经济方面的投资和效益，以及研究制定推进城市园林绿化的政策、措施等。

2. 风景园林经济管理理论发展的时代背景

"十二五"以来，支撑风景园林学科的理论、政策发生变化。党的十八大根据五位一体总体布局和"四个全面"战略布局，提出大力推进生态文明建设。2015年3月，中共中央政治局审议通过《关于加快推进生态文明建设的意见》，正式把"坚持绿水青山就是金山银山"写进中央文件。十八届五中全会提出了"创新、协调、绿色、开放、共享"五大发展理念，标志着绿色发展进入全面推进的新阶段。2017年3月，习近平总书记在参加十二届全国人大五次会议上海代表团审议时提出"城市管理应该像绣花一样精细"。十九大提出生态文明建设新论断，即"美丽中国，生态文明"发展理念。坚持人与自然和谐共生成为新时代坚持和发展中国特色社会主义的基本方略重要组成部分。2017年4月，为深入推进"放管服"改革，住房和城乡建设部印发通知，取消园林绿化企业资质核准行政许可事项，这一重大变革为行业管理发展带来了全新的课题。2018年2月，习近平总书记视察成都市时提出"公园城市"理念，一方面体现了"生态文明"和"以人民为中心"的发展理念，另一方面也提出了我国城市化发展模式和路径的亟待转变，从以规模扩张、经济增长为主向以人为本、五位一体、品质提升和结构优化为主转型的要求。2019年11月，习近平总书记在上海杨浦段的黄浦江滨江考察时提出"城市是人民的城市，人

民城市为人民"的重要论断，要求上海不断提高社会主义现代化国际大都市治理能力和治理水平。这些理念的提出对风景园林经济与管理理论研究提出了更高要求。

3. 国内园林绿化管理机构沿革简况

在国家层面，2018 年机构改革后，风景名胜区、自然遗产管理职责由住房和城乡建设部划入国家林业和草原局；住房和城乡建设部保留指导全国城市园林、规划区绿化工作职责，由城市建设司承担相应职能。在地方层面，27 个省区市园林绿化业务均由住建厅（委）或相当单位管理；4 个直辖市和 27 个省会、首府城市设置园林绿化管理部门或合署办公部门；252 个地级市和其他县市对园林绿化行政管理体制做较大调整，具体设置名称多样，通过机构改革三定方案，将归属住建部门园林绿化职责划出，单独组建园林局或园林处。风景名胜区机构一般设置管理委员会或管理局，在其下设置相应的管理服务机构，业务上接受有关行政主管部门的指导。各景区还建立了专业监察执法队伍，维持风景名胜区正常秩序。

（二）园林绿化经济与管理工作发展情况

1. 园林绿化目标与指标得到明确

我国生态文明建设目标指标既管长远，又做出分阶段安排。针对我国地幅广阔、纬度差异，国家制定了"一带一路"、中东西南北部、长江经济带、大运河、京津冀、长三角、珠三角、粤港澳大湾区等区域性生态和城市绿化目标和指标。如国务院 2019 年正式批复《长三角生态绿色一体化发展示范区总体方案》，沪苏浙三地联合打造"世界级滨水人居文明典范"。

住房和城乡建设部制定了"国家生态园林城市""国家园林城市"等创建标准和具体指标，成为各地进一步推进园林绿化建设管理的工作指南。"十二五"期间，全国园林绿化事业高质量发展，截至 2019 年，城市绿地面积从 213.43 万公顷增长至 315.29 万公顷，其中城市公园绿地面积从 44.13 万公顷增长至 75.64 万公顷，公园由 9955 个增长至 18038 个，公园面积由 25.82 万公顷增长至 50.24 万公顷。2019 年，苏州建成首个"国家生态园林城市群"，打造城市生态样板。城市可持续发展能力不断提升，宜业宜居、富有特色、充满活力的绿色城市建设如火如荼。

2. 园林绿化建设管理工作稳步推进

（1）园林绿化建设管理不断规范。全国各主要大中城市如北京、上海、广州等都设立了专门的管理机构，各地园林绿化建设管理呈现多元化现象，管理机构的职能逐渐覆盖整个建设过程。各城市通过完善管理制度以规范园林绿化建设市场行为，加强配套技术标准体系建设，推行分类分级管理。2017 年，住建部取消城市园林绿化企业资质核准，要求各级住房城乡建设（园林绿化）主管部门、招标人不得将具备住房和城乡建设部门核发的原城市园林绿化企业资质或市政公用工程施工总承包资质等作为投标人资格条件，即不得以任何资质作为准入门槛。国家出台《园林绿化工程建设管理规定》，把市场主体信用记录作为投标人资格审查和评标的重要参考，实现了由事前管理向事中、事后管理及由管资质向管人员、注重信用的转变。

（2）公园城市建设管理有序开展。公园城市建设是习近平总书记交给园林绿化的时代课题，是城市建设理念的一场革命。公园城市建设正在成为城市战略的重要组成部分，在城市规划建设史上具有开创性意义，是新发展理念在城市发展中的全新实践和城市规划建设理论的重大突破，是满足人民美好生活需要的重要路径和推进绿色生态价值转化的重要探索。成都、北京、上海等城市就公园城市建设进行了积极探索，2020年成都通过总结天府新区近三年来公园城市建设的生动实践，联合中国城市规划学会完成全国首个公园城市指数（框架体系）的编制，为各城市开展公园城市建设提供了有力的参考依据。2020年，北京基本完成"城市公园环"建设，同时上海启动"环城公园带"建设。

（3）节约型园林绿化建设深入推进。建设部于2007年提出建设节约型城市园林绿化意见，住建部于2012年将推广节约型园林绿化作为促进城市园林绿化事业健康发展的重要举措，国务院于2015年印发了推进海绵城市建设指导意见。党的十八大以来，国家把生态文明建设纳入统筹推进五位一体总体布局，习近平生态文明思想为节约型城市园林绿化建设指明了工作方向、提供了根本遵循。

3. 园林绿化养护管理多模式并行

随着园林绿化逐渐步入"重养护"阶段，国家对于园林绿化养护管理要求的不断提升，各地通过制定养护管理相关制度促使园林绿化养护步入"标准化养护、规范化运行、精细化管理"的新阶段。在运行模式上，主要分为市场化养管、事业单位养管与市场化养管并存的双轨制养管、国企化养管等模式。为保障养护质量，各地按有关技术标准推行了相应的监督管理模式及机制来管理、规范各养护企业的绿化养护行为，确保园林绿化养护质量。

4. 园林绿化综合效益研究经验累积

国内学界对园林综合效益的研究取得了一定进展，分别从道路绿化美景度、立交桥绿化模式对绿化景观的社会效应、环境效应做出评价；亦有学者参照绿化景观绩效评价内容，基于生态系统服务角度建立了绿化景观空间绩效评价体系。但大多为经验性总结，尚未形成体系，缺乏统计学意义上的相关定量研究，在一定程度上还处于借鉴国外经验的阶段，结合我国特点的研究相对较少。

（三）园林绿化经济与管理发展基础

1. 法制化管理夯实基础

1992年，《城市绿化条例》颁布施行，对园林绿化规划、建设、养护、管理的各个方面做出严格的规定和要求，将城市园林绿化纳入法制化轨道；《城市绿化条例》设置的行政处罚，增强了园林绿化法规的强制性和可操作性。各省区市按照国家园林绿化建设要求，结合各地实际和对未来发展预期，出台了地方性法规，明确建设管理具体部门及主要控制手段，包括规划审批、建设责任、管理部门、资金保障、科技发展以及植物保护等内容。

2. 标准化管理加强上下联动

2015 年，国务院开展深化标准化工作改革，国家及部分城市成立园林绿化相关标准化技术委员会，加强各项标准的制修订等管理工作。我国标准体系逐步形成"强制性标准守底线、推荐性标准保基本、行业标准补遗漏、企业标准强质量、团体标准搞创新"的"中国新型标准体系"。园林绿化行业标准化管理机制逐渐向形成政府主导、协（学）会等社会组织与相关市场主体共同参与的、协同发展的标准化管理机制转变。园林绿化标准化工作通过整合精简强制性国家标准、优化完善推荐性行业标准和地方标准，共同制定满足新发展需求的团体标准，从而形成有效供给的标准体系。

3. 科研管理得到各级重视

国家、各省市先后制定出台了《国家创新驱动发展战略纲要》等一系列政策文件与办法，不断完善科研管理、提升科研绩效、推进成果转化、优化分配机制。不断深化和聚焦赋予科研单位和科研人员自主权等方面的完善，提升科研人员的科技创新积极性、主动性，促进和加大科技成果转化的力度、渠道，提升科技创新在国家发展中的支撑引领作用；同时，完善和加强科研诚信建设，营造诚实守信的良好科研环境。在此大背景下，各省市相继出台了相关的科技创新激励政策文件。

4. 人才培养挑战和机遇并存

我国风景园林事业在生态城市建设中的地位不断提高，对风景园林事业的管理提出更高要求，风景园林管理人才需求越来越大，培养既懂管理又懂专业的行业人才日益迫切。随着园林绿化标准化工作持续推进，标准化专业人才培养力度也需逐步增强并形成常态化机制。在园林绿化技能人才方面，过去十年，国家出台系列职业培训政策，园林绿化技能人才培养工作面临转型。2017 年、2019 年，人社部两次公布国家职业资格目录，园林绿化行业相关职业不在其中，不再通过职业技能等级认定、专项职业能力考核等方式对技能人才进行评价。

二、风景园林经济与管理研究成果综述

（一）管理机构及机制因势调准

过去十年，行业管理体制与机构设置都进行了较大的调整与变革。随着园林绿化管理的任务日趋繁重，仅依靠政府部门的力量已远不能满足城市绿化日常养护管理工作需求，政府通过转变职能购买服务可以向市民提供更加高效、优质的生态服务。

1. 职能得到进一步巩固强化

郑州、银川、盐城、苏州、南京等部分城市保留园林局，通过"三定"厘清职责，园林绿化职能进一步得到明确和加强。成都市率先提升园林绿化管理机构能级，于 2019 年组建公园城市建设管理局，统筹全市公园城市规划设计、建设和养护。

2. 通过重组整合职能

北京、广州、武汉、青岛等市将园林、林业职能合并，进行集中管理；无锡、南通、南宁等市组建市政和园林局；上海、杭州等市把园林管理机构与市容环卫、文物、城管执法等其他职能合并，成立新的管理机构；沈阳、大连等市在城管执法局等机构基础上加挂园林局牌子。

3. 纳入城市综合管理

哈尔滨、南昌、常州、绍兴等市成立了城市管理局，把园林绿化管理职责纳入城市管理范畴；镇江、湖州、衢州、黄山等市园林绿化管理职责归入住房和城乡建设局。

（二）园林绿化建设管理取得丰硕成果

1. 园林绿化建设管理成果

（1）园林绿化建设市场交易管理日益规范。住建部印发了《园林绿化工程施工合同示范文本（2020 版）》，以规范园林绿化工程建设市场签约履约行为。园林绿化建设工程作为城市基础设施的重要组成部分，随着建设规模逐步扩大、建设标准逐步提高，已全部进入统一的招投标市场，在遵守"公开、公平、公正"的招标原则上最大限度地通过招标节约建设资金，促进施工企业提高自身素质，不断进行技术创新，促进行业良性竞争。

（2）园林绿化建设领域信用体系逐步建立。各地依据实际情况建立了"政府主导、行业自律、企业参与、社会监督"的信用评价管理系统。目前各地信用评价主体都为政府主导，信息采集途径以政府信息为主，部分城市还同时采用主动采集和企业自主申报的形式。2017 年，厦门市率先开启关于企业信用评级工作。2019 年，中国风景园林学会发布国内园林绿化行业首个针对企业的信用评价的团体标准《园林绿化施工企业信用信息和评价标准》。北京、上海、厦门等城市实行园林绿化施工企业及其项目负责人信用评价得分与园林绿化工程招标投标挂钩制度。

（3）园林绿化建设安全质量监管要求与时俱进。各城市积极探索园林绿化工程建设市场监管的体制机制和监管方式，加强事中事后监管，重点对工程施工关键环节进行安全质量监管，重点考核企业承担工程的能力，重点监督项目专业技术管理人员现场履职能力。注重企业行为结果评价管理并与企业参与市场竞争条件挂钩，各地根据实际配套出台了相应的规章及规范性文件。其中，北京市发布绿化工程安全质量监督实施办法，上海市出台绿化工程文明工地创建评选办法，泰州市发布园林绿化工程缺陷责任期管理办法。

（4）在园林绿化建设中加大"四新"技术应用。政府加强政策引导，以"四新"技术建设园林城市、生态文明城市，以"四新"抓"四化"。如在北京的"增彩延绿"、上海的"四化"建设、雄安的"千年秀林"、重庆的"城美山青"工程等建设中，通过土壤改善、节水灌溉、园林废弃物利用等科技配套措施保障乡土植物、新优植物及特色植物的应用效果。在技术研究方面，各地聚焦植物、土壤等要素，把对乡土植物、新优植物、特色植物的研究摆在更加突出的位置，立体绿化、生态绿廊、滨水生态修复、土壤修复等技术研发也日渐深入。传统科研单位以应用型研究为主，高校以基础性研究为主，许多园林绿化企业成立研究机构与平台，研发专利技术。北京、上海、广州等地的风景园林学（协）会通过举办"四新"成果应用交流会、产品推介会，成为"四新"技术成果的"风向标"。

2. 公园城市建设实践成果

（1）城市地区侧重于绿色空间建设。各地开展了一系列微更新实践探索，北京市提出"留白增绿"，通过疏解整治提升城市绿量，留出后续发展弹性空间；成都因地制宜建设3000平方米以下的小游园，见缝插绿设置微绿地，实现"300米见绿，500米见园"，做到"推窗见田、开门见绿"；上海市着力建设街心花园，完善城市绿地500米服务半径体系，打造"15分钟生活圈"，是公园城市建设的生动实践，为市民营造出可进入、可共享、可交流、可休憩的开放空间。

（2）乡村地区侧重于游憩空间建设。江门市借助乡村风水树、风水塘等重要乡村意象，配置篮球场等运动空间，亭、廊、座椅等休憩空间和卫生间，打造村居公园，既保留了当地文化，又满足了村民游憩需求。

（3）注重各类绿色空间连接道建设。实现从"城市里建公园"向"公园里建城市"的转变，夯实城市发展的绿色基底。绿道是"城市绿色连接带"的主要载体，成都以天府绿道串联生态区、公园、小游园、微绿地，基于自身独特的自然环境基础和空间结构构建"山水田林城"公园城市总体格局。近年来，多地开展了相关建设实践，建成了上海市黄浦江和苏州河（"一江一河"）公共空间贯通工程、广东省万里碧道、武汉市东湖绿道等。

3. 节约型园林建设实践成果

（1）多举措节约绿化用地。许多城市把节地作为落实节约型园林要求的重要举措，配套出台奖补、面积折算等鼓励政策，加强技术攻关，筛选适生植物，探索模块化栽植，向立面、凹面、水面要绿化空间。其中，上海实施了"申字形"高架摆花；上海首创辰山植物园矿坑花园，南京、南宁等地也利用矿坑重建绿色景观；南京应用苗木三层立体套种技术建设屋顶绿化；杭州以生物修复技术提升江洋畈生态公园雨水湿地景观；苏州首创垂直绿化"可拆卸式"模块设计。

（2）节水技术应用广泛。添加有机质土壤、保水剂等，提高土壤保水能力；应用松鳞等覆盖物降低土壤水分蒸发；植物配置选用耐旱植物及耗水量接近的植物，减少浇水量；应用滴灌、渗灌等增强浇灌效率；加强绿地雨洪管控，提高雨水资源利用率；依托海绵城市建设，探索推进节水园林。

（3）加强材料回收循环利用。把建筑废弃物、工业固废等材料制成可循环利用的生态型建设材料，应用于园林绿化领域，是目前节材的主要措施。其中，北京奥林匹克森林公园、合肥塘西河公园等运用砂土材料公园道路系统面层采用作为道路面层，北京香山公园的园林废弃物经就近处理后用于绿地覆盖、土壤改良和草花栽培。园林废弃物用作肥料、覆盖物是其最广泛资源化利用的方式；碳化园林废弃物制成食用菌菌棒等方式，为园林废弃物提供了高附加值处置途径。

（4）绿色能源充分发掘利用。在需要布置景观照明的城市园林绿化中大力倡导使用新型节能产品或技术，珠海迎宾南路灯光工程等选用了最新的第四代高亮度白光 LED，北京园博园、上海世博园等大型园区的园林照明系统利用太阳能光伏发电。此外，风光互补发电也在城市园林照明系统中有所运用。

4. 园林综合效益提升实践成果

园林绿化除了能够美化环境、固碳释氧、降低噪声，还能为城市经济、社会等方面带来积极作用，各地已开展了一系列探索与实践。上海以生态保育、社会人文、休闲娱乐、产业发展为核心规划导向，探索了具有地方特色的郊野公园体系，强调紧密衔接城市规划、注重选址，对未来上海城市生态网络的质量提升起到关键作用，并试图同时满足休闲娱乐、生态保育、空间结构优化、乡村土地整理与产业升级等多种目标。广东以水为纽带、以江河湖库及河口岸边带为载体，统筹生态、安全、文化、景观和休闲功能，建立了万里碧道，其中广州蕉门河、深圳茅洲河等都市型、城镇型碧道贯通水岸空间，形成生态滨水经济带；梅州石正河、茂名锦江画廊等乡野型、自然生态型碧道展现了农田、村落、山林等原生生态景观风貌，满足人群休闲需求。成都、福州等市也在改善城区生态和人居环境的基础上着力挖掘其社会、经济综合效益，以满足人民群众日益增长的物质、精神需求。

（三）园林绿化养护管理精细化水平提升

1. 行业养护管理机制得到进一步发展完善

在市场化养管的大背景下，为保障养护质量，各城市制订了具有针对性、可操作性的监督管理模式及技术标准，以管理各养护企业的绿化养护行为。

（1）建立科学的分级分类管理体系。2018 年，住建部印发《全国园林绿化养护概算定额》，以规范园林绿化养护资金管理、确定全过程价格。各地依据实际情况建立园林绿化养护分类分级养护管理体系。以上海为例，大型公园管理权归上海市绿化市容和管理局管理，而公共绿地及行道树等由各区园林绿化管理部门进行管理，从而形成市、区两级管理体系，进一步厘清了责任。

（2）建立常态化巡查督察机制。为保障景观面貌，许多城市建立巡督查机制，以确保园林绿化养管工作得到贯彻落实。如上海、广州、合肥等构建了市、区、养护单位三级巡查制度，以加强对城市园林绿化养护的监管。

（3）建立完善的绩效考核机制。各城市以考核为抓手提升养管精细化、规范化、长效化水平。上海、杭州、南京、合肥等出台了专门的养护考核办法，其中杭州独具特色的《最佳最差公园（景区）、道路及河道绿地、高架绿地考核》延续至今，通过社会媒体公布、接受公众监督，考核结果与区管单位年度考评、养护单位市场准入资格等挂钩。

2.园林绿化精细化管理水平逐步提升

上海、杭州、南京等城市围绕习近平总书记"走出一条符合超大城市特点和规律的社会治理新路子"的指示，不断提升园林绿化精细化管理水平。

（1）城市公园绿地养护管理取得大量成果。一是园林绿化机械化水平得到提高。绿篱机、施肥机、割灌机、草坪机等小型机械在绿地养护中广泛使用，机械化和科学管理相结合，极大提高了养护作业效率。二是城市绿地空间有机微更新。多城市聚焦精细管理，不断加快城市更新、美丽街区建设步伐。如上海市以绿化特色道路、绿化特色街区、口袋花园等为载体，提升城市品质和人居环境；成都市结合中环绿道建设，积极推进"拆围墙、增空间"，加快推进城市空间拆围，推动"微绿地"与街区有机融合。三是精细化养护管理措施得到推广。各地愈发重视植物综合养护和全生命周期管理，"因树制宜"地进行土壤改良、合理施肥浇水，修剪方式由规则式逐步向自然式转型。各地通过多种方式推广精细化养护管理措施，如上海通过培养小教员、开展技能竞赛等形式进行花灌木修剪技术推广，开展紫薇、月季等重点花灌木花期调控技术研究并试点推广，将每月养护要点以月报形式指导各区开展精细化管养。

（2）行道树养护管理日趋规范、细致。一是规划引领道路绿化发展方向。各地出台了行道树规范性文件，较大型城市如深圳于2018年颁布了《城市绿地树种规划与设计规范》，上海市2020年着手编制《行道树树种规划（2020—2035）》。二是专项创建提升道路景观面貌。各地以行道树专项创建为抓手，聚焦道路绿化品质提升，如南京、武汉等市开展林荫道创建工作，上海市开展绿化特色道路创建等工作，注重新材料、新技术推广应用，通过配方土、生态栽植模块改良地下生境。三是园林绿化防灾减灾工作取得成效。广州、上海、深圳、厦门、杭州等地在园林绿化防灾减灾工作机制、技术措施等方面进行了积极探索，建立了较为完善的灾害防御体系。

（3）附属绿地养护管理注重动员引领。附属绿地养护管理以法律为保障，绿化主管部门联合房管部门、物业等，通过政策引导、动员社会力量加强绿化建设和养护，逐步形成了业主自建自管自养、绿化管理部门监管指导、政府部门出台政策引导鼓励的建设养护管理模式。各地以法规、标准指导附属绿地建设方向，如上海颁布了《居住区调整实施办法》、南京市颁布了《小区绿地设计规范》。全国绿委开展全国绿化模范单位评审，各地陆续出台具体鼓励措施，如上海市开展花园单位评比、浙江省开展园林式居住区（单位）评比，鼓励单位投入，提高绿化覆盖率，巩固和提升国家园林城市创建成果。

（4）古树名木养护管理体系日趋健全。截至 2019 年，15 个省颁布了古树名木地方性法规和规章。按《全国古树名木保护规划（2020—2035 年）纲要》要求，目前国内参照的技术规程主要有 1 部国标和 7 部行标。各地 2010 年后制订了 23 个地标，其中，北京发布 5 个地标，走在古树标准化前列。各城市颁发相关管理办法和规定，如上海市近十年来制订发布 6 份管理文件，涵盖建设期保护、巡督查、资源普查、鉴定注销等方面。主要城市建立分级管理机制，如广州市建立市、区、镇、街道、社区联动保护机制。在规范化管理方面，上海市于 2017 年率先制定建立古树名木养护管理标准化体系，探索由行政化管理逐步向社会化管理模式转型；在精细化养护管理方面，上海、广州、北京、广西、青岛等地推广应用 PICUS 无损检测技术、TREE RADER 探根技术。

（5）病虫害防治向绿色防控转型。城市绿地病虫害防治工作逐渐从以药剂防治为主的粗放型防治模式向以绿色防控为主的精细化管理模式转变。其标志是生态控制、生物防治和理化诱控技术得到充分应用，化学农药使用量明显减少，生物多样性得到保护。北京注重功能植物研究和景观生态调控，并大量运用色板、防虫网、防虫胶带等物理防控材料，近七年园林绿化行业农药使用量减少近 60 吨；上海注重天敌昆虫应用和无公害药剂推广，2015 年开始建立绿色防控示范区，药剂减量显著，生态效益凸显；武汉重视害虫生物防治技术研究，并将天敌防治技术进行市场化推广；南京、杭州等地重视基础研究，编写了多项绿色防控相关技术资料。同时，在养护管理逐步市场化的背景下，上海、北京等地通过签订重大病虫害防控目标责任书、建立重大病虫害应急防控预案、引入第三方监理机构开展巡查与监督等措施加强监管，落实防控责任。面对检疫性病虫害入侵风险，北京、上海、天津等地通过加大植物检疫力度、强化源头监测、由政府主导开展跨区域跨部门联防联控等措施有效保障了城市生态安全。在监测设备应用方面，昆虫雷达、高灵敏度孢子捕捉仪等智能化预测预报装备得到广泛应用，有害生物监测预警不断实现标准化、网络化、可视化、模型化和智能化。如北京市利用遥感技术监测春尺蠖、上海市应用物联网智能监测设备开展虫情监测均取得较好效果。

（四）园林绿化标准化为行业提供支撑

1. 园林绿化标准化形成多层次管理体系

我国园林绿化标准化工作形成了国家、行业、地方多层次管理体系。2009 年，国家标准化管理委员会成立"全国城镇风景园林标准化技术委员会"，管理国家标准制修订工作；2011 年，住建部成立"住房和城乡建设部风景园林标准化技术委员会"，管理行业标准及部分国家标准制修订工作。各地亦逐渐明确园林绿化地方标准归口管理部门及组织，北京、上海率先成立了园林绿化地方标准化技术委员会。随着团体标准法律地位的确立，2018 年，中国风景园林学会成立"中国风景园林学会标准化技术委员会"，管理团体标准制修订工作；上海、江苏、福建、河北等省（市）级风景园林学会及上海、天津等地的园林绿化行业协会均先后在全国团体标准信息平台上注册并开展团体标准化工作。瞄准京津冀、粤港澳、长三角等国家区域发展战略，区域协同标准制定工作被提上日程，京津冀初步建立健全了区域协同地方标准共同制定、同时发布的工作机制；粤港澳大湾区于2019年成立了粤港澳大湾区标准化研究中心；长三角园林绿化标准一体化工作正处于初步探索阶段，2019年成立的长三角城市生态园林协作联席会议大力推进区域标准协同。

2. 园林绿化标准体系逐步完善

国家级园林绿化现行的标准体系属于2002年编制完成并颁布实施的《工程建设标准体系》其中部分。2016年，根据国家《深化标准化工作改革方案》要求，启动工程建设领域强制性国家标准体系框架的研究，编制由全文强制性标准引领，以推荐性国家标准为基础、团体标准为补充的"十四五"城镇风景园林国家（行业）工程／管理标准体系。该体系包含标准98项，其中综合全文强制2项、基础标准15项、通用标准33项、专用标准48项。对标工程建设标准体系，各地对园林绿化相关标准进行了系统梳理，开展了园林绿化地方标准体系建设，如上海于2019年完成上海市园林绿化标准体系梳理工作。

3. 园林绿化标准制修订及宣贯工作得到加强

园林绿化行业的发展需要通过工程标准、产品与管理服务标准两大类标准予以支撑、配套。在现行园林绿化标准中，工程标准占其中的绝大部分，内容相对较全面，覆盖城市绿地、各类公园、绿道的规划设计施工养护的全过程以及部分具体的工程技术；而支撑工程建设顺利进行和持续完善的产品、管理和服务标准则相对较少，仍有较大发展空间。此外，伴随着标准化改革，园林绿化标准国际化工作也已提上日程，以项目带动标准、以标准引领项目，带动我国产品、技术、服务走出去。目前，园林绿化领域现行国家标准7项，如2021年颁布的园林绿化行业第一本全文强制性规范《园林绿化工程项目规范》（GB 55014—2021）等；行业标准30项，如住建部2018年发布的《园林绿化养护标准》等。2018年，中国风景园林学会批准立项第一批团体标准，至今现行、在编团体标准共38项，其中已颁布标准12项、在编标准26项，2021年新立项标准10项。各地也组织编制了大量园林绿化规划、设计、建设、养护管理等方面的地方标准规范，其中北京、上海、深圳、山东等地的地方标准制修订工作成效突出，标准覆盖面较宽、实用性较强，如上海编写了《高架桥绿化技术规程》《绿道建设技术标准》等地方标准。此外，国家风景园林标委会及各地注重标准的宣贯实施工作，面向社会公众和相关企事业单位，通过培训、讲座等形式推进园林绿化行业先进标准宣贯工作。

（五）园林绿化发展基础进一步夯实

1. 园林绿化法制化管理稳步发展

为适应新时代城市园林绿化管理新形势和新要求，国家分别于2011年和2017年对《城市绿化条例》进行两次修订。《城市绿化条例》颁布后，住房和城乡建设部先后颁布了

《城市动物园管理规定》《城市绿线管理办法》两项部门规章，进一步完善了园林绿化法规体系。国家层面的园林绿化行政法规、部门规章的设立也推动了全国各地方性法规立法工作，地方性法规结合相关技术标准规范实施，保障城市园林绿化建设合理性与统一性，为开展全面管理、评审、处罚等管理工作提供法制支撑。

2.园林绿化科研管理成果倍出

（1）科研科普深入推进。"十三五"时期，园林绿化科研项目得到了国家自然科学基金等国家到地方的资助与支持，在规划设计、施工技术、植物配置、生态与环境、园林植物、植物保护、生物技术、标准等领域深入开展研究。行业相关成果量质齐升，2016—2020年园林绿化领域共有21项科研项目荣获中国风景园林学会科技进步奖一等奖，其中有5项在"十三五"期间获得了国家科技进步奖。国家有关部、局加强了园林绿化行业科技支撑平台、科创中心、科学普及平台等建设，设立重点实验室、创新联盟、长期基地等平台。各地通过工程中心、服务平台等渠道强化科技创新、技术服务、推广服务等工作，如上海成立了上海城市树木生态应用工程技术研究中心、上海市绿地土壤质量专业技术服务平台等。在科普教育方面，国家林业和草原局牵头成立了自然教育总校，开展全国性的绿化林业行业相关的科学技术大众普及工作；全国科技活动日、全国科普日以及上海国际自然保护周等由各省市发起的大众性科普节日成为园林绿化科普开展的重要节点；大量图文并茂的园林绿化科普读物的出版持续成为园林绿化科普的重要载体；各地园林绿化管理部门、高校、科研院所、企业依托新媒体，通过微信、微博、视频号等多渠道、多方式开展园林绿化普及工作。

（2）信息化管理工作稳步实施。北京、上海等市运用GIS、GPS等空间信息技术，结合各类基础地理信息数据，加强园林绿化数据库建设，实现园林绿化资源数字化管理。其中，上海市于2010年开发绿化养护巡督查系统，广州市于2010年启动了"数字绿化"平台的建设。深圳进行城市园林绿化数字化管理，利用数据化平台实现数据档案、公园绿地养护等方面的高效管理。南京建立了全市园林一张图信息和管理平台，内容涵盖园林绿化信息管理、辅助决策、综合监管三大板块。北京搭建了"园林企信通"信息化服务系统，上海市建成了"综合信息服务平台"，实现了园林绿化专业平台、建设工程交易平台二合一。许多省份开发完成古树名木信息化管理系统，上海浦东新区古树管理率先实现可实时监测古树状态。上海、广东等地通过BIM技术推进园林绿化工程建设，为园林工程提供模拟分析科学协作平台，提升园林绿化工程建设水平。

各地依托物联网、大数据及云计算技术，开展园林绿化资源采集、数据更新、生态环境监测、公园景区巡查管理、各类灾害预警等园林绿化业务管理工作，对管理对象进行动态监测管理。北京市于2017年运用新一代信息技术，结合现代生态园林理念，在北京城市副中心行政办公区千年守望林建成了包含监测、管理和服务三大部分的智慧园林系统；2018年北京市园林绿化局印发了《北京市智慧公园建设指导书》并启动智慧公园建设，在通信与信息技术的基础上，围绕游客的需求构筑完善的旅游信息基础设施和信息化服务体系。上海市于2017年启动智慧公园建设，探索公园管理、科普教育、公众服务等方面的智慧化管理。

3.园林绿化人才培养成果

（1）管理人才培养不断探索。中国风景园林学会探索举办管理干部培训班及研讨班，持续实施，促进各地技术、管理理念、案例的交流。上海近五年来每年开展园林绿化业务干部培训，关注长三角园林绿化发展新的趋势、新的理念和好的做法，打造本领高强的带头人队伍。杭州开设全国范围的新技术应用专题培训（如紫薇花期调控），以点带面，通过人才培养方式将技术之花开遍全国。

（2）标准化人才储备工作有力推进。国家风景园林标委会及各地积极组织行业内技术人员参加标准化岗位资格培训及标准化专项培训，培养了一批园林绿化领域的标准化专业人才。

（3）技能人才培养工作取得扎实成效。国家有关部门、地方推进园林绿化国家职业技能标准和国家基本职业培训包编写工作，其中，住建部于2016年编写发布园林行业职业技能标准；农业农村部于2020年启动编写园林绿化工国家职业技能标准；上海完成园林绿化工国家基本职业培训包编写制定工作；国家林业和草原局、农业农村部启动编写草坪园艺师国家职业技能标准；四川省职业技能鉴定指导中心、四川时代花木职业学校启动编写插花花艺师国家职业技能标准。

园林绿化职业培训教材也有突破。北京、上海发挥了牵引作用，其中，北京2018年编写出版园林绿化工操作技能（第二版）；上海2012—2014年编写出版绿化工、花卉工两个职业工种各3个等级（五级、四级、三级）1+X职业技术职业资格培训教材，2019年编写出版园林绿化工（一级）企业高技能人才职业培训教材。

世界技能大赛花艺、园艺项目屡获大奖，其中上海的花艺、安徽黄山的园艺逐步形成品牌。国家"以赛促学"加强技能人才的培养，在园林绿化方面形成具有梯度的全国、省、市、区、企业多级的技能竞赛体系。技能人才培养方式除等级、专项职业能力评价和技能大赛常规方式外，工匠、首席技师、技能大师工作室的评选同步开展，涌现出一批技能领军人才。

三、风景园林经济与管理未来重点研究方向

（一）有效提升城市园林绿化生态效益

围绕碳达峰、碳中和已经纳入生态文明建设的整体布局，保持生态文明建设战略定力，推进城市园林绿化建设和管理。要把阔叶类、树冠面积大、幼壮年树种作为第一选择，倡导推进近自然、多元复层等新配置模式，以乔灌群落为主要群落结构，尽量减少草

花植物应用量，增强绿地生态系统稳定性及固碳释氧能力。要全面推进资源节约、循环利用型园林绿化，最大限度控制绿地系统硬质面积及草坪面积，减少钢铁材料运用，景观灯光要加大光伏节能灯应用力度，充分利用自然降水、景观河道水等水源，优化节水灌溉系统布局，提高园林废弃物循环利用率。要加强控制园林绿化养护作业造成的环境污染，大力推进园林绿化有害生物绿色防控，加强绿色防控技术开发应用，逐步实现肥料、农药减量应用。要强化对园林绿化资源珍贵化属性的保护管理，加强野生植物、珍稀濒危植物种、古树名木保护。

（二）积极开展公园城市建设新实践

围绕人、境、业、城、制公园城市建设五大元素，在城市更新进程中，用城市园林绿化手段积极践行城市公园重要理念。要加强公园城市发展战略研究，草拟公园城市建设管理政策、地方性法规、规章草案，组织开展公园城市生态资源的动态监测与评价，制定、实施公园城市生态建设目标及地方标准。要加强公园城市建设规划，组织编制、实施公园城市生态建设总体规划、园林绿化专项规划、公园发展规划及公园、绿道等体系建设，积极纳入城市总体规划编制，做好公园城市生态建设总体规划与城市总体规划、国土空间规划的衔接平衡。要加强公园城市产业融合发展研究，推动公园城市苗木花卉、特色经济林、林下经济、森林康养和生态旅游等生态产业发展，创建生态价值转化机制和实现平台，健全环境资源交易制度，统筹推进公园城市生态建设项目实现新经济成果转化。

（三）推动城市园林绿化区域协同发展

围绕京津冀协同发展、粤港澳大湾区建设、长三角一体化发展、长江经济带发展等区域协同发展战略，发挥比较优势、促进要素流动聚集、增强发展动力，推动城市园林绿化区域协同发展。要强化区域协作，积极搭建平台，促进交流互鉴；推进标准领航工作，研究园林绿化标准互认机制，加快编制区域团体标准，促进科技成果跨区域转化，提升区域标准化工作服务能力。要深化联动协同，推进都市圈协调联动，加强绿道等园林基础设施建设和连通，构建绿色生态的优质生活空间；推进信用成果一体应用，优化区域信用环境，形成区域园林绿化信用成果一体化应用合作格局，探索创新园林绿化工程建设市场监管体制机制。要建立共建机制，促进协作联动，建立健全区域协同组织机构、议事协调、联动协作、技术合作和共建等一体化机制建设，提升区域联动协同水平；加强信息共享，搭建区域协同城市园林绿化建设信息共享平台，扩大辐射面、提高显示度，宣传推广高品质城市园林绿化示范样板建设成果成效，促进园林绿化发展成果共享与交流；开展人才交流合作，推动区域协作深度融合，促进中高层次人才交流和培养，充分发挥人才在发展中的引领和支撑作用，为区域协同发展提供智力支持和人才保障。

（四）加强后疫情时期城市公园绿地安全运营管理

围绕城市公园绿地减灾避险功能发挥，巩固拓展在新冠肺炎疫情时期取得的成功经验，探讨后疫情时期安全运营管理。要建立联动机制及应急预案，公园绿地管理机构建立突发事件应急体系，形成设施、场所及区域安全评估机制，与属地有关机构深入协作联动。要强化以人为本的工作基点，加强工作人员管理，建立员工健康档案，提升应急处理工作能力；确保游人安全，加强入口健康检查，规定在室内区域全程戴口罩，严格控制游人数量，避免聚集。要加强公园绿地环境卫生工作，做好保洁、垃圾及绿化废弃物分类处置，加强对园林设施小品及室内区域消毒通风，全面做好公园绿地日常养护管理工作，着力开展植物病虫害无公害防治。要加强安全管理科普宣传，多渠道推送应急防控知识、健康生活知识，引导公众正确对待突发事件，弘扬主旋律和正能量。

（五）深入实施绿化精细化管养

要充分发挥日常巡督查及绩效考核的"指挥棒"作用，聚焦中心工作、重点目标任务及管理领域重点、难点问题，优化检查考核机制及指标体系，注重点面结合，强化全要素管理，加强结果运用。要牢牢牵住"牛鼻子"，抓住绿化管养关键，精心打造示范点、样板路，推进植物群落结构优化、植物观赏价值提升、木本观花植物花期调控、行道树机械化修剪、悬铃木及杨柳飘絮防控治理、古树名木保护、绿化有害生物绿色防控与化学农药减量等工作，并加以评估优化，形成长效机制。

（六）积极构建居民园艺服务体系

围绕高品质生活、高水平治理，聚焦居村、居民，提高园艺服务能力。要不断提高居民爱绿护绿意识，引导居民以打造居住区优美生态环境为着力点参与居村基层组织现代化治理，倡导居民参与义务植树活动、居住区绿地及树木认建认养活动，创新开展花卉园艺"进社区、进园区、进村落、进家庭、进校园、进楼宇"等"六进"活动。要积极拓展居民参与园艺建设管理渠道，以城市公园绿地为重点开展各类花卉展览展示活动；推进"美丽街区""美丽家园"建设，把屋顶、檐口、窗台、阳台、露台、家庭作为主战场，布置家庭园艺。要加强专业技术指导，把专业技术指导员派送到社区开展技术培训、业务指导工作，建立推进社区园艺师制度，提高居民家庭园艺技术能力。如上海第一个开放街区中的社区花园——创智农园，利用原垃圾堆积处开辟出市民积极参与的小型农园，寓教于乐，开展园艺科普活动。

（七）加强城市园林绿化智慧化建设

《中华人民共和国国民经济和社会发展第十四个五年规划和2035年远景目标纲要（草

案）》提出，迎接数字时代，激活数据要素潜能，推进网络强国建设，加快建设数字经济、数字社会、数字政府，以数字化转型整体驱动生产方式、生活方式和治理方式变革。园林绿化数字化已经初见成效，而在数字化上更进一步的就是智慧化，因此要把智慧化转型作为未来园林绿化建设、养护管理的一个主攻方向，用智慧化方式创造性解决园林绿化发展难题。着重在公园绿地、行道树和古树名木等园林绿化资源数据管理，绿地建设养护、病虫害防治、古树名木等日常业务管理等方面，打造全方位绿化信息化管理应用体系；并在园林绿化信息化管理的基础上，深入运用物联网、云计算、移动互联网、人工智能等新一代信息技术，以网络化、感知化、物联化、智能化为目标，构建园林绿化立体感知、管理协同、决策智能、服务一体的综合管理体系，使园林智慧化。

参考文献

[1] 高玉民. 城市园林绿化经济管理趋势分析［J］. 中国园艺文摘，2010，26（2）：63-64.
[2] 王请. 城市园林绿化经济管理发展方向分析［J］. 中国经贸导刊，2010（20）：87.
[3] 周如雯，陈伟良，茅晓伟. 风景园林经济与管理学发展的回顾与展望［J］. 中国园林，2015，31（10）：32-36.
[4] 林广思. 论中国园林绿化法规体系［J］. 中国园林，2016，32（8）：36-40.
[5] 师卫华，季珏，张琰，等. 城市园林绿化智慧化管理体系及平台建设初探［J］. 中国园林，2019，35（8）：134-138.
[6] 张翰文，刘晓光，冯阳. 景观绩效研究综述［J］. 现代园艺，2019（7）：37-40.
[7] 林凯旋，倪佳佳，周敏. 公园城市的思想溯源、价值认知与规划路径［J］. 规划师，2020，36（15）：19-24.

撰稿人：严　巍　周如雯　朱祥明　戴咏梅　李梅丹　韩　笑　茅晓伟
　　　　陈宪章　吕雄伟　彭承宜　李　欣　徐　忠　王　辉　陈嫣嫣
　　　　罗雨薇　李婷婷　黄祯强　孙　楠　徐　锦

风景园林教育研究

风景园林教育专题主要回顾 2010 年以来我国风景园林教育在高职、本科、研究生教育、教学条件和师资队伍、教学成果成效、国际交流与合作方面的发展过程。同时，总结和评述风景园林学一级学科建设、风景园林本科专业建设、风景园林人才培养模式、风景园林教学思想、风景园林课程体系、风景园林实践教学、风景园林教学方法与技术、风景园林专业和学科评估等研究和实践。最后，从风景园林学位体系研究、风景园林一流学科和一流专业建设、风景园林专业和学科评估、风景园林教学的新技术和新形式等方面指出和分析风景园林教育未来发展的重点研究方向和需求。

一、风景园林教育发展回顾

（一）风景园林本科教育发展

自 2011 年风景园林一级学科正式成立以来，我国风景园林专业点迅猛增长。截至 2021 年 9 月，全国现有本科专业点共 338 个，设置在 278 所院校，分布于 31 个省级行政区、136 个城市；其中，风景园林专业点 198 个，园林专业点 140 个。

（二）风景园林学术型研究生教育发展

2011 年，风景园林学增设成为工科门类一级学科，可授予工学或农学学位。截至 2021 年 9 月，全国现有 21 所高校设有风景园林学一级学科博士授权点、56 所高校设有风景园林学一级学科硕士授权点。

据国务院学位委员会风景园林学科评议组对 47 所高校的统计，2013—2017 年全国风景园林学硕士招生超过 4000 人、授予学位超过 2600 人，目前在读研究生人数超过 1700 人。

2012 年，风景园林学独立设置一级学科首次参加由教育部学位与研究生教育发展中心组织的学科评估。此外，自 2014 年起，各校的风景园林学博士学位和硕士学位授权点需要接受国务院学位委员会和教育部组织的定期合格评估。

（三）风景园林专业型研究生教育发展

2005 年，风景园林硕士专业学位增设，首批 25 个单位招收在职人员攻读风景园林硕士专业学位。2009 年，开始全日制风景园林硕士专业学位研究生培养。自 2016 年起，所有在职研究生均作为非全日制的分类纳入国家研究生招生计划。至此，风景园林硕士进入全日制与非全日制培养的双轨时期。截至 2021 年 9 月，全国现有 81 所高校设有风景园林学一级学科硕士授权点。

当前，风景园林硕士教育已基本实现规模、结构、质量、效益协调发展，人才培养特色日益彰显，主要体现在：截至 2020 年 3 月，全国累计招生约 16000 人，授予学位约 9000 人；截至 2020 年 12 月，全国风景园林硕士研究生培养单位达到 79 个，涵盖综合类、农林类、建工类、艺术类等院校，基本实现地域的全覆盖和学校类型多元化。

2020 年，风景园林硕士首次参加国务院教育督导委员会办公室组织的专业学位水平评估。此外，自 2014 年起，各校的风景园林硕士学位授权点需要接受国务院学位委员会和教育部组织的定期合格评估。

（四）风景园林高职教育发展

我国专科层次的风景园林教育开办较早，与本科专业基本同步。2004 年，教育部和建设部组建高职高专土建类专业教学指导委员会规划园林类分指导委员会。2015 年，教育部颁布新的高职专业招生目录，风景园林相关专业有：林业类园林技术（510202）（包括园林植物栽培与养护、园林植物生产与经营、园林植物造景等方向）以及建筑设计类风景园林设计（540105）和园林工程技术（540106）等 3 个专业。截至 2021 年 9 月，全国现有园林技术专业点 152 个、园林工程技术专业点 138 个、风景园林设计专业点 78 个，为地方风景园林事业培养了大量专门化职业人才。

（五）风景园林教学条件和师资队伍建设 [①]

风景园林教育作为实践性很强的专业教育，实践性教学比重很高，目前，风景园林院校普遍拥有类型丰富的、各具特色的科研教学平台。建筑类院校普遍在城镇化、生态建筑、文物与文化遗产、建筑材料及工艺、建筑物理、建筑模拟等方面具有相对雄厚的教学平台支撑；农林类院校实验室、基地建设则在植被恢复、植物景观设计、植物花卉工程、

---

① 该节的数据源于国务院学位委员会风景园林学科评议组对 47 所高校 2017 年年底情况的统计。

农业景观、种质资源开发、园林育种、园林苗圃、植物切片与标本制作等方面更为突出；艺术类院校在工业设计、建筑装饰、现代工艺、数字建造、材料加工等方面的科研教学平台更为丰富。此外，生态景观、地域性景观、虚拟仿真、水敏性景观、乡村景观等方面的科研教学建设已经受到越来越多的院校的重视。

在形式上，教学平台有国家级或省部级重点实验室、创新联盟、研究院、工程技术研究中心、协同创新中心、实验教学中心、联合研究中心等。据不完全统计，风景园林学科一共有 30 个省部级以上教学平台、45 个省部级以上基地、115 个省部级以上实验室和研究中心、4 个国际合作教学研究平台。通过构建各具特色的教学研究平台，积极发展校企合作教学基地与联合培养基地，以及通过海外联合办学和举办国际研讨会的形式促进国内外学科交流，使本学科蓬勃发展。

校外培养（实训）基地以风景园林设计院、景观设计公司为主，还包括规划设计院、建筑类设计院、勘察设计院、文物考古研究院、规划局、管委会、规划编制研究中心等多种不同类别的基地。部分高校还建设有国际联合培养基地平台，主要形式为硕士双学位联合培养、固定的联合设计工作坊、联合研究中心等。

风景园林师资队伍本、硕学科背景有风景园林学、建筑学、城乡规划学、艺术学、生态学、地理学、园林植物、管理学、旅游等；本学科教师队伍最高学位主要是风景园林学、建筑学、城乡规划学、生态学、地理学、园艺学、艺术学等学科方向，体现了本学科多学科、多领域知识体系相融相织的特点。教师人员主要来源于国内外著名高校毕业生，教师毕业院校层次高、类型多、区域分布广、比例合理，最高学历非本单位的教师人数比例在 50%～60%。30% 左右的教师有过海外留学或工作经历，本学科和许多国外知名高校维持着教学合作关系。

风景园林一级学科博士点共有专任教师 680 人。其中，博士生指导教师共有 160 人，占 24.5%；硕士生指导教师共有 427 人，占 62.8%。45 岁以下青年教师占 59.1%，具有国内外知名高校的博士学位人员占 72.2%，具有副高及以上职称人员占 68.4%，具有海外经历的人员占 36.9%。指导教师队伍在年龄结构、学缘结构、职称结构方面比较合理。

风景园林一级学科硕士点共有专任教师 972 人，硕士生指导教师共有 523 人，占 53.8%。45 岁以下青年教师占 57.4%，具有国内外知名高校的博士学位人员占 52.0%，具有副高及以上职称人员占 63.1%，具有海外经历的人员占 25.1%。

此外，风景园林硕士作为职业学位类型，在师资队伍建设中突显"双导师"。从整体上看，聘任校外行业导师辅助教学、指导毕业论文或毕业设计已是专业硕士培养过程中必不可少的一个重要支撑。大多数院校的行业导师与专任教师的占比在 40%～50%，部分院校在 20%～40%，或少于 20%。

（六）风景园林教学成果成效

1. 以系列教材建设提升教学成效

南京林业大学王浩教授团队基于"链式理论"组织编写完成了《园林规划设计》《园林建筑设计》《园林工程》《风景名胜区规划原理》《风景园林设计表现理论与技法》《园林树木栽培学》等系列教材，形成主干清晰、支线丰富、相互补充、环环相扣的"链式"课程体系和实践体系，被全国 30 多所高等学校所用，出版发行总数近十万册。教学成果"基于链式理论的园林专业系列教材建设（教材）"荣获 2014 年国家级高等教育教学成果二等奖。

2. 以特色育人模式培养精英人才

北京林业大学李雄教授团队依托学校 60 余年园林教育的历史积淀和学科特色，秉承精品化、精英化、国际化的人才培养理念，构建了分段式、三师制、联动化人才培养模式，切实提高了学生的学术创新能力、行业洞察能力、专业综合能力和国际交流能力，探索了一条符合国情、特色鲜明的园林精英人才培养的全新道路。教学成果"分段式、三师制、联动化园林精英人才培养模式的探索与实践"项目荣获 2018 年国家级高等教育教学成果二等奖。

3. 以学科交叉融合促进专业发展

各高校充分融合城乡规划学、建筑学等平台资源，积极探索共建共享、交叉创新的人才培养模式，促进风景园林学科专业发展。"基于文化与技术整合的城乡建成遗产保护及传承特型人才培养体系"（同济大学）、"城市设计创新人才培育体系改革与实践"（华南理工大学）、"培养拔尖创新人才的设计类课程集群多元互动模式探索与实践"（哈尔滨工业大学）分别荣获 2018 年国家级高等教育教学成果三等奖。

（七）风景园林教育国际交流与合作

学科不断提升与加强行业学会与专业组织在国际交流中的地位与作用，同时与国外高等院校间开展了形式多样的国际交流与合作。中国风景园林学会不断推进国际会议在中国的举办，学会领导亦更多地在国际重要奖项的评选中担任评委，提升国际专业评价话语权；学科核心专业机构组织积极推动行业重大国际会议在我国举办，使中外风景园林学科思想、文化内涵及教育理念不断交汇碰撞；而与国外院校的师生互访、联合课程以及外籍教师引入的制度性突破，也使得学科体系建设及效果评估等方面得到显著提升。

二、风景园林教育研究和实践成果综述

（一）风景园林学一级学科建设

风景园林学科的目标是发现人与自然互动规律、协调人与自然的关系、保护创造理想

人居环境。应用对象围绕国土区域、乡村到城镇的人居环境展开，从人居的环境生态、健康心理、城乡建设三方面着眼，从生态空间、农业空间、城镇空间着手，旨在通过科学理性的分析评价、时空规划与设计，对人居环境实施一系列的保留、保存、保护、恢复、修复、改造、更新、养护、运营、管理等人居生态环境、心理环境、建成环境的实践。目前，风景园林学一级学科下设 6 个二级学科方向，包括风景园林历史与理论、园林与景观规划设计、大地景观规划与生态修复、风景园林遗产与保护、园林植物与应用、风景园林技术科学。

（二）风景园林本科专业建设

近年来，风景园林本科教育体系不断规范，课程设置不断完善，本科专业建设总体表现出如下特点与趋势。

一是学科基础教育日渐夯实。随着风景园林学科框架与规模的不断明晰，风景园林本科教育不断夯实规划设计、植物生态及工程技术等学科核心知识体系的教育模式，提升教师授课及学生学习成效，保证本科毕业生具有坚实的学科能力。

二是课程设置覆盖愈加广泛。随着学科新问题与新知识的不断涌现，学科逐渐呈现融合与交叉的发展趋势。各大院校本科教育在确保学科基础教育的同时，依托本校基础背景不断丰富课程方向，为学生提供更广阔的学科视野。

三是理论实践关系越发平衡。学科专业建设不断协调理论与实践的平衡，通过校企联合、国际联合等教育模式提升学生的实际操作与实践创新能力，保证了本科生毕业时择业、升学的诸多可能。

（三）风景园林人才培养模式

针对不同教育阶段的学生，风景园林学科制定了多层次人才培养模式。

风景园林高职教育以培养高技能、应用型人才为根本任务，以适应社会需要为目标，以就业为导向。经过多年的探索，我国风景园林高等职业教育走出了一条独具中国特色的"产教融合、校企合作"发展的道路，办学成效显著。

2014 年，江苏农林职业技术学院"建园林工作室，育高职园林技术精英人才的创新与实践"项目、辽宁农业职业技术学院"基于企业项目载体、岗位流程主导的园林工程技术专业课程改革实践"项目荣获国家级教学成果（职教类）二等奖；2018 年，潍坊职业学院"互联网 +"背景下双线融合的《园林植物保护》课程改革与实践"项目、杨凌职业技术学院"园林工程技术专业创新创业型技术技能人才培养研究与实践"项目、湖南环境生物职业技术学院"高等职业教育园林技术专业教学质量标准包构建的研究与实践"荣获国家级教学成果（职教类）二等奖。

（四）风景园林教学思想

从传统造园中叠山、理水和种植花木的匠艺传授，到今天现代风景园林中对大尺度规划与设计、棕地修复、基础设施的教学讨论，风景园林教学思想随着学科内涵发展——从私密转向开放、从个体转向公共、从小尺度转向区域和全球尺度——而不断演变。在近十年的教学发展中，全国高等院校风景园林教学思想总体上可以从两个方面来阐述，即国家战略需求和区域风景特征。风景园林教育在我国的开展是随着风景园林学科的不断定义与认识逐渐发展的。

1. 风景园林教学思想与国家战略需求紧密结合

从 2012 年党的十八大做出"大力推进生态文明建设"的战略决策，到 2017 年十九大指出"绿水青山就是金山银山"的理念，再到治理城市病、改善人居环境的"城市双修"（生态修复、城市修补）以及乡村振兴、美丽中国、国家公园和公园城市等，风景园林的教学紧密围绕着国家战略发展目标，因地制宜地结合各区域的特色，进行地域化的教学实践。

如何把国家需求、社会问题转化为专业与学科的研究问题，使课堂成为问题探讨的中心，成为风景园林院校教学的重点。例如，一些院校围绕棕地的修复与开发开设专门的设计课程，结合具体的真实环境问题，进行从理论到修复技术、方法等实践探索，2016 年、2018 年清华大学景观学系连续举办系列"棕地再生与生态修复"国际会议，邀请不同国家、不同学科的研究者与实践者共同探讨再生与修复的经验与技术，以期摸索出适合我国生态文明建设的棕地再生途径。一些院校围绕城市雨洪管理与景观水文开设设计课程，结合当前我国城市的水问题进行专题探讨，在教学过程中一方面重视现代城市水适应的讨论，另一方面积极挖掘传统理水智慧，探索千百年来中国先民在与自然博弈过程中积累的山、水、田、园一体化的传统人居环境营造与水生态智慧。

2. 风景园林教学思想与院校所在地的区域风景特征相结合

围绕新时代生态文明和美丽中国的建设需求，全国高等院校的风景园林学者在祖国不同地区结合不同地域气候、地质、地理与植被、地方文化特征，进行风景园林教学实践。

重庆大学针对西南山地城市特点，以堡坎、平台和垂直绿化为切入点，开展"山地城镇规划与集约生态化建设"研究，提出了山地多维立体绿化技术和生态园林营建技术。华南理工大学把气候适应性技术与传统园林艺术融合，研究传统岭南庭园空间是如何适应当地湿热气候的。东南大学开展"基于气候适应性模型的夏热冬冷地区城市绿地形态优化策略"的国家科研项目研究，通过温湿度实效的绿量测度算法对比研究确定绿色容积率算法，更能反映城市历史性地区的真实绿量情况。

（五）风景园林课程体系

1. 本科课程体系

风景园林本科教育的课程体系主要取决于各校对人才类型的定位。当前，风景园林本科专业的人才类型就知识教育而言分为应用型、学科型两大类。应用型人才培养属于大众普及型教育，针对风景园林行业中特定的职位或某些（个）具体问题形成课程体系。学科型人才培养属于精英型教育，知识体系源自风景园林学科。若风景园林本科专业在建筑类下大类招生，须遵照《普通高等学校本科专业类教学质量国家标准》（2018年版，简称"标准"）构建课程体系，特别是专业分流之前与大类下其他几个专业实施通识教育。《高等学校风景园林本科指导性专业规范》（2013年版，简称"规范"）将风景园林专业的课程体系划分为通识教育与专业教育（表9）。"标准"将风景园林本科专业与建筑学、城乡规划、历史建筑保护工程并列于建筑大类下，其知识体系包含3个部分（表10）。这两个文件构成了当前风景园林专业课程体系的主要依据。

表9　"规范"对风景园林本科专业知识体系的规定

类别	内容	
通识教育	按照教育部相关规定执行	
专业教育	专业知识体系	核心知识领域	风景园林历史与理论、美学基础与设计表达、园林与景观设计、地景规划与生态修复、风景园林遗产保护与管理、风景园林建筑设计、风景园林植物、风景园林工程与管理
		选修部分	在核心知识领域的基础上，以厚基础、宽口径为原则，体现办学特色
	专业实践体系	实验、实习、课程设计和毕业设计（论文）	
	大学生创新训练	遵照教育部及有关行业要求，组织学生参加大学生创新计划、国内外设计竞赛、科研训练项目、寒暑期社会实践等活动	

备注：核心知识领域包括27个核心知识单元，详见"规范"

表10　"标准"对风景园林本科专业知识体系的规定

模块	内容	
通识类	除国家规定的教学内容外，人文社会科学、外语、计算机与信息技术、文献检索、体育、艺术等内容由各高校根据办学定位及人才培养目标确定	
学科类	建筑学概论、建筑设计初步、建筑工程制图、建筑艺术表现	
专业类	专业知识体系	与"规范"一致
	实践性教学环节	实验、实习、课程设计和毕业设计（论文）

备注：必修课与选修课的设定原则为理论课程约占55%，设计/规划类课程约占30%，实践课程（含实习、实验）约占1%，选修课程约占14%

2. 专业型硕士研究生课程体系

在专业学位教育方面，强调知识教育与实践训练并重，重点培养学生解决风景园林实践中的具体问题，其课程体系由服务领域主导，以分方向培养为特点。在《风景园林专业学位基本要求》（国务院学位委员会办公室，2015年版）（以下简称"要求"）中，风景园林专业学位的服务范围包括风景园林规划与设计、风景园林工程与技术、风景园林植物与应用、风景资源与遗产保护、风景园林经营与管理5个领域，也可将其视作分类培养方向；知识体系分为基本知识、专业知识两个类别；实践训练包含案例研讨、设计训练、实习实践3个部分（表11）。《全日制风景园林硕士专业学位研究生指导性培养方案（2016版）》（以下简称"方案"）将课程体系设置为学位课程、选修课程两个部分（表12）。全国风景园林专业学位研究生教育指导委员会基于此确定了《风景园林历史与理论》《风景园林规划与设计》《园林植物与应用》《风景园林工程与技术》为风景园林硕士的核心课程。

表11 "要求"对风景园林硕士学位研究生专业知识与实践训练的规定

类别		内容
基本知识		具有哲学、社会学、美术学、设计学、心理学、历史学、经济学、文学、管理学等人文社会科学领域相关的基本知识
		具有建筑学、城乡规划学、生态学、林学、生物学、地学、环境科学与工程、土木工程、水利工程、测绘科学与技术等自然科学领域的基本知识
专业知识	理论与方法类	园林与景观设计、地景规划与生态修复、风景园林遗产保护、风景园林植物应用、风景园林工程与技术、风景园林经营与管理等
	历史、前沿与动态类	中外风景园林历史发展过程和特征，中外风景园林理论与实践的前沿和发展动态
	政策、规范类	我国风景园林行业及相关领域的方针政策、法律法规和技术标准规范
实践训练	案例研讨	以风景园林具体项目或课题为来源，选取其中极具典型性和代表性的部分编撰形成教学案例，在授课过程中通过情景模拟、现场体验、交流讨论等手段或方式，引导学生与授课教师共同参与研讨
	设计训练	围绕某一风景园林研究课题或实践项目，通过组建风景园林综合设计团队，在专业教师指导下开展设计或研究工作
	实习实践	在风景园林及其相关行业参与项目或课题的实际工作

备注：在整个风景园林硕士专业学位的培养环节中，学生所参与的实践训练累积学时原则上不得少于12个月

表12 "方案"对风景园林硕士学位研究生课程体系的规定

类别	内容
学位课程（必修）	政治理论、外国语、风景园林历史与理论、风景园林规划与设计

续表

类别		内容
选修课程	限选模块（不少于 4 类，其中 * 为必选模块）	风景园林植物应用类 *、风景园林工程与技术 *、生态学类、风景遗产保护类、风景园林信息技术类、风景园林政策法规与经营管理类
	任选模块	风景园林表达类（软件、绘图、口头表达）、园林文化与艺术类、城乡规划类、建筑类、游憩与旅游类、社会学类、环境学类、经济学类、公共管理学类

备注：选修课程中的"限选模块"可与培养方向结合设置；"任选模块"体现各校办学特色

3. 学术型硕士研究生与博士研究生课程体系

与专业学位分方向培养不同，风景园林学术型硕士研究生与博士研究生教育强调学科知识的系统性，课程体系的设置以二级学科（方向）为主导，同时受学位点所在学院对学科特色定位的影响。风景园林历史理论与遗产保护、大地景观规划与生态修复、园林与景观设计、园林植物应用、风景园林工程与技术为风景园林学 5 个二级学科（方向），各校在二级学科（方向）名称、数目方面略有差异。办学特色源自三个方面：一是依托所在院校优势形成特色，如"建筑、城规、园林三位一体""工、农、理、艺、管、文交叉融合""风景旅游规划设计"等；二是以地域性园林研究与实践为特色，从所在地地理环境的特殊性或所在地传统园林资源方面寻求学科发展的特色来源，有的紧扣所在地的特殊地理环境形成特色（山地园林、寒地园林、海滨山地城市景观、西部地域景观、喀斯特山区生态系统等），有的聚焦所在地传统园林研究、保护（岭南园林、巴蜀园林、闽台园林、江南园林等），还有的因学科发展的某些历史原因形成特色（如古典园林与文化遗产保护研究与实践、数字景观等）。这些特色直接影响了各校风景园林研究生课程体系的内容构成。课程类别主要包括学位课与非学位课两大类，常见的设置模式如表 13 所示。

表 13　学术型硕士研究生与博士研究生课程体系基本模式

类别		内容
学位课	公共学位课	政治、英语等公共课
	专业学位课	依据二级学科（方向）设置的课程
非学位课	选修课	依据学位点办学特色设置的课程，如学科交叉选修类、跨学科选修类

4. 在线开放精品课程

近二十年来，互联网技术、媒体技术、信息技术的快速发展已经深刻地影响了我国风景园林的教学、学习与实践创新，形成了以在线开放课程、线上授课、虚拟仿真教学为主的新教学形式。在线开放课程的建设与应用始于 2003 年的国家精品课程，采取"高校主体、政府支持、社会参与"的建设方式，经历了精品课程（2003 年起推行）、精品资源共享课（2012 年起推行）、精品在线开放课程（2015 年起推行）、一流课程（线上、线上线下混合，2019 年起推行）等阶段（表 14）。目前上线运行的各级园林类在线开放课程近60 门。2020 年年初暴发新冠病毒肺炎疫情时采用的中国大学 MOOC、超星一平三端、学堂在线雨课堂、慕课堂、学习通、腾讯会议等平台的线上授课成为新型教学模式。在线的开放课程也为疫情期间风景园林教学提供了网络课程资源。在实验教学方面，为解决真实实验项目条件不具备或实际运行困难，涉及高危或极端环境，高成本、高消耗、不可逆操作、大型综合训练等问题，国家于 2017 年开始推行虚拟仿真实验教学项目，从示范性项目发展至国家级项目，后者已于 2020 年纳入国家一流课程的范畴。目前，园林类国家级虚拟仿真实验教学项目已有 4 项（2019 年）。

表 14　2003—2019 年我国风景园林国家级在线开放精品课程一览表

序号	课程形式	园林类课程获批数量		年度	采用的技术、平台
		本科	高职高专		
1	国家精品课程	5	14	2003—2010	互联网、视频录制
2	国家精品资源共享课	8	5	2016—2018	互联网、视频录制
3	国家精品在线开放课程	6	3	2017—2019	视频录制；平台：以爱课程（中国大学 MOOC）为主，还包括学堂在线、智慧树、华文慕课、学银在线等
4	国家一流课程（线上、线上线下混合）	13	0	2020	视频录制；平台：以爱课程（中国大学 MOOC）为主，还包括学堂在线、智慧树、华文慕课、学银在线等

备注：此表格中的"国家一流课程"不含虚拟仿真项目

（六）风景园林实践教学

风景园林实践教学伴随着学科内涵发展和专业领域的拓展而不断演变。风景园林学科的应用型、落地性和改善人居环境问题的学科特征也要求把专业教学与实践教学相结合。

在本科层次，2013 年高等学校风景园林学科专业指导委员会编制的《高等学校风景园林本科指导性专业规范》明确指出"风景园林专业培养规格强调由自然科学知识、人文社会科学知识与专业知识 3 方面所构成的知识结构，专业教育强调专业知识体系和专业实践体系共同构成"。在研究生层次，专业实践教学作为重要的学位评估要求，对实践教学的整体设计、联合培养、实践导师方面都有明确的考评。近十年来，全国风景园林院校结合不同的地域特色和地方建设需求，在实践教学方面从传统实践课程、双师型导师和实践基地三个方面开展了大量工作。

1. 传统课程实践教学

结合风景园林教学在农林、理工和艺术院校等的不同背景，各院校开展了各具特色的实践教学课程。农林院校一直以来就有结合园林植物基地从植物、观赏园艺、植物花卉等方面的实践课程，如华南农业大学以第一、第二课堂相结合的方式，立足农学院优势开展"康复花园""社区营造""SITES 可持续设计"等各类短期工作坊。工科院校以校企合作模式进行实践教学，如苏州大学以工科为基础，采用"产学研用"的融合模式发展实践教学。艺术院校结合传统的下乡考察等课程进行实践教学，如中国美术学院坚持利用下乡，把学生带进乡村进行民居考察、带进江南园林进行园林考察等。

2. 双师型导师实践教学

2013 年，教育部发布专业学位研究生将实行校内导师与校外导师联合教学的双导师制，以提高专业实践教学水平。风景园林各院校一方面加强校内导师的实践经验，另一方面遴选在知名设计机构和科研单位的骨干，把这些具有行业影响力并且热爱教学的专业人士聘请为校外导师，校内、校外导师共同制定实践教学计划，大大地提高了实践教学的落地与真实性。如清华大学"风景园林设计 Studio"以棕地为研究主题，以首钢焦化厂为研究对象，进行 THU–UPC–IIT 三校联合设计教学，不仅景观学系教师参与，还邀请 Peter Latz 作"工业遗产改造设计"讲座、刘伯英作"首钢 CBD 总体规划"讲座等。在中国美术学院的《江南园林精测与研究》课程中，导师组不仅与学生现场教学，还邀请校外导师——叠山大师方惠现场讲解园林叠山技法。

3. 实践基地教学

为了保持固定和长期的实践教学，各风景园林院校还与相关的单位建立联合培养机制，以实践基地的方式开展风景园林实践教学。在实践基地学习期间，学生与现场紧密结合，院校与实践基地之间共同制定实践导师配置与管理，这种定点、长期与稳定的实践基地教学使学生可以在校内外导师的共同指导下参与社会服务项目，在真实的设计实践中得到锻炼。例如，中国美术学院以杭州植物园为实践基地教学单位，充分利用植物园在植物种植、培育等优势指导学生在相关植物配置课程上的教学。

（七）风景园林教学方法与技术

从内容上来说，风景园林教学分为理论与实践两个部分。理论教学方法主要包括教授式、讨论式、自主式 3 种。由于风景园林知识体系复杂，工、农、理、文、史等门类的知识交叉融合，教授式（讲授法）是课堂理论教学的主要方法。同时，风景园林实践性强的特点又使得案例教授法、演示法与多媒体教学技术被普遍采用。PowerPoint、AutoCAD、3Dmax、SketChup、Photoshop 等软件被广泛用于制作教学课件，以展示项目案例细节及计算机绘图技术。在黑板或绘图纸上进行现场设计、绘图的"演示法"，仍是规划设计类专业课教师必须掌握的一种基本教学方法。在规划设计类专业课上，"评图"与"汇报"是必备环节，因而"讨论式教学"也是风景园林教育的一项传统教学方法。不少院校为了使教学过程理论联系实践，实行"引企入教"的教学模式，邀请校外风景园林行业专家加入"评图"环节，使"讨论"过程专业性、开放性并存。在师生课堂互动的过程中，以启发式教学法引导学生主动运用专业理论知识解决实践问题，建立自主式学习的习惯。利用课余时间（约占学生在校时间的2/3），学生自主学习课堂教学以外的理论知识，完善知识框架；自主学习绘图方法与技能，提高专业技能；自主查阅资料、实地调研，分析问题、解决问题，完成课程作业，养成综合素质。近年来，翻转课堂、在线开放课程、线下线上混合课程、虚拟仿真实验教学项目为自主式学习提供了新的形式与内容。

实践教学包含实习实训、课程设计、毕业设计等形式，多采用现场教学、项目化教学等方法。特别是项目化教学，无论是"真题假做"还是"引校入企"的"真题真做"，成为风景园林教育突破校内课堂教学限制，连接课内与课外、校内与校外、国内与国外的重要教学方法。在应用项目化教学方法方面，有的院校开设以创新实践为主的"第二课堂"；有的院校举办花园营建竞赛，如南京林业大学的小花园设计竞赛（2007年第一届）、北京林业大学的国际花园建造节（2018年第一届）等；还有近二十所院校自2018年开始尝试将"N校一企联合毕业设计"或"N校联合毕业设计"常态化。以上教学实践已使项目化教学成为风景园林教育产学研一体化、院校相互交流学习的一种平台型教学方法。

三、风景园林教育重点研究方向

（一）风景园林学位体系研究

目前我国风景园林学术学位体系已基本完备，未来学位体系建设的重点在于优化授权点布局，并依据区域特点，围绕服务国家区域发展战略合理增加学术学位授权点分布，通过动态调整和新增等优化风景园林学术学位体系结构。

2020年9月，《教育部 国家发展改革委 财政部关于加快新时代研究生教育改革发展的意见》提出优化培养类型结构，大力发展专业学位研究生教育。而在专业学位方面，力争能够在现有风景园林硕士专业学位基础上论证设置风景园林博士专业学位。风景园林博士专业学位以风景园林规划与设计、国土景观规划与管理、风景园林工程与技术、风景园林植物与应用、风景资源与遗产保护、风景园林经营与管理等六大服务领域为基础，面向世界科技前沿、面向国民经济主战场、面向国家重大需求、面向人民生命健康，积极拓展服务领域，推进"山水林田湖草沙"生命共同体建设，促进人与自然和谐共生，进一步改善和提高人民生活质量，保障国土生态安全格局。

为了落实党中央、国务院关于学科专业体系改革的部署和国务院学位委员会第36次会议要求,风景园林学位体系研究还将着眼于二级学科和专业领域指导性目录编制。在各学位授予单位自主探索的基础上,进一步将学科专业建设的成果科学化、规范化,引导培养单位依据指导性目录设置风景园林学二级学科或风景园林专业学位领域,进而强化人才培养质量,构建自主设置与引导设置相结合的学科专业建设新机制。

当前风景园林学学术学位隶属工学门类,学位可授予工学或农学;风景园林专业学位不设门类归属,但从类别代码有隐性隶属农学门类的趋势。未来风景园林学位体系还需要研究解决学科门类归属等问题。

(二)风景园林一流学科和一流专业建设

自 2015 年 11 月国务院提出《统筹推进世界一流大学和一流学科建设总体方案》,风景园林教育发展得到了长足进步 。展望未来,风景园林一流学科与一流专业建设是行业的巨大机遇,但与机遇相伴的诸多挑战仍然是风景园林从业者需要面对的课题。一流学科与一流专业的建设应坚持以改革为动力,着力协调教学与科研的关系,同时应当明确一流专业建设是一流学科建设的基础。社会对专业人才的需求以及由专业知识增加而产生的知识体系化、系统化的需求往往是学科形成的基点与驱动力,而风景园林作为一门以工程实践为源头的学科,其学科建设更应重视专业实践中产生的需求与导向。因此,各相关院校应当合理配置教育资源,促进学科建设与专业建设的同步提升。着眼当下,各院校"风景园林一流学科和一流专业"的建设应当对以下方面做出着重回应。

1.明确风景园林一流学科与一流专业建设总体布局

风景园林应当建成一个怎样的一流学科仍是需要聚焦与思考的最为关键的核心问题。风景园林教育在交汇国际学术理论实践、输出知识产品与专业人才、为我国社会发展做出贡献的同时,仍要紧跟发展,准确感知新时代社会发展对风景园林学科产生的新需求,从而为风景园林一流学科和一流专业建设注入活力。

2.确保风景园林一流学科与一流专业建设群策群力

明确风景园林一流学科和一流专业建设是所有高校、机构乃至全行业从业者需要高度重视、齐心协力的共同目标。每一所开设风景园林专业的大学、学院以及机构,培养好人才、做好社会服务,不仅是风景园林行业对从业者的要求,也是风景园林从业者应当为国家生态文明建设承担的责任。

3.兼顾风景园林学科人才培养与科学研究齐头并进

在风景园林一流学科和一流专业建设的过程中,应做到专业人才培养与科学研究两手抓。国家发展进步的核心是科学人才的培养,为国家生态文明建设提供兼具实践能力与科学思维的专业人才本就是风景园林一流学科与一流专业建设的应有之义;而针对风景园林专业的科学研究,应当瞄准国际学术前沿和时代发展要求,促进风景园林学科不断发展、推陈出新。

（三）风景园林专业和学科评估

专业与学科评估是对学科建设现状的总结与反思，更是推动人才培养质量提升与学科稳健发展的有力推手。同时，我们应当注意到专业与学科评估也是一个政府、社会、高校等多个利益相关主体围绕学科发展进行价值判断和选择的过程，其中包含着多元化的价值矛盾与利益诉求。特别是在如今我国以双一流建设评价为主体的一系列专业与学科评估评价并行的背景下，风景园林专业和学科评估应当对以下方面展开思考与行动。

1. 明确风景园林专业和学科评估的内涵要义与实施目的

各院校应当进一步明确在当下我国"双一流"建设视角下，风景园林专业和学科评估的意义并非在于区别院校与学科间的水平高下，甚至导致各院校对科研成果量化评价方式与学术资本主义的盲目追求与崇拜。各院校应当以风景园林专业和学科评估的结果作为学科专业课程体系优化、师资队伍建设、教学管理水平乃至学校教育改革的方向与参考，将专业和学科评估作为手段，将提高风景园林专业和学科教育质量作为专业和学科评估的最终目的。

2. 共同建立风景园林专业和学科评估的特色评价指标体系

相较于一般专业与学科建设水平评价侧重培养人才层次、科研水平和发表文章成果，获得国家科技攻关项目和获奖层次、获得行业重大项目和地方政府科技项目为主要评价依据，风景园林学作为应用科学的特殊性使其评价指标体系的建立具有更多的可能。风景园林各院校应当共同建立适合风景园林专业和学科特色，同时广泛涵盖各层次、地区、类型院校特点的特色评价指标体系，以保证风景园林学科的健康发展。

3. 着力探索风景园林专业和学科评估与建设的辩证关系

学科评估与学科建设的关系是一种辩证的存在。有效的利用学科评估这一度量工具，可以有效地评价学科建设成就；而如果将学科评估视作一种僵硬固化的"规则"，则专业和学科评估很可能为风景园林学科的发展生态与前景带来无法估计的伤害。因此，应当进一步探索风景园林专业和学科评估规则与各高校风景园林学科建设行动的辩证关系，保证风景园林专业和学科评估从根本上成为促进各高校建设良性、健康的风景园林教育体系的有力工具。

随着近年来风景园林专业的发展，其专业内涵也逐渐明晰：风景园林学科的三大基础理论是风景园林空间营造、景观生态学和风景园林美学。以建筑学、城乡规划学、生态学和美学等理论与方法作为基础理论的内核，广泛吸收相关自然与人文学科的知识体系，自然学科包含地理学、水文学、植物学、地质学、气候学和土壤学等；人文学科包含艺术学、历史学、游憩学、管理学、文化人类学和社会学等；工程学科包含土木工程、环境科学与工程、水利工程和测绘科学与技术等。

自 2011 年风景园林学一级学科确立后，中国风景园林教育通过对生态、建筑、地理、社会和艺术等多种理论的整合、提升、创新与发展，形成了以规划与设计、工程与技术、植物与生态修复等知识为核心的完整体系。基于风景园林学科丰富的内涵，不同背景的院校逐步规范化教育培养体系。在这一阶段，风景园林教育发展迅速，授权点数量快速发展。随着风景园林学科内涵的不断明确，各类院校在培养目标上逐渐达成了共识，认同风景园林教育应当面向整个国土的城乡生态保护与人居环境建设、园林规划设计等方向，培养具有综合素质、实践能力和创新精神的优秀风景园林规划设计、管理人才，以满足社会各类专业相关领域的需要。在课程体系方面，《一级学科博士、硕士学位基本要求》（2011年）、《全日制风景园林硕士专业学位研究生培养方案的指导意见》（2016年修订）、《学位授权审核申请基本条件（试行）》（2017年）等重要指导文件的出台，大幅度提升了风景园林专业本硕博课程体系的规范化建设，形成了以空间规划专业设计课为核心，以植物、工程、生态、社会、人文等模块化的理论课程为辅助的课程体系。

目前，风景园林专业尚未建立独立的专业或学科评估与认定体系。教育部高教司于2012年出版《普通高等学校本科专业目录和专业介绍（2012年）》，第一次从国家层面规范风景园林本科专业办学基本规范。2013年，住房和城乡建设部高等学校土建类学科教学指导委员会风景园林学科专业指导小组编印《高等学校风景园林专业本科指导性专业规范》，对风景园林专业教学质量提出基本要求，规定了风景园林专业本科学生学习的基本理论、技能和应用。在此基础上，教育部高教司于2018年出版《风景园林本科专业教学质量国家标准》，进而启动本科专业评估相关筹备工作。与此同时，住房和城乡建设部高等学校土建类学科教学指导委员会风景园林学科专业指导小组委托重庆大学、同济大学启动风景园林学科专业评估论证工作。

（四）风景园林教学的新技术和新形式

网络教学技术是未来影响风景园林教学的主要新技术。自2003年，从精品课程、精品资源共享课快速发展到MOOC课程阶段，本质上是风景园林高等教育从精英教育向大众教育发展的体现，但同时这种大众教育的普及又加速了风景园林教育网络教学技术的开发及应用。在风景园林本科专业与建筑学、城乡规划、历史建筑保护工程并列于建筑大类下实行大类招生之后，通识教育的部分对教学资源的共享性提出了要求，建立网络教学平台成为通识教育发展的一个方向。广播电视大学广泛使用网络教学技术进行风景园林专业的远程教育。以上不同类型的网络教学形式涉及的新技术大致包含以下几类。

1. 网页技术

2005年前后，一些网络教学的先行者利用动态网页技术（ASP、Web）及Dreamweaver、FrontPage或JavaScript语言编辑技术，结合BBS、QQ或聊天室制作园林规划设计、园林植物实验、园林制图等课程的交互性、动态性教学网页，形成风景园林网络教学的早期形态，大多带有共享教学资源库建设、动画演示、虚拟仿真、在线互动等多种特点，目的是借助新技术提升教学质量。其中的部分特点被当前的在线开放课程、线上线下混合课程、虚拟仿真实验教学项目所吸收。尽管当前可借助中国大学MOOC、超星一平三端、学堂在线雨课堂、慕课堂、学习通等专业网络教学平台实施任何一门风景园林课程的网络教学，但实质是风景园林教育的大众化受制于录课的内容，这与早期的教学网页建设有着本质的区别。

2. 动画技术

主要采用Flash、3Dmax等软件构建动态交互页面、三维仿真矢量图形、图形渐变动画等，用于早期的制图、植物实验等网络教学。

3. 虚拟仿真技术

近年来，该技术被广泛应用于虚拟仿真实验教学项目的建设。基于Browser/Server设计虚拟仿真实验教学平台，写入虚拟仿真实验可视化、可操作的程序，构建实验实训、实验报告、实验指南、数据统计、考试系统、帮助中心、收费系统、安全中心、资源中心、协同服务、学问系统和知识角等功能模块。该系统除支持虚拟仿真实验，还可上传视频和其他文档资料，支持系统化课程体系学习。

4. App软件开发

一些院校已经开始尝试开发园林植物认知、小花园设计App软件，使教学过程随时随地甚至以手机游戏的形式发生，突破了课堂教学时空与形式的限制，有可能成为教学技术研究的一个方向。

参考文献

［1］王建华. 一流学科评估的理论探讨［J］. 大学教育科学，2012（3）：64–72.

［2］高等学校风景园林学科专业指导委员会. 高等学校风景园林本科指导性专业规范（2013年版）［M］. 北京：中国建筑工业出版社，2013.

［3］陈治亚. 高水平行业高校建设一流专业的思考［J］. 中国高校科技，2016（6）：4–6.

［4］王小梅，范笑仙，李璐. 以学科评估为契机　提升学科建设水平（观点摘编）［J］. 中国高教研究，2016（12）：23–30.

［5］薛思寒，冯嘉成，肖毅强. 岭南名园余荫山房庭园空间的热环境模拟分析［J］. 中国园林，2016，32（1）：23–27.

［6］周光礼. "双一流"建设中的学术突破——论大学学科、专业、课程一体化建设［J］. 教育研究，2016，37（5）：72–76.

［7］许大为. 风景园林教育层次定位与发展的思考［J］. 中国园林，2017，33（1）：21–24.

［8］谭瑛，刘思. 基于温湿度实效的绿量测度算法对比研究［J］. 中国园林，2018，34（3）：111–116.

［9］常湘琦，朱育帆. 清华大学风景园林设计Studio硕士研究生课程发展评述［J］. 风景园林，2019，26（S2）：35–40.

［10］刘强. "双一流"建设视域下高校学科评估的价值冲突及其调适［J］. 现代教育管理，2019（11）：43-48.

［11］徐彬瑜，翁殊斐，冯志坚. 拓展实践对风景园林专业学生植物应用能力提升的探讨［J］. 园林，2019（9）：24-28.

撰稿人：林广思　郑晓笛　张　琳　周春光　邱　冰

郑文俊　曾　颖　杨　阳　萧　蕾

城市生物多样性研究

生物多样性是人类赖以生存和发展的基础。全球正在经历第六次物种大灭绝，生物多样性的不断减少引起了人们的高度关注。

城市生物多样性是指城市范围内除人以外的各种活的生物体，在有规律地结合的前提下所体现出来的基因、物种和生态系统的分异程度。城市生物多样性作为全球生物多样性的一个特殊组成部分，体现了城市范围内除人以外的生物富集和变异的程度，是城市环境的重要组成部分，更是城市环境、经济可持续发展的资源保障。

自20世纪90年代起，城市生物多样性保护成为国内外研究的热点问题，国际上围绕城市生物多样性调查、保护体系构建、保护规划和举措等开展了持续研究和实践。

城市生物多样性是一个多学科研究的领域，吸引了生态学、城市学、风景园林学等学科领域研究人员的参与。《风景园林学科发展报告2009—2010》用独立段落就城市生物多样性保护发展进行了整理。以此为基础，本专题方向以风景园林学视角为主，兼顾跨学科思维，系统总结我国城市生物多样性的研究和实践成果。同时，面向国际前沿以及我国国土空间规划、城市高质量发展等需求，探索未来城市生物多样性领域的重点研究方向和思路。

一、城市生物多样性发展回顾

（一）国外进展

快速全球化与城市化进程对城市生态安全形成巨大挑战，城市生物多样性作为全球生物多样性的重要组成部分和城市生态系统健康的重要保障，对城市生态系统服务功能和人居环境健康产生直接影响，其相关研究与实践受到国际社会的广泛关注。

19世纪40年代，城市生物多样性的研究始于德国、英国等欧洲国家，继而在日本等国发展，20 世纪 90 年代起在西方各国得到了快速发展。1995 年，欧洲制订的生物和景观多样性战略将城市地区作为该体系的重要组成部分。

21 世纪以来，城市生物多样性在全球范围内受到高度关注，研究角度与方法不断创新。研究层面从城市生态系统的物种数量变化，深入到城市生物多样性与城市生态系统服务功能、土地利用变化、气候变化等的相互关系和影响机制等，取得了不少重要成果。如人类活动强度及与其相关的空间环境重塑是决定城市生物多样性分布格局和外来物种入侵的重要机制；维持和提高生物多样性水平有利于城市生态系统服务供给，物种多样性与功能多样性丧失对城市生态系统服务功能产生显著影响；生物信息数据与土地利用数据相结合的城市规划途径有助于城市生物多样性的保护和提升；维持本土生物多样性、生境营造和生态修复是保护和提升城市生物多样性的重要手段。此外，中度干扰理论以及种 – 面积关系等传统生态学的经典理论在城市生物多样性研究中得到普遍的关注和证实。但与此同时，备受关注的城市生物多样性结构与功能的关系、外来物种入侵的热点区域、外来种对本地种的影响机制等热点问题尚存在争议，有待深入研究；研究方法多拘泥于传统生态学方法，大数据、人工智能等新兴技术的应用有待深化，完整的城市生物多样性研究体系有待形成。

在实践中，正积极开展城市生物栖息地恢复与重建、城市绿色基础设施布局、城市生态系统管理和改善等政策制定，但未来还面临着诸多挑战，如城市生物多样性的已有研究成果如何真正应用到城市生态空间规划以及城市生态系统管理实践中，探索从认知到应用的实现途径，以期可持续地维持和改善城市生态系统。

（二）国内进展

我国于 1992 年签署联合国《生物多样性公约》，成为该公约最早的缔约国之一，随后逐步建立起了以住房和城乡建设部等多部门共同推动、各级地方政府为主体的城市生物多样性保护工作体系。国家园林城市、生态园林城市考核体系将综合物种指数、本地木本植物指数、水体岸线自然化率、城市自然生态保护等指标纳入具体考核内容。建设部印发的《关于加强城市生物多样性保护工作的通知》（2002 年），要求各级园林绿化行政主管部门编制生物多样性保护利用规划，划定绿线，严格保护，永续利用。《全国城市生态保护与建设规划（2015—2020 年）》将生物多样性保护纳入城市生态保护与建设指标体系，并提出了城市生物多样性保护的具体目标和任务。目前，大部分城市开展了生物多样性本底调查，编制了生物多样性保护规划，划定了保护区域和重点保护物种名录。截至 2019 年 9 月，我国现行有效的法律文件中明确提及"城市生物多样性"的共计 53 部。部分省市颁布了地方性生物多样性法规和标准，成为国家层面管理工作的重要补充。

伴随城市生物多样性保护事业在我国的推进，相关研究与实践也逐步开展，涉及内容包括城市生物多样性调查与评价、城市生物多样性与生态系统服务功能、全球化与城市化对生物多样性的影响、城市生物多样性与受损生态系统修复、城市生物多样性保护与栖息地重建、城市生物多样性管理和城市生物多样性保护的公众参与和公众教育等。

学术界研讨和交流也较为活跃。近十年来，生物多样性成为风景园林学术研讨的重要议题，《中国园林》《风景园林》等学术期刊多次以生物多样性、生境与栖息地作为单期主题，带动了学术研究的持续开展。

我国城市生物栖息地网络不断完善，生物多样性承载力有所增强。各类动物园和植物园在城市生物多样性保存中发挥了重要作用，同时也面临诸多问题与挑战，包括城市生物多样性丧失的总体趋势尚未改变；相关研究有待深入，研究人员与资金投入不足；相关法规与标准尚未健全，体制与机制有待完善；公众意识有待加强等。

二、城市生物多样性研究成果综述

（一）城市生物多样性调查与评价

1. 城市生物多样性调查与制图

生物多样性调查与监测是评估生物多样性保护进展的有效途径，具体方法包括小尺度传统调查方法、大尺度利用遥感技术以及基于生物多样性大数据资源的调查。前者基于地面样方，重点关注物种和样地尺度；后者依据观测高度分为卫星遥感、航空遥感和近地面遥感等，结合海量的城市生物多样性信息数据优势，适于长期标准化监测、制图和评价。风景园林学科领域的研究以地面样方调查研究为主。

近年来，遥感技术发展迅速，通过直接和间接两种途径实现生物多样性调查和监测。前者能够直接识别物种、群落类型及其分布、多度等，对遥感数据的空间分辨率和光谱分辨率有相当高的要求，常用于开展生物多样性调查和监测；后者常通过遥感数据衍生指标或变量，结合地面观测数据构建模型，进而预测物种分布和多样性格局。我国于 2013 年启动建设了生物多样性监测与研究网络（Sino BON），建立了以近地面遥感、卫星追踪、分子生物学等先进技术为支撑的生物多样性网络监测体系。

当前，监测手段和监测网络的快速发展和观测数据的不断积累推动城市生物多样性研究进入了大数据时代，国际与国内的生物多样性大数据平台建设日趋完善，极大促进了城市生物多样性格局、城市生物多样性保护规划与资源管理、城市生物多样性对全球变化的响应、外来入侵态势预测等方面的研究。就全球与区域范围而言，全球生物多样性信息网络（GBIF）等全球型数据库和若干国家水平的生物多样性数据库均可以提供大量城市生物物种分布信息，但截至目前，亚洲还没有区域尺度的城市生物多样性数据库，极大影响了城市生物多样性研究和保护。我国属于亚洲范围内生物多样性信息学发展较好的国家之一。自 2012 年以来，先后建成了国家标本资源共享平台（NSII）、中国生态系统评估与生态安全数据库、中国生态系统研究网络（CERN）等大数据平台，为城市生物多样性调查与监测提供了综合性基础信息和跨学科数据挖掘环境。

生物多样性制图是对生物多样性监测数据的可视化处理技术，能够为生境制图提供基础数据，从而为确立保护优先区提供支撑。其中，应用近地面无人机航测技术获取的城市绿地高分辨率影像数据，既可实现微中观尺度上对场地的精细化分析需求，还可获得包含多重信息的植被二维数据，进而构建城市绿地三维模型，实现对城市绿地空间形态、植被丰富度、生物多样性等的全方位研究。有研究根据鸟类栖息地与土地利用分类的关系，在北京市平原区的高清卫星影像图上识别出 5 类一级鸟类栖息地和 17 类二级鸟类栖息地，得到了北京市受胁鸟类丰富度分布格局。有研究以北京市海淀区为例，绘制了生境服务供给能力图，直观显示了生境服务的空间分布情况，为城市生物多样性保护规划提供参考。生物多样性制图技术的进一步创新和在城市中微观尺度的应用研究，将有助于进一步提升城市生物多样性规划和管理水平。

总体而言，综合遥感技术与高质量生物多样性数据优势，充分利用生物多样性数据平台来开展大尺度生物多样性调查和监测，是认知城市生物多样性的空间分布、维持机制及应对其丧失风险的科学基础，也为生物多样性制图提供了有力支撑。但是一方面遥感技术主要运用于全国和区域尺度的生物多样性调查和监测，在城市及以下尺度的研究应用和成果不足；另一方面我国各类生物多样性大数据平台存在信息资源整合度低下、数据碎片化、共享程度有限等问题，阻碍了数据信息的深度挖掘和有效利用。因此，未来我国城市生物多样性调查与监测要充分整合多尺度、多领域、跨学科的多元异构数据资源，不断挖掘和整合遥感技术与大数据技术结合的优势。

2. 城市生物多样性评价

生物多样性评价是开展生物多样性保护的重要前提，其方法因应用领域而有所不同。

在基础生态学领域，生物多样性评价多集中于物种、群落水平，通常通过样方数据评估生物多样性相关指标，强调物种丰富度及多样性指数等。有研究利用网格布样法结合多样性指数等计算方法，揭示了北京奥林匹克森林公园中自生植物的多样性特征及其分布的时空格局，对低维护、具有较高生物多样性、地域性特色的城市绿地植被景观营造具有一定参考价值。

当面向保护和管理需求时，基于单一研究目标的评估方法（如缺口分析、代理指标等）得到应用，并通过遥感、模型模拟等技术手段进行。这类评估强调生物多样性的一个侧面，难以全面反映生物多样性状态、变化、威胁及其政策决策系统的响应等综合因素的影响。

栖息地导向评估，又称生境适宜性评估，可用于外来入侵物种、珍稀濒危物种的分布预测，如采用 MaxEnt 模型预测珍稀濒危动植物的适生分布区等。目前，基于驱动力 – 压力 – 状态 – 影响 – 响应（DSPIR）概念框架的综合评估方法以及城市生境多样性评估（UrHBA）在国际上得到广泛应用。一些学者认为该方法在我国正面临评价指标构建及其赋权的复杂性等困难，亟须建立一套适合国情的综合评估方法体系。另一个问题是此方法在大尺度研究中并不适用。近些年，多种评价指标体系及其评分标准、数量化评估方法被提出并对其进行了应用验证。但不同的评估方法和模型对各个指标的量化赋值方式略有差异，且多依赖定性描述和专家打分等，常因评价动机和专业背景等差异导致评价结果的局限性。国际上也出现了体现公众参与的评价方法，如基于公共参与式地理信息系统（PPGIS）的调查，值得进一步关注。

（二）城市生物多样性与生态系统服务功能

1. 城市生物多样性与生态系统服务功能评估

生物多样性对生态系统结构－功能－服务关系链的形成具有重要作用，并决定了生态系统过程的量级和稳定性。城市生物多样性与生态系统服务评估是城市蓝绿生态网络系统规划和管理的重要依据，其指标与数据、模型与情景是推动生物多样性与生态系统服务评估研究的主要内容。基于观测数据的统计分析、驱动力情景模型、生态系统服务评估模型、生物多样性和生态系统服务评估的集成模型框架等评价方法推动了"生物多样性－生态系统功能－生态系统服务－人类福祉"组分关系研究，但在数据资源、跨尺度问题、模型结构和参数化方面缺乏统一的模型性能评价指标，多种方法的交叉验证等技术问题也有待解决。

近年研究较多关注其他生态系统服务，如固碳、土壤肥力和土壤保持等，探索生物多样性与生态系统多功能性的关系。多数研究认为，高生物多样性有利于维持生态系统多功能性。

2. 城市生物多样性与生态系统服务功能优化

城市生物多样性依赖于城市蓝绿空间的质量、规模和空间结构，其持有的生态系统服务功能对人类福祉具有重要价值。风景园林工作者围绕城市蓝绿空间从宏、微观尺度开展了诸多研究，旨在利用有限空间提供丰裕优质、复合多元的生态供给，提升城市生态系统服务功能，保护城市生物多样性。相关工作包括城市绿地网络格局优化、城市公园生境多样性提升、城市建成环境生物多样性改善等。有学者提出生境多样性作为生物多样性的载体，是实现城市多样性再生的关键技术之一。通过四类主要的城市公园异质性生境设计，提出基于生境单元分类体系的城市公园生物多样性设计框架。在实践层面，风景园林规划以生态系统服务提升为导向，构建多层次、网络化、功能复合的生态网络，作为生物多样性保护的空间载体。

综上，风景园林学界近年来为城市生物多样性保护研究做了诸多贡献，但相关的定量研究尚待进一步加强。

（三）城市生物多样性与城市化的影响机制

快速全球化与城市化进程对城市生态系统、空间形态产生显著影响，进而深刻改变了城市生物多样性分布格局。城市化过程是一把双刃剑，一方面促进了社会、经济的繁荣和物质文明的提高；另一方面也造成了区域景观的破碎化和环境污染，冲击和破坏了原有的自然生态系统，加剧了自然环境的恶化，从而严重威胁这些区域的生物多样性，对人类当代及子孙后代的福祉也会造成严重威胁。

1. 全球化与城市化对生物多样性的影响

全球化与城市化所带来的生境破碎化、环境污染以及物种同质化是影响城市生物多样性的三个主要因素。

由城市化和城市扩张引起的生境破碎导致最为持久和严重的生物多样性丧失。近年来，相关学者在宏观、微尺度上围绕生境破碎化对不同生物类群的生态系统多样性、物种多样性和遗传多样性的影响开展了系列研究，研究对象从最初的动植物开始，到现在几乎覆盖了大部分生物类群，其中对高等植物的研究最多。研究表明，生境破碎化会导致植物多样性降低甚至丧失，对植物种群大小和灭绝速率、种群扩散和迁入、种群遗传和变异、种群存活力等均产生显著影响。生境破碎化会导致城市鸟类群落在组成、结构、分布、繁殖等方面发生显著变化，降低鸟类群落多样性、物种丰富度、鸟类个体数量。生境破碎化还对昆虫丰富度、空间分布等具有显著影响。

城市化进程带来的环境污染（包括大气污染、热污染、水污染、光污染以及噪声污染等）会导致生境的退化，进而威胁城市生物多样性。一方面，环境污染物的产生直接影响了各种生物的正常生存繁衍，从而导致生长减弱乃至死亡，最终使种群减少甚至灭绝；另一方面，污染物通过造成土壤酸化、水体富营养化等，增大了对生物的威胁，使许多物种难以适应而死亡，同样加剧了生物多样性的降低。目前，风景园林学者多聚焦于城市污染对植物多样性的影响研究，少量针对城市动物、昆虫等展开。

全球城市化进程导致物理环境均质化，敏感物种的局部灭绝和城市适应物种的扩散进一步促进全球生物同质化。在不同类型生物中，城市化对植物同质性影响最为广泛，研究成果也较多。城市化对部分生物种群的积极作用也逐步受到关注。

2. 城市生物多样性格局及环境响应

近年来，城市生物多样性分布格局受到国内学者的高度关注。城乡空间梯度分析法常用以分析城市生物多样性分布格局，多数研究表明，鸟类、蝶类、植物等物种的丰富度和多样性呈现出随城市化程度提高而递减的趋势，外来物种增加和本地物种减少是城市生物多样性分布格局变化的典型特点。

不同尺度的城市生物多样性分布格局取决于多种环境因素。不同尺度上的影响因素种类及核心因素识别是研究的重点。宏观尺度上的研究常关注土地利用变化、气候变化、城市景观格局变化、城市社会经济变化以及城市微环境等影响因子。在微观尺度上，关注的影响因子随不同生物类群而有显著差异。

综上，风景园林领域的研究由最初的植物多样性逐步深入到鸟类多样性和昆虫多样性等方面，也有学者开始分析城市化对生物多样性格局的影响因素，深入研究生物多样性格局的环境响应机制并探讨对应的调控策略，为今后城市生物多样性保护和管理提供了参考依据。

（四）城市生物多样性保护与受损生态系统修复

伴随我国城市化和工业化逐渐进入升级、转型和更新阶段，以及"城市双修"和"山水林田湖草"生态保护修复试点工作的开展，以保护和提升城市生物多样性为目标的受损生态系统修复研究与实践受到关注。

1. 宏观尺度的生态修复

宏观尺度上的生态修复和城市生物多样性保护主要致力于城市生态安全格局与保护修复格局的构建。相关研究包括通过识别目标物种（焦点物种）或受胁迫物种偏好的栖息地特性，结合 GIS 技术预测物种的栖息地分布格局；通过生境适宜性评价和景观阻力计算生态连接度，识别重要保护斑块和生态廊道；或综合以上两类研究方法，基于目标物种选择、生境斑块识别、生境网络构建、复核校验优化的流程方法，构建以某类生物生境为代表的特定类型生境网络。上述研究为划定生态保护红线和生态安全关键区、确定保护区优先级以及指导城市绿色空间布局提供了更为科学的依据。在实践上，围绕珠三角、长三角、渤海湾等城市群开展了以生态系统整体性和连通性为视角，通过识别关键性生态空间和廊道，进而构建生态安全和保护修复格局的尝试，如广州陆域生物多样性生态安全格局和珠三角区域生态安全和修复格局构建。

2. 微观尺度的生态修复

微观尺度上的受损生态系统修复研究和实践主要围绕郊野公园建设、城市河流治理、废弃地再利用等方面展开，并由单一性措施向系统性、综合性修复模式转变，如河流与湿地修复由传统的污染治理向系统性生态修复转变，生境设计与重建、生物多样性保育得到重视；废弃地生态修复由单一措施的场地修复向河岸缓冲带保护、近自然林地营建、废弃地功能型植物群落构建等集成技术应用转变。以上为风景园林的重要研究和实践领域，集中了众多案例和技术成果。

同时，在相关政策和标准方面系统性地提出生物多样性改善要求，如《关于加强生态修复城市修补工作的指导意见》中规定编制城市生态修复专项规划，并提出了恢复重建乡土植被群落要求；《城市生态评估与生态修复标准》《黄淮海平原采煤沉陷区生态修复技术标准》等将生物多样性纳入生态修复效果评价技术指标。

（五）城市生物多样性保护与栖息地重建

城市生物多样性保护与栖息地重建是风景园林学科研究与实践城市生物多样性保护的重要抓手。国内学者主要从生境恢复与营造、植物群落设计等方面开展研究。

公园绿地作为建成区生物多样性的保护主体，其内部的生境设计得到了持续关注，相关研究不仅涉及一般意义上的城市公园整体，还涉及细分的湿地公园、郊野公园、线形公园、社区农园、街旁绿地等不同类型绿地，河流、湿地的生境重建也是重要研究和实践内容。在目标物种的选择方面，位于城市生物营养级类群金字塔上层且数据较易获取的鸟类常作为研究对象，也有少量专门探讨蝶类生境恢复和营造的研究。

动物园和植物园是物种迁地保育的重要场所，它们的规划设计尤其注重生境营造的科学合理性，以实现为大量动植物提供适宜的栖息地，有效促进本地乡土物种的保护和合理利用。近年来，住房和城乡建设部等相关部门先后编制了《植物园设计标准》《城市动物园管理规定》《动物园管理规范》《动物园设计规范》等政策与技术标准，推动动植物园设计、建设和管理水平，引导各地建成一批兼具保护、科研、科普功能的动植物园。

适宜的植物群落系统有利于重建多样而丰裕的城市生境，相关研究也很活跃，如围绕微型绿地植物群落设计与场地生境营造之间的关系、自生植物特色群落设计、关键种与城市植物景观协同共生体系设计等进行了探讨。

在实践方面，也有众多具体项目启动实施。如北京从 2016 年开始每年启动 2200 公顷的湿地恢复新建项目，为候鸟等野生动物提供栖居场所；上海近年来陆续推进了獐、獐、貉、麋鹿等极小种群保护与野放栖息地生态恢复，形成了禁猎区、野生动植物保护与栖息地生物多样性恢复纳入生态补偿转移支付的保护模式。

（六）城市生物多样性保护管理

自我国成为《生物多样性公约》缔约国之后，国务院相继批准了《中国生物多样性保护行动计划》等重要国家方案，城市生物多样性保护相关政策的制定与研究也随即启动。《国务院关于加强城市绿化建设的通知》（2001）提出，"要加强城市绿地系统生物多样性的研究，特别要加强区域性物种保护与开发的研究"。建设部发布的《关于加强城市生物多样性保护的通知》（2002）是首个专门针对城市生物多样性保护的政策性文件，对城市生物多样性保护的目标和任务进行了全面阐述。此后，《城市绿地系统规划编制纲要》（2002）、《国家园林城市申报和评审办法》（2005）、《中国生物多样性保护战略与行动计划》（2010）等政策文件均对城市生物多样性保护提出要求。据不完全统计，截至 2019 年 9 月，我国现行有效的法律文件中明确提及"城市生物多样性"的共计 53 部。《全国城市生态保护与建设规划（2015—2020 年）》将生物多样性保护纳入城市生态保护与建设指标体系，并提出了城市生物多样性保护的具体目标和任务。单个城市层面的政策制定也具备一定基础，但尚为薄弱。2003 年，《都江堰市生物多样性保护策略与行动计划》编制完成并通过鉴定，是比较早期的城市尺度生物多样性政策文件。2020 年，《城市生物多样性框架研究》报告发布，试图提出具有一定普适性的城市生物多样性保护策略和行动计划，可供城市层面相关政策的制订参考。2021 年，《深圳生物多样性白皮书》发布。

政策出台推动了我国城市生物多样性保护规划编制的研究与实践。目前，大多数城市已编制完成生物多样性保护规划，关于保护规划编制研究也持续受到关注。2010 年前的保护规划主要集中在城市总体规划阶段的绿地系统规划，并聚焦植物多样性保护规划；2010 年后则逐渐显现出多层级、多尺度、多生境的特征。与此同时，从城市需求出发，探讨了适合我国国情的生物多样性保护规划编制方法，重点围绕生物多样性保护规划的编制内容、范围、期限、程序、内容、深度等，对保护重点物种确定和保护优先区域确立以及与城市规划、绿地系统规划等的衔接进行探讨。《城市绿地规划标准》（2019）等规范文件对城市生物多样性规划编制提出了具体指导。

城市生物多样性保护法制化建设不断加强。2018 年，《云南省生物多样性保护条例》发布，成为中国首个省级生物多样性保护地方性法规。2020 年发布的《湘西土家族苗族自治州生物多样性保护条例》是全国市（自治州）层级首部生物多样性保护地方性法规。

城市生物多样性保护的绿色金融机制研究开始启动，研究重点关注绿色信贷机制、生态系统服务支付机制、风险与机遇评估机制、政策法规、生物多样性保护与恢复的作用路径等。

外来物种管控是城市生物多样性保护和管理的重要工作内容，诸多城市的生物多样性保护规划都将外来物种管控作为重要内容。2021 年，教育部、科技部、财政部、住房和城乡建设部、中国科学院联合印发《进一步加强外来物种入侵防控工作方案》，提出逐步健全外来物种入侵防控体制机制。国内相关研究涉及初始的物种调查以及当前的生态安全评价、入侵途径、自然和人为因素对入侵种的影响、管控途径等方面。在城市绿化领域，伴随我国城市园林植物引种工作迅速发展，外来植物引入比例呈增长趋势，在促进城市绿化发展的同时引发的生物入侵问题也成为管理和研究的焦点。

外来植物的大样本调查、种类结构的系统分析以及入侵风险评估是研究的重要内容。其中，有害生物风险分析（PRA）是外来物种风险评估的重要环节，我国最早运用于农业和林业系统，目前城市绿地系统中也有涉及。随着城市蓝绿生态网络的持续构建和优化，外来物种入侵研究和管控以及加强相关立法等，仍应是城市生物多样性研究的重点领域。

（七）城市生物多样性保护的公众参与和公众教育

公众意识和参与是城市生物多样性保护的重要基础。过去 30 年，伴随我国公众参与和公众教育工作的深入开展，生物多样性给人类带来的福祉逐渐被人们认识，对生物多样性的理解和保护开始成为全社会的自觉行动。

我国在公众教育和公众参考方面的工作主要有三个方面。一是政府与非政府组织公众教育机构的设立与培育。各大城市的博物馆、各类公园、动物园、植物园、水族馆等成为公众生物多样性展示与教育的专业机构；多样的非政府组织不断成立，为城市生物多样性

教育提供了重要补充。二是公众教育活动的组织和培育。借助各类媒体、出版物以及各种
节日、纪念日和大型公众参与活动等开展城市生物多样性保护的宣教活动，是公众教育的
主要途径。在国际环境保护日和生物多样性日期间，各地举办的生物多样性保护宣传月、
宣传周等活动发挥了重要作用。三是公众自发性教育活动的开展。自然爱好者为科学家提
供野外数据变成了越来越流行的一种科研创新方式。"自然探秘""博物"等活动吸引公众
自发地参与城市生物多样性的调查和保护工作，为科学传播和公众教育提供了新渠道，为
城市生物多样性研究提供了新的途径。

　　我国关于公众教育与公众参与的理论研究起步较晚，目前多集中于对国外成功经验的
综述、我国现存问题阐述、公众参与活动设计以及环境建设等方面。北京市围绕城市生物
多样性保护教育进行了相关研究，在《北京城市总体规划（2016—2035年）》生物栖息地
分类中，科普教育型的二级分类用地专门用于支持开展公众教育。

三、未来城市生物多样性重点研究方向

（一）城市生物多样性调查与信息共享

1. 全面开展城市生物多样性清查和生境制图

　　结合风景园林学科发展的需要，优化城市生物多样性清查的方法体系和技术规范；新
技术与传统调查方法相结合，全面开展城市生物多样性清查，摸清城市生物多样性状况，
完善城市生物多样性数据信息；结合生境制图，揭示不同尺度下城市生物多样性的形成机
制、维持机制和丧失机制，探讨城市生物多样性与生态系统功能的关系，为城市生物多样
性的保护与栖息地的恢复重建提供指导和依据。

2. 加快推进城市生物多样性大数据共享和应用

　　建立基于不同尺度生物生态数据协同整合的大数据库和大数据深度挖掘与模型模拟
运算库，支持城市生物多样性和生态系统多源数据整合与共享的标准以及数据集成应用的
方法，实现城市生物信息与生态环境数据整合，形成完整的共享数据平台。提升数据的交
互性和应用水平，实现城市生物多样性信息的即时共享、深度挖掘和可视化呈现，为城市
生物多样性决策管理的定量化、精细化和智能化以及实现更有效的公众教育和参与提供
支撑。

（二）城市生物多样性价值评估与保护提升规划

1. 城市生物多样性价值评估

　　在开展城市生物多样性调查和监测的基础上，逐步建立并完善全尺度技术标准与评价
指标体系，创新价值评估方法，科学评估城市生物多样性价值，实现城市生物多样性价值
评估体系、方法等的统一化与标准化；拓展评估成果的应用领域，成为制定城市生物保护

规划、行动指南和修复措施的基本依据。

2. 城市生物多样性保护提升规划

加强顶层设计，由抢救性保护向系统性保护转变；提升城市生物多样性保护在各项相关城市空间规划中的地位，推动生物参与友好型城市设计；倡导保护与提升并重，加强城市生态基础设施网络的规划，科学编制城市生物多样性专项规划，建立分区、分类、分级的城市生物多样性保护体系；发挥风景园林师和规划师在生态环境领域中的领导者角色，整合生物多样性与规划设计过程，平衡土地使用与自然保护的需求，通过有意识的规划和设计策略来更好地实现不同尺度上的城市生物多样性保护和提升。

（三）城市生物多样性恢复与可持续管理

1. "基于自然的解决方案"实施城市生物多样性保护与恢复

运用"基于自然的解决方案（Nature-based Solutions，NbS）"的方法和工具，保护和恢复城市生态系统完整性、优化景观格局、调控生态过程，从而在保护生物多样性中发挥重要作用。开发和运用再野化或生态工程等工具，在顺应自然、保护优先的原则下，充分利用自然力量恢复受损生态系统和生物多样性；基于生态系统的适应和缓解路径，增强气候变化下的城市生态系统弹性；发展蓝绿基础设施等自然基础设施工具，促进城镇空间生物多样性的保护；提倡以乡土植物及土著动物为主体营造近自然型生物群落，从而构建与自然本底相适应的乡土生态系统。

2. 城市生物多样性可持续管理

探索建立城市自然保护地体系和分区、分类、分级的管控机制，推进近自然的城市绿地经营和维护；加大野生动物种群复壮和回引，严格管控外来物种入侵；制定城市绿地管理相关的行业指导规范，多途径引导居民游憩行为，降低人类活动对生物多样性的影响；开展现有政策整合研究和政策实施效果评估研究，提高相关政策的有效性；积极建立生态补偿、转移支付及利益分享的政策机制，拓宽生物多样性保护的资金机制。

参考文献

［1］王秉洛. 城市绿地系统生物多样性保护的特点和任务［J］. 中国园林，1998，14（1）：2-5.

［2］杨景成，王光美，姜闯道，等. 城市化影响下北京市外来入侵植物特征及其分布［J］. 生态环境学报，2009，18（5）：1857-1862.

［3］赵娟娟，欧阳志云，郑华，等. 北京建成区外来植物的种类构成［J］. 生物多样性，2010，18（1）：19-28.

［4］胡文芳. 城市生物多样性保护规划编制研究［D］. 北京：北京林业大学，2011.

［5］李果，吴晓莆，罗遵兰，等. 构建我国生物多样性评价的指标体系［J］. 生物多样性，2011，19（5）：

497–504.

［6］王云才. 基于风景园林学科的生物多样性框架［J］. 风景园林，2011（1）：36–41.

［7］张启翔. 关于植物多样性与人居环境关系的思考［J］. 中国园林，2012，28（1）：33–35.

［8］毛齐正，马克明，邬建国，等. 城市生物多样性分布格局研究进展［J］. 生态学报，2013，33（4）：1051–1064.

［9］武晶，刘志民. 生境破碎化对生物多样性的影响研究综述［J］. 生态学杂志，2014，33（7）：1946–1952.

［10］邓一荣，肖荣波，黄柳菁，等. 城市生物多样性恢复途径与实例研究［J］. 风景园林，2015（6）：25–32.

［11］郝日明，张明娟. 中国城市生物多样性保护规划编制值得关注的问题［J］. 中国园林，2015，31（8）：5–9.

［12］汪远，李惠茹，马金双. 上海外来植物及其入侵等级划分［J］. 植物分类与资源学报，2015，37（2）：185–202.

［13］刘文平，宇振荣. GIS支持下北京市海淀区生境服务制图研究［J］. 生态科学，2017，36（2）：144–151.

［14］于丹丹，吕楠，傅伯杰. 生物多样性与生态系统服务评估指标与方法［J］. 生态学报，2017，37（2）：349–357.

［15］赵溪. 北京的生物多样性教育［J］. 环境教育，2017（5）：62–63.

［16］干靓，吴志强，郭光普. 高密度城区建成环境与城市生物多样性的关系研究——以上海浦东新区世纪大道地区为例［J］. 城市发展研究，2018（4）：97–106.

［17］干靓. 城市建成环境对生物多样性的影响要素与优化路径［J］. 国际城市规划，2018（4）：68–74.

［18］干靓. 城市生物多样性与建成环境［M］. 上海：同济大学出版社，2018.

［19］郭庆华，胡天宇，姜媛茜，等. 遥感在生物多样性研究中的应用进展［J］. 生物多样性，2018，26（8）：789–806.

［20］胡天宇，王宁宁，赵晓倩，等. 生物多样性监测网络建设进展［J］. 遥感学报，2018，22（4）：709–712.

［21］冯沁薇，郝培尧，董丽，等. 基于栖息地的城市湿地公园生物多样性特征与指标研究［J］. 风景园林，2019，26（1）：37–41.

［22］黄越，顾燚芸，李雪珊，等. 北京市平原区受胁鸟类栖息地识别和评价［J］. 风景园林，2019，26（1）：32–36.

［23］林良任，陈莉娜，鲁·艾德里安·福铭. 增进城市地区生物多样性——以新加坡模式为例［J］. 风景园林，2019，26（8）：25–34.

［24］刘高慧，肖能文，高晓奇，等. 不同城市化梯度对北京绿地植物群落的影响［J］. 草业科学，2019，36（1）：69–82.

［25］叶林，何磊，颜文涛，等. 促进绿色经济的城市绿色基础设施生态系统服务——欧盟GREEN SURGE研究项目解析［J］. 上海城市规划，2019（1）：33–39.

［26］张竹村. 城市生态修复效果评价指标体系构建研究［J］. 中国园林，2019，35（11）：36–40.

［27］康世磊，岳邦瑞. 风景园林规划中的格局–过程关系理论研究综述［J］. 西安建筑科技大学学报（自然科学版），2020，52（1）：139–143.

［28］彭羽，王玞涛，卢奕瞳，等. 城市化景观格局对本土植物多样性的多尺度影响——以北京市顺义区为例［J］. 应用生态学报，2020，31（12）：4058–4066.

［29］申佳可，王云才. 生态系统服务制图单元如何更好地支持风景园林规划设计？［J］. 风景园林，2020，27（12）：85–91.

［30］袁兴中，贾恩睿，刘杨靖，等. 河流生命的回归：基于生物多样性提升的城市河流生态系统修复［J］. 风景园林，2020，27（8）：29–34.

［31］香颂. 深圳：为城市生物多样性保护提供范例［J］. 环境，2021（7）：44–46.

［32］曾敏姿，翟俊. 实现城市生物多样性保护与提升的综合性景观途径［J］. 中国园林，2021，37（7）：

101–106.

［33］钟乐，杨锐，薛飞. 城市生物多样性保护研究述评［J］. 中国园林，2021, 37（5）: 25–30.

［34］Bolund Per, Sven Hunhammar. Ecosystem services in urban areas［J］. Ecological Economics, 1999（29）: 293–301.

［35］McKinney M L. Urbanization, biodiversity, and conservation［J］. Bioscience, 2002, 52（10）: 883–890.

［36］McKinney M L. Urbanization as a major cause of biotic homogenization［J］. Biological Conservation, 2006（127）: 247–260.

［37］Luck G W, Smallbone L T. The impact of urbanization on taxonomic and functional similarity among bird communities［J］. Journal of Biogeography, 2011, 38（5）: 894–906.

撰稿人：付彦荣　胡远东　任斌斌　李方正　干　靓

朱　义　莫　非　徐恩凯　刘艳梅

风景园林与健康生活研究

自古以来，风景园林便与健康生活密不可分，健康生活至少包含了身体健康、心理健康、社会健康和公共危机应对4个维度。风景园林学科致力于协调人与自然的关系，旨在创造更宜居的人居环境和持续美好生活，它所营建的和谐城乡绿色空间能促进人类身心健康和社会交往，能有效应对公共危机，因此，风景园林与公共健康领域自古便有诸多研究与实践开展，近年来的发展更为迅猛，无论是国家自然科学基金立项、专著和论文发表等理论研究，还是实践项目均取得了长足进展。当下的疫情更将健康议题提升至全民关注的高度。

本专题对国内外风景园林与健康生活领域的发展进行简要回顾，详细综述我国在生理健康、心理健康、社会健康、公共危机应对四大方面的理论研究主要成果，以及政策文本制定、不同空间层级项目和公共危机应对三方面的实践成果。在此基础上，立足风景园林学科特色和学科内涵、外延拓展的需要，积极响应"健康中国"这一国家重大战略需求，从风景园林促进健康生活的机理研究、实践策略研究两方面出发，提出未来本领域内战略性重点研究方向和思路。

一、风景园林与健康生活研究发展回顾

风景园林与健康生活有着深厚的历史渊源。无论是中国黄帝的悬圃、美索不达米亚文明的天堂，还是古希腊的众神居所，都寄托着人类对无病、健康、不死的美好想象。中西方风景园林的起源、发展也与健康密不可分，种植药用、食用植物的园圃是中国古典园林的三个源头之一，最负盛名的园林雅事"曲水流觞"源自三月上巳日在水边举行的以祓除病疾、不祥为目的的祓禊仪式；杜甫草堂、晏殊的中园、司马光的独乐园等历史园林都曾广植药用植物。在西方，药用植物一直是古埃及、古波斯园林的关注重点，其在园林中的

研究和应用一直持续到 16 世纪，希腊医学的发源地埃皮道鲁斯（Epidauros）圣地被认为是意识到"园林景观对创造生理、心理福祉具有重要意义"的源头，它将自然环境与医学联系到一起。

及至近现代，人们对健康生活的追求更是在一定程度上促成了现代风景园林的崛起。在中国，有证可查、为促公共健康而改造、开放的公园有北京北海、社稷坛等皇家园林和以上海哈同花园为代表的私家园林，新建的公园则有汉口中山公园、上海虹口公园、厦门中山公园等。中华人民共和国成立后，园林事业依托起源于 1952 年的爱国卫生运动而取得显著成绩，如北京市疏浚整治了北海、中南海、什刹海、积水潭、陶然亭和龙潭等，建成龙潭公园、陶然亭公园等；1960 年，徐州市在两个月内开辟花圃 1000 多个、植树 40多万株；同年，长沙市于 1 个月内修建街心公园和花圃 4600 多个，栽种 16 万株树木和大量观赏植物。在西方，在"瘴气理论"的影响下，社会各界普遍认为疾病是由污浊的"瘴气"所导致，由此，人居环境与公共健康的直接关联得到普遍认可，推动了城市公共卫生运动和公园建设热潮，促成了现代风景园林的崛起与大发展。

近年来，风景园林与健康生活的联系不断加强，引发全民关注。在中国，"十三五""十四五"规划相继提出"推进健康中国建设""全面推进健康中国建设"，颁行了《健康中国 2030 规划纲要》《健康中国行动（2019—2030）》，指出提高人民健康水平是"健康中国"的核心，"公园、广场、绿地"和"体育公园""健身步道"等是"健康中国"建设的重要空间抓手。显然，本领域的研究和实践已成为对国家重大战略的主动对接和对人民健康需求的积极响应。在西方，绿色空间与人体健康的相关性于 1984 年首度被医学临床证据证明并发表于《科学》杂志。此后，基于健康循证理念的人居环境理论研究和规划设计实践不断涌现，相关研究成果刊发于多部顶尖医学类期刊。户外环境营造是健康城市的重要组成部分，而健康城市运动已吸引全球数千个城市参与其中。在 2019 年第 56 届国际风景园林师联合会大会上，主席詹姆斯·海特（James Hayter）指出"健康与福祉"是当下风景园林的全球五大关键议题之一。

二、风景园林与健康生活主要研究成果和实践综述

根据世界卫生组织的定义，健康包含了身体健康、心理健康、社会健康 3 个维度，风景园林与健康生活的研究和实践范畴不仅全面涵盖上述 3 个维度，还能在应对公共危机方面发挥巨大作用。

（一）理论研究成果综述

如图 5 所示，截至 2020 年 12 月 31 日，中国知网共发表"主题"同时包含"绿地""健康"两个关键词的中文论文 1370 篇，自 2001 年以来呈现出线性增长趋势，尤其近五年来

增长趋势明显，涉及建筑、林业、环境、经济、医学、政治、气象、生物、心理、社会等数十个学科门类。2011 年至 2021 年 5 月，《中国园林》杂志以健康为主题 / 专题的期数达10 期，《风景园林》仅 2020 年至 2021 年 5 月就刊发了 3 期健康专题；2011—2019 年，共有 39 项健康相关的国家自然科学基金项目获得批准立项。显然，本领域研究方兴未艾。

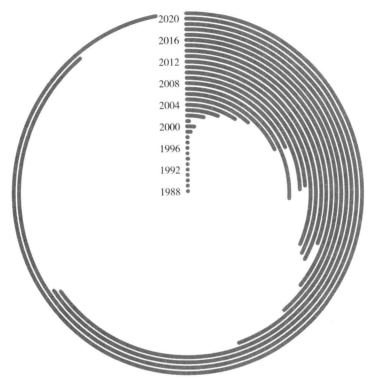

图 5　同时包含"绿地""健康"两个关键词的中文论文年度发表量示意图

1. 面向生理健康的风景园林

生理健康是指人体生理功能上健康状态的总和。风景园林有益生理健康具有广泛的实证支持，近十年来的定量研究主要聚焦如下几方面。

（1）促进长寿与降低死亡率。研究表明，绿地显著影响人的寿命，居住在步行可达绿地附近的城市老年人更加长寿。临近社区的归一化植被覆盖指数（NDVI）差异越小，社区间由收入差距引起的健康状况（循环系统患病率及死亡率）差距越小。

（2）运动促进。绿地更能鼓励包含全部年龄段的全人群进行更积极的身体锻炼，也能使锻炼者坚持更长的锻炼时间；在绿地中进行锻炼还能有效预防器质性疾病，如森林散步能显著增加成人自然杀伤细胞的活动度和抗癌活性蛋白的数量，并降低肾上腺素的分泌。

（3）提升热舒适性。绿地能有效降低空气温度、增加湿度、减小风速，改善人体舒适度。研究表明夏季公园林地平均可降温 3.25% 和增湿 3.91%、公园水体平均降温 1.56% 与增湿 8.10%。冬季常绿植物构成的绿地对小气候的调节和人体舒适度的改善也有较为明显的作用。

（4）提升免疫系统功能。研究发现经过森林浴之后，人体 NK 细胞活性增强，免疫系统参数优化。绿地可以说是城市中最贴近森林的存在，其通过神经—内分泌—免疫多个系统协同工作，共同维持人体健康。

（5）改善睡眠障碍。芳香类植物有安神促眠、积极应对睡眠障碍的功效。目前已从芳香中草药植物中筛选出 10 种具催眠功效的种类，以实现利用活体芳香中草药植物建立室内园艺疗法体系。

（6）促进眼部健康。长期生活于光污染环境会导致视力急剧下降、视网膜受损，甚至诱发白内障。25% 以上的绿视率能有效实现对眼睛的保护，且绿色植物的光反射系数比镜面玻璃低 10 倍左右，显然，绿色空间能促进眼部健康。

（7）其他相关疾病。研究表明，通过园艺疗法活动能够促使遗忘型轻度认知障碍长者的记忆减退症状明显改善，使长者的生活质量显著提高、处理日常生活事务的行为能力得到提升。

（8）保障食品与水安全。利用城市绿色空间发展都市农业是应对粮食安全问题的良策，在园林中选用重金属富集植物能为化解土壤污染、生态修复做出贡献，绿色空间的生态系统服务能提供清洁水、净化水体、保障水安全。

2. 面向心理健康的风景园林

心理健康是指心理的各个方面及活动过程处于一种良好或正常的状态。风景园林能显著提升心理健康水平、疗愈精神类疾病，相关定量研究主要聚焦如下方面。

（1）对总体心理健康的影响。绿地暴露对于心理健康的影响包含了直接影响和间接影响两大类。直接影响是绿地可达性、使用频率、植被覆盖率等与心理健康的直接关联；间接影响往往是由空气质量、感知压力和体力活动作为中介传导的，如居住地附近的大量绿地在减少空气污染物、促进心理恢复、鼓励体力活动等方面发挥出巨大作用，进而促进居民的心理健康。

（2）舒缓精神压力。根据压力缓解理论，自然环境在缓解精神压力方面具有明显效果，而人工建造环境会阻碍压力释放。无论是居住环境、工作场所还是学校，更多的绿色景观、更高频的绿色空间使用率都与更高的压力舒缓水平相关。在医疗场所，与绿色景观接触更多的患者术后住院时间更短、自控镇痛剂的使用量更少、血压更趋正常、情绪更为积极。此外，绿色景观还可以缓解城市噪声对居民产生的精神压力和负面情绪。

（3）疲劳恢复以及认知能力提升。根据注意力恢复理论，接触绿色空间能够只消耗人的非主动性注意力而让主动注意力（"精力"）得到恢复，达到精神疲劳恢复的功效。相反，在缺乏绿色、充满强制性的人工刺激的城市环境里，人们需要消耗大量的主动性注意力才能得以关注他们正在做的事情。儿童在更多绿色景观的环境中也能表现出更高的创造性、更集中的注意力和更高的自律性。

（4）应对抑郁、焦虑等精神类疾病。研究表明，绿地暴露对精神类疾病，尤其是抑郁症和焦虑症具有直接影响，居住在绿地较少的社区的人更容易出现抑郁和焦虑症状。不同距离范围内的 NDVI 与不同年龄段的抑郁、焦虑症呈负相关，即越高的 NDVI 指向越低的抑郁、焦虑水平，如老年人的作用范围是 100～150 米，而 12 岁青少年的作用范围是 400～800 米。

（5）应对药物成瘾性。阿片类药物具有一定成瘾性，且往往与痛觉过敏、压力、抑郁高度关联。研究表明，远离绿地且无法进行愉悦活动的人群使用阿片类药物的可能性更高，使用绿色空间和自然暴露可以作为阿片类药物成瘾性的辅助治疗。

3. 面向社会健康的风景园林

社会健康即个体与外界的社会关系的健康状态。风景园林的社会健康是指各年龄、各阶层居民均能获得公正合理的绿色基础设施服务与资源分配，特别是弱势群体的需求能得到充分考虑，实现促进社会交往与信任、提升社会安全、促进社会公平正义的目标。

（1）风景园林与社会支持促进。

1）促进交往与社会信任。绿化程度越好的公园其促进社会交往和社会信任的作用越为显著，它通过为居民提供频繁的视觉接触和社交对话场所，进而增强邻里关系和邻里信任；青少年更容易在公园中与同龄人建立起友谊。此外，风景园林还能提升环境安全，高绿化率、高开敞性的空间能降低犯罪率、减缓居民对犯罪的恐惧感，在绿色空间中开展游憩、园艺等活动能有效减少社会攻击性行为。

2）增进地方认同。研究发现，地方性强的景观能够强化居民的本土情感并增强归属感，如传统村落乡土风貌能够提升居民的心理认同感、街道绿化地域特色对社区依恋和凝聚力有积极作用等。

3）促进社会公平。研究表明，绿色空间服务不均衡、不公平现象在多数城市中普遍存在，城市中心的居民和高收入人群往往拥有更多、面积更大、功能更丰富的公园绿地供给。大尺度绿地引发的不公平性往往小于小尺度绿地，但新增大尺度公共绿地更容易引发绅士化现象。改善城市绿地空间供需失衡与不公平性问题的途径有增加绿地供给、倡导公众参与规划过程等方式。

（2）风景园林与特殊人群关爱。

1）关爱老年人、儿童、行为障碍者（身体或精神患者）等存在生理限制的生理弱势群体。城市公园、自然景观对老年人交往活动和身心恢复有显著的促进作用，针对老年人行动迟缓、体能降低等生理机能衰退的特征，一些学者对公园绿地、疗养机构、居住区等提出了适老化的空间布局优化、服务设施配置、景观营造等原则与方法。研究指出，基于"儿童友好型"理念的规划设计有助于提升儿童的认知能力、感知能力和增强儿童对自然的理解。相关研究从可达性、安全性、通用性等方面探讨了残疾人、孕妇、病患等行动障碍者的风景园林空间使用需求，也相继出现了以上海辰山植物园盲人植物园、苏州桐泾公园盲人植物园为代表的为此类人群设计的专类园。

2）关爱低收入者、流浪汉、失业者等收入低下、经济条件处于劣势的经济弱势群体。研究揭示了低收入人群的空间集聚性和对城市公共交通的强依赖性，以及由此引发的公园绿地资源分配不公平等问题。近年来，保障性住区、老旧社区、旧工业城市棚户区等低收入者集聚区的公共空间与居住环境逐渐受到关注，与此相关的微更新等研究日益增加。目前，与流浪汉、失业人员等相关的风景园林研究较少。

4. 应对公共危机的风景园林

中国是世界上自然灾害最严重的少数几个国家之一，灾害种类多、发生频率高、灾情严重。近年来，有关风景园林防灾避险、应对公共危机的研究日趋丰富、深刻。

（1）应对地震灾害。2008年汶川地震以来，关于风景园林应对地震灾害、防灾避险的研究集中涌现，研究内容包含防灾绿地体系的构建、防灾避险绿地空间分布的公平性与服务域、防灾绿地规划指标与安全评价、城市绿地防灾避险功能、防灾公园规划设计等方面。

（2）应对传染病疫情。早在1953年翻译引入的《苏联公共卫生学》中，已将"绿化地带"列为十大章节之一，现代的多本《公共卫生学》《环境卫生学》专著也将城市绿化作为重要篇章。2003年"非典"疫情暴发后，曾引起了增加绿地比例、设置"卫生隔离带"以防疫的讨论。2020年以来席卷全球的新冠肺炎疫情更引发了有关风景园林防疫的广泛思考，《中国园林》杂志于2020年7月迅速组织主题为"风景园林推动公共健康"的专刊，刊载多篇文章集中探讨风景园林应对传染病疫情。目前的相关研究包含了风景园林防疫历史溯源、疫情期间公园运行管理、风景园林防疫策略与规划设计、疫后风景园林发展趋势等内容。

（3）应对气象灾害。研究的主要气象灾害类型包含雪灾、风灾、洪涝灾害等。应对雪灾的研究主要出现于2008年特大冰灾后，内容包含雪灾对园林树木的损害和园林树种抗雪灾能力、防范措施及灾后养护管理等。应对风灾的研究聚焦于风灾对园林树木的损伤、影响及空间分布特征，园林树木抗风灾能力、应急管理体系及应对风灾对策，灾后景观评价等；研究区域多集中在广州、深圳、厦门、澳门等中国南部沿海的台风灾频发地区。应对洪涝灾害的研究以海绵城市、雨洪管理为代表的相关内容为主，包含了理论研究、规划设计应用研究、植物选配研究、工程技术研究等板块。

（二）实践进展成果

伴随着理论研究的不断深入与丰富，本领域内的实践也取得了显著的成效。2015年成立中国社工联合会园艺治疗学部；2016年成立亚洲园艺疗法联盟，每年举办中国园艺疗法研究与实践大会，每两年举办亚洲园艺疗法联盟大会，并为社会培养园艺疗法师14

期 700 余人，取得显著成效。2020 年 6 月 6 日，中国风景园林学会成立园林康养与园艺疗法专业委员会，推动园林康养与园艺疗法科研实践共同体的形成，使我国园林康养与园艺疗法领域科学研究迅速达到国际先进水平，并以此为指导应对城镇化进程中出现的种种公共健康问题，具体成果如下。

1. 政策文本制定

国家、地方政府及各级部门相继制定了一系列法律法规、政策、标准、导则等，以加强风景园林促进健康生活的能力。根据 2021 年 5 月 31 日对"北大法宝"数据库的检索（检索方式为全文中出现图 6 所示的关键词），现行有效的法律文件共达 12287 份，其中中央层级 453 份、地方层级 11834 份（包含重复计算部分，即以不同关键词检索时可能包含重复的文件）。

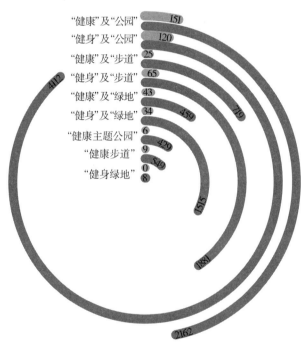

●中央法律法规文件 ●地方法律法规文件 单位（篇）

图 6 与健康及风景园林相关的法律法规文件统计图

注：按效力级别划分，中央法律法规文件包含法律、行政法规、司法解释、部门规章、军事法规规章、党内法规、团体规定、行业规定等，地方法律法规文件包含地方性法规、地方政府规章、地方规范性文件、地方司法文件、地方工作文件、行政许可批复等。

一方面，面向全人群健康促进的目标，提出建设健康主题公园、健康步道、慢跑步行道绿道、体育公园等以及依托公园、广场、绿地等布局健身设施、开展健康活动的目标和要求，如《全民健身条例》《"十四五"规划和 2035 年远景目标纲要》《健康中国 2030 规划纲要》《体育强国建设纲要》《中国防治慢性病中长期规划（2017—2025 年）》《中医药健康服务发展规划（2015—2020年）》《健康中国行动（2019—2030年）》等。此外，在《国家卫生城市标准》《全国健康城市评价指标体系（2018版）》中，建成区绿化覆盖率、人均公园绿地面积等是重要评价指标；在全国健康促进县（区）试点的申请中，以健康主题公园、健康步道为代表的健康公共环境是必要指标。

另一方面，鉴于风景园林在应对突发性公共危机所发挥的重要作用，一批旨在加强其抵御、应对能力的重要文件相继颁发。如《城市绿地规划标准（GB/T 51346—2019）》中的"防灾避险功能绿地规划"专章、《城市绿地防灾避险设计导则（住建部，2018）》《四川省城市绿地防灾避险总体规划导则（试行，四川，2009）》《公园绿地应急避难功能设计规范（北京市地方标准 DB11/T 794）》等面向风景园林应对地震、洪涝、山体滑坡、地面塌陷、泥石流、消防灾害等的能力建设，《城市公园绿地应对新冠肺炎疫情运行管理指南（T/CHSLA 10002—2020）》面向应对传染病疫情，《海绵城市建设指南——低影响开发雨水系统构建（试行）》《海绵城市绿地设计技术标准（DBJ50/T-293—2018，重庆市）》等面向雨洪管理和洪涝灾害应对。

2. 不同空间层级实践项目的导入

风景园林学科对城乡绿地全面发挥健康生活正向干预作用非常重视，在宏观、微观等不同空间层级以及应对公共危机等方面开展了相关实践并取得了丰富成果。

（1）宏观层级。

蓝绿基础设施系统建设是风景园林促进健康生活的宏观层级实践的重要载体之一。2010年，广东省政府正式启动融生态廊道、健康步道于一体的珠三角绿道网建设，在全国产生了示范效应。2014年，浙江省也启动了绿道网建设，目前已经实现市县绿道网规划全覆盖，实际建成各级绿道超1万千米。2020年起，广东省开启了"以水为纽带"的万里碧道建设，其中"留住乡愁、共享健康"的文化休闲漫道是其"三道一带"空间格局的重要组成，漫步径、跑步径和骑行径是滨水游径的主要形式。截至2020年10月，在成都市公园城市建设中已累计建成绿道4081千米。此外，围绕公共服务水平、城市空间环境品质、市政基础设施等方面展开的"城市双修"也为切实提升公众健康、改善人民生活质量提供了保障。

社区生活圈公共空间构建是宏观层级实践的另一主要形式。为维护邻里关系、促进社区公共健康，一方面，开展"15分钟社区生活圈"建设，在居民15分钟步行可达的空间范围内配置日常基本保障性公共服务设施和活动场所，以促进居民健康。相关实践从2016年上海开始，目前已有雄安新区、济南、武汉、成都等全国多地跟进，自然资源部也已于2021年5月公示《社区生活圈规划技术指南》（报批稿）。另一方面，推行责任规划师制度，上海和北京分别于2015年和2017年率先启动，覆盖城市各个区域并逐步推进到街区和社区环境更新工作中，通过社区小微绿地和花园的建设实现了社区营造和多元共治，激发了社区主体的主观能动性，满足了居民对社区环境健康美好的迫切需求。

儿童友好型城市建设是宏观层级上风景园林助力社会健康的重要实践载体。2015年年底，深圳率先提出系统性建设儿童友好型城市，倡导"从一米的高度看城市""让城市为儿童而建"，五年来建成各类公园超千座，并逐步增加完善儿童活动空间和自然教育等设施场所。长沙已将儿童友好型城市创建纳入各项规划，并明确提出将儿童权利作为城市发展核心要素纳入三级三类国土空间规划体系。成都于2021年提出建设儿童友好型城市，并启动了儿童友好社区试点工作。

（2）微观层级。

风景园林学科对城乡绿地全面发挥健康生活正向干预的作用非常显著。2000年，园艺疗法概念首次引入国内，此后在以自然要素为主体的不同尺度的风景园林中（如花园、城乡绿地、风景名胜区、荒野等），通过空间体验，在生理、心理、精神、社会方面对人体产生疗愈与健康养生的功效，形成包括花园疗法、田园疗法、森林康养、绿色疗法、荒野疗法、自然疗法、生态疗法等不同的园林康养形式。同时，针对各类型健康支持性景观采用循证设计的科学方法，以实证研究为设计提供合理支持。

在不同的园林康养实践中，园艺疗法与森林疗法成果丰硕。园艺疗法的植物材料选择、课程体系构建、作用机理与功效的研究与实践趋于成熟，在北京四季青养老院、清河养老院、香山老年公寓、三里屯老年驿站等十余家养老设施进行了园艺疗法相应课题研究与设计实践落位，获中国风景园林学会科技进步奖。2013年北京引入森林疗养理念和技术，北京市园林绿化局从2015年开始培训森林疗养师。目前，在北京市林业碳汇工作办公室的推动下，全国范围内森林疗法的理论研究、实践推广、教育培训、基地认证已成完整体系。

基于循证设计进行健康景观营建也取得一定成果。医疗环境康复花园具有非常重要的辅助治疗作用，近十年，医院尤其是专科康复医院室内外景观空间开始出现循证设计理论研究与设计实践，如北京天坛医院、武汉儿童医院、四川省康复医院、江西省人民医院、南昌大学第一附属医院、南昌大学第二附属医院户外空间尝试进行康复景观设计改造。此外，居住社区是健康理念落地最适合的场所，清华大学建筑学院绿色疗法与康养景观研究中心联合美的置业深入研究"疗愈理念在居住社区中的应用"课题并在贵阳建成示范工程。近年，上海等地在社区中积极推广都市微农业，广州地区社区园艺疗法活动中心发展趋于成熟。在城市综合性公园或植物园中基于循证设计进行园艺疗法专类园建设也逐渐出现，如北京植物园园艺疗法园、重庆市园林科学研究院园艺疗法园、南宁园博园健康花园等相继建成。

综上，健康导向下的城乡公园、养老设施、医疗设施、居住社区室内外绿色空间各种园艺疗法实践、循证设计实践的萌芽已经形成。

3. 应对公共危机的特殊实践

在突发性公共危机发生后，风景园林行业常第一时间做出反应。在应对地震灾害方面，汶川地震后，建设部下发文件要求加快编制城市绿地系统防灾避险规划，并要求各省、自治区、直辖市在 2009 年 4 月底将各城市的前期调查评估报告报送住房和城乡建设部。及至当下，防灾避险规划已经成为城市绿地系统规划中的重要专项之一，防灾避险型城市绿地业已成为城市园林绿化中不可缺少的内容。

在应对传染病疫情方面，2020 年年初新冠疫情暴发后，中国风景园林学会于同年 3 月专题调研了全国约 40 个城市公园应对新冠疫情的应急管理措施，并于 4 月组织召开了风景园林与公共卫生安全云端论坛，于 11 月组织召开了主题为"风景园林·公园城市·健康生活"的学会年会，专门设置"风景园林与健康生活"分会场。

在应对气象灾害方面的实践主要集中于面向洪涝灾害、雨洪管理的海绵城市建设上，截至目前，全国已有 30 个海绵城市建设试点。根据国务院办公厅印发的《关于推进海绵城市建设的指导意见》，到 2020 年，城市建成区 20% 以上的面积达到目标要求；到 2030 年，城市建成区 80% 以上的面积达到目标要求。

三、风景园林与健康生活研究趋势和重点

（一）风景园林促进健康生活的机理研究领域

1. 多学科交叉的风景园林健康功效与机理研究

绿色开放空间对于维护和保障人民健康、公共卫生安全预防公共危机有着重要作用，据 web of science core collection 的数据，本领域的文献广泛分布在公共卫生、医学、公共管理、环境、地理、商业经济、城市规划、心理、计算机、工程等 122 个学科细分方向，本领域的研究有赖于多学科紧密合作。

主要研究内容包含：城乡绿地空间格局与人群健康水平耦合关系，城乡绿地及其不同内部构成对人体生理健康、心理健康、社会健康的影响机制，健康导向下功能型植物种类筛选、配置方式及其健康疗效等。

2. 风景园林健康风险评估研究

绿色空间能提供环境污染治理、改善市民生理健康、提升社会活力、恢复认知注意力等积极、正向的生态系统服务，因此，营建绿色空间成为全球各国促进人群健康的重要举措之一。但鲜有人关注的是，如果绿色空间营建失当，将产生生态系统负向服务，对人群健康形成威胁。研究如何抑制、消除绿色空间中可能致害的生态系统负向服务，是增强风景园林促进人类健康能力的重要议题。

主要研究内容包含：公共健康视角下的绿色空间生态系统负向服务的概念、内涵、类型评估及制图方法，绿色空间的健康风险评价方法，绿色空间生态系统负向服务优化的规划、设计、管护策略等。

3. 风景园林健康促进绩效评价研究

绿色空间对于健康的促进作用已经得到了广泛认可，也已经有大量的量化研究从生理健康、心理健康、社会健康等不同维度证实了这一功效。但绿色空间的营建对于各维度健康的促进作用究竟有多强烈、又是否可以量化，目前的研究仍较为缺乏，使得以促进人群健康为导向的绿色空间建设缺乏科学评判标准。因此，开展风景园林健康促进绩效的评价研究是本领域内亟待开展的议题。

主要研究包含：面向全类型城乡绿色空间并贯融其规划、设计、建设、管护的全生命周期的人群健康绩效评价指标体系、技术方法，提升全类型、全生命周期城乡绿色空间促进人群健康能力的路径、策略等。

4. 风景园林应对小康社会的主要健康威胁研究

随着公共卫生条件的提高，中国居民主要的健康威胁正在发生重要转变，与生活方式紧密相关的慢性病已成为主要健康威胁，这其中尤以心脑血管和糖尿病等慢性代谢类疾病和呼吸类疾病最为突出，也与城市化进程、城市建成环境密不可分。此外，交通事故和道路设计、抑郁症、阿尔茨海默病、过劳死等，也都是小康社会中与空间规划设计密切相关的其他健康威胁。

主要研究内容包含：面向公共健康、有效应对小康社会主要健康威胁的风景园林学理论实践框架，人居环境干预公共健康的机制，公共健康导向下蓝绿基础设施的系统性实施战略等。

（二）风景园林促进健康生活的实践策略研究领域

1. 中宏观尺度下作为公共健康基础设施的系统性实施战略

良好的城市环境建设是实现高质量公共健康服务基础设施的重要保障。历史经验表明，城市环境（包括道路、水系、广场及绿地系统等）与公共卫生问题密切相关。当前在传染性疾病频发的背景下，城市绿色基础设施在阻止疾病传播、防护公共安全以及提供游憩、生态和文化科普等方面发挥重要作用。在中宏观尺度下，科学构建城市绿色基础设施系统布局，同时进行合理的规划设计和管控，是当前风景园林领域需要进一步探究的重要问题。

主要研究内容包括：公共健康视角下的城市公共绿地管控策略研究，城市公共健康基础设施的系统构建，城市公共健康基础设施系统的格局优化，城市绿色基础设施的健康效益评估等。

2. 高频使用的户外公共空间健康改造提升路径

面对现代都市生活压力的不断加大和人民群众对健康诉求的不断提高，城乡绿地即将面临全面升级，即在满足生态、休憩、文化等既有功能基础上，履行促进人群健康福祉的职责。在存量经济时代的城市更新语境下，健康导向下的户外公共空间更新设计将是未来城乡绿地建设的主要内容之一，因此，面向全绿地类型与全年龄人群探索健康支持性绿地设计方法与实施技术是研究重点。

主要研究包括：健康导向下的城市街景优化、城市可步行性开放空间优化策略，健康支持性户外空间设计导则、标准、实施技术，健康支持性户外空间运营管理，健康导向下城市社区小、微空间营建方法技术等。

3. 基于中华传统文化的园艺疗法体系构建

在老龄化日趋严重、亚健康人群激增、生活习惯病普遍、青少年自然缺失等背景下，园艺疗法可在治疗、康复、保健、养生领域发挥更加重要的作用。然而，目前缺乏对东方中华传统文化中有关人居环境疗愈理念和思想的深度挖掘。中国传统文化中的儒释道文化、天人合一、隐逸文化、养生思想、五行文化、中医药文化及居养文化有着厚重的健康积淀，园艺疗法思想早已根植于其中，具有深厚的文化基础和丰富的实操经验，有必要基于中华传统文化构建园艺疗法（康复景观）理论与实践体系。

主要研究内容包括：传统人居养生理念、智慧以及与现代景观的结合，基于中华传统文化的中国特色的园艺康养理论体系，针对不同人群与病症的园艺疗法治疗体系，园艺疗法基地建设与认证体系、人才培训与考核体系、教学课程体系，社区园艺疗法活动的运营与管理等。

4. 气候变化背景下适灾弹性景观基础设施系统研究

以全球气候变暖为主要趋势的全球气候变化正在使人类处于一系列不确定的风险中。近年来，极端气象不断加剧，洪水、干旱和森林大火等自然灾害对农业生产、物种生存、城市安全和经济发展等方面造成越来越严重的破坏和影响。如何通过实施风景园林规划设计策略，增强人类居住环境的韧性以适应气候变化或减缓带来的负面影响，营造人与自然系统和谐共处的居住环境，是当前风景园林行业需要面对的急迫问题。

主要研究内容包括：气候变化对景观影响的模拟、评估技术与方法，气候变化对生物多样性的影响，韧性景观构建策略与方法，应对极端气象事件的景观设计方法，低影响设计和材料的应用，城市雨洪管理等。

参考文献

［1］谭少华，李进. 城市公共绿地的压力释放与精力恢复功能［J］. 中国园林，2009，25（6）：79–82.

［2］郭庭鸿，董靓. 重建儿童与自然的联系——自然缺失症康复花园研究. 中国园林，2015，31（8）：62–66.

［3］鲁斐栋，谭少华. 建成环境对体力活动的影响研究：进展与思考［J］. 国际城市规划，2015，30（2）：62–70.

［4］姜斌，张恬，威廉.C.苏利文. 健康城市：论城市绿色景观对大众健康的影响机制及重要研究问题［J］.

景观设计学，2015，3（1）：24–35.

［5］陈筝，翟雪倩，叶诗韵，等. 恢复性自然环境对城市居民心智健康影响的荟萃分析及规划启示［J］. 国际城市规划，2016，31（4）：16–26，43.

［6］王兰，廖舒文，赵晓菁. 健康城市规划路径与要素辨析［J］. 国际城市规划，2016，31（4）：4–9.

［7］许基伟，方世明，刘春燕. 基于G2SFCA的武汉市中心城区公园绿地空间公平性分析［J］. 资源科学，2017，39（3）：430–440.

［8］陈筝. 高密高异质性城市街区景观对心理健康影响评价及循证优化设计［J］. 风景园林，2018，25（1）：106–111.

［9］刘文平. 景观服务及其空间流动：连接风景园林与人类福祉的纽带［J］. 风景园林，2018，25（3）：100–104.

［10］王兰，蒋希冀，孙文尧，等. 城市建成环境对呼吸健康的影响及规划策略——以上海市某城区为例［J］. 城市规划，2018，42（6）：15–22.

［11］徐勇，张亚平，王伟娜，等. 健康城市视角下的体育公园规划特征及使用影响因素研究［J］. 中国园林，2018，34（5）：71–75.

［12］侯晓蕾. 基于社区营造和多元共治的北京老城社区公共空间景观微更新——以北京老城区微花园为例［J］. 中国园林，2019，35（12）：23–27.

［13］马明，周靖，蔡镇钰. 健康为导向的建成环境与体力活动研究综述及启示［J］. 西部人居环境学刊，2019，34（4）：27–34.

［14］黄国平. 视觉景观保护中的景观正义研究［J］. 中国园林，2019，35（5）：18–22.

［15］刘文平，袁雄钢，陈伟鹍. 城市综合公园游憩服务多时空粒度辐射特征研究——以武汉为例［J］. 中国园林，2019，35（1）：29–34.

［16］王敏，朱安娜，汪洁琼，等. 基于社会公平正义的城市公园绿地空间配置供需关系——以上海徐汇区为例［J］. 生态学报，2019，39（19）：7035–7046.

［17］李树华，姚亚男，刘畅，等. 绿地之于人体健康的功效与机理——绿色医学的提案［J］. 中国园林，2019（6）：5–11.

［18］余洋，王馨笛，陆诗亮. 促进健康的城市景观：绿色空间对体力活动的影响［J］. 中国园林，2019，35（10）：67–71.

［19］夏菁. "城市人"视角下残疾人聚居空间满意度研究——以南京市为例［J］. 城市规划，2019，43（2）：46–51，66.

［20］屠星月，黄甘霖，邬建国. 城市绿地可达性和居民福祉关系研究综述［J］. 生态学报，2019，39（2）：421–431.

［21］刘悦来，寇怀云. 上海社区花园参与式空间微更新微治理策略探索［J］. 中国园林，2019，35（12）：5–11.

［22］陈崇贤，刘京一. 气候变化影响下国外沿海城市应对海平面上升的景观策略与启示［J］. 风景园林，2020，27（12）：32–37.

［23］陈崇贤，罗玮菁，夏宇. 自然景观对老龄人群身心健康影响研究的荟萃分析［J］. 风景园林，2020，27（11）：90–95.

［24］陈春，谌曦，罗支荣. 社区建成环境对呼吸健康的影响研究［J］. 规划师，2020，36（9）：71–76.

［25］董玉萍，刘合林，齐君. 城市绿地与居民健康关系研究进展［J］. 国际城市规划，2020，35（5）：70–79.

［26］付彦荣，贾建中，王洪成，等. 新冠肺炎疫情期间城市公园绿地运行管理研究［J］. 中国园林，2020，36（7）：32–36.

［27］姜斌. 城市自然景观与市民心理健康：关键议题［J］. 风景园林，2020，27（9）：17–23.

［28］李树华，康宁，史舒琳，等. "绿康城市"论［J］. 中国园林，2020，36（7）：14–19.

［29］刘颂，刘蕾. 基于生态安全的区域生态空间弹性规划研究——以山东省滕州市为例［J］. 中国园林，2020，36（2）：11–16.

［30］裴昱，阚长城，党安荣. 基于街景地图数据的北京市东城区街道绿色空间正义评估研究［J］. 中国园林，2020，36（11）：51-56.

［31］谭少华，何琪潇，陈璐瑶，等. 城市公园环境对老年人日常交往活动的影响研究［J］. 中国园林，2020，36（4）：44-48.

［32］俞佳俐，严力蛟，邓金阳，等. 城市绿地对居民身心福祉的影响［J］. 生态学报，2020，40（10）：3338-3350.

［33］张金光，余兆武，赵兵. 城市绿地促进人群健康的作用途径：理论框架与实践启示［J］. 景观设计学，2020，8（4）：104-113.

［34］张凌菲，徐煜辉，谭少华，等. 基于时空路径的城市绿地享用公平性研究——以成都市新、旧城区为例［J］. 中国园林，2020，36（8）：107-112.

［35］钟乐，邱文，钟鹏，等. 防御传染病的风景园林应对策略设想——基于打破传染链的视角［J］. 中国园林，2020，36（7）：37-42.

［36］钟乐，钟鹏，贺利平，等. 风景园林与公共健康的历史渊源：基于应对传染病的视角［J］. 风景园林，2020，27（10）：118-123.

［37］MARCELIS M, NAVARRO-MATEU F, MURRAY R, et al. Urbanization and psychosis: a study of 1942-1978 birth cohorts in The Netherlands［J］. Psychological Medicine, 1998, 28（4）：871-879.

［38］DANAEI G, SINGH G M, PACIOREK C J, et al. The global cardiovascular risk transition: associations of four metabolic risk factors with national income, urbanization, and Western diet in 1980 and 2008［J］. Circulation, 2013, 127（14）：1493-1502.

［39］LIN W, CHEN Q, JIANG M, et al. The effect of green space behaviour and per capita area in small urban green spaces on psychophysiological responses［J］. Landscape and Urban Planning, 2019（192）：103637.

［40］Sihui Guo, Ci Song, Tao Pei, et al. Accessibility to urban parks for elderly residents: Perspectives from mobile phone data［J］. Landscape and Urban Planning, 2019（191）：103642.

［41］TOST H, REICHERT M, BRAUN U, et al. Neural correlates of individual differences in affective benefit of real-life urban green space exposure［J］. Nature Neuroscience, 2019, 22（9）：1389-1393.

［42］ZHOU M, WANG H, ZENG X, et al. Mortality, morbidity, and risk factors in China and its provinces, 1990 - 2017: a systematic analysis for the Global Burden of Disease Study 2017［J］. The Lancet, 2019, 394（10204）：1145-1158.

［43］Jinguang Zhang, Zhaowu Yu, Yingyi Cheng, et al. Evaluating the disparities in urban green space provision in communities with diverse built environments: The case of a rapidly urbanizing Chinese city［J］. Building and Environment, 2020（183）：107170.

［44］Meimei Lin, John Toland, Van Stan. Impacts of urban landscapes on students' academic performance［J］. Landscape and Urban Planning, 2020（201）：103982.

［45］Yang Chen, Wenze Yue, Daniele La Rosa. Which communities have better accessibility to green space? An investigation into environmental inequality using big data［J］. Landscape and Urban Planning, 2020（204）：103919.

［46］Yuqi Liu, Ruoyu Wang, Yi Lu, et al. Natural outdoor environment, neighbourhood social cohesion and mental health: Using multilevel structural equation modelling, streetscape and remote-sensing metrics［J］. Urban Forestry & Urban Greening, 2020（48）：126576.

［47］Zheng Zhicheng, Shen Wei, Li Yang, et al. Spatial equity of park green space using KD2SFCA and web map API: A case study of zhengzhou, China［J］. Applied Geography, 2020（123）：102310.

撰稿人：钟　乐　康　宁　陈崇贤　刘文平　陈　筝　薛　飞　姜　斌

风景园林信息化研究

风景园林信息化专题回顾了我国风景园林信息化研究从 20 世纪 80 年代到近十年所经历的 3 个发展阶段。报告重点总结和评述了近十年来风景园林信息化研究在数字景观理论、"智慧园林"信息化管理平台、风景园林遗产信息化研究、风景园林信息模型等领域的研究内容与成果。最后，从"数字景观"服务"数字中国"战略、"智慧园林"应对城镇化高质量发展需求、风景园林遗产信息化体系服务国家软实力提升、风景园林信息模型促进行业技术创新的角度，指出和分析风景园林信息化未来发展的重点研究方向和需求。

一、风景园林信息化研究发展回顾

风景园林信息化研究的开端可回溯到 20 世纪 60 年代西方国家从工业社会向信息社会转型时期。第二次世界大战后，科学理性思维和计算机技术的空前发展为设计领域带来新思潮。60—70 年代，基于计算机技术的空间分析得到发展。在这一时期，麦克哈格应用生态学理论与方法将要素分析和叠图法应用于风景园林规划设计，开展了基于信息的价值分析和规划决策等理论探索与实践，对学科产生深远影响。斯坦尼兹提出动态的景观规划模型，在 80 年代地理信息系统、计算机辅助设计系统等数字化技术发展成果基础上，进一步推动了风景园林规划设计的信息化发展。进入新世纪后，研究主要集中在基于地理信息系统开展时空数据分析、信息可视化、大尺度景观规划设计技术、参与式决策等领域。

风景园林信息化研究在社会经济信息化的宏观背景下逐步发展。信息化是一种以数字化和网络化为特征的综合技术，推动技术革命和产业发展，作用于国民经济的各个领域。时至今日，随着大数据、泛在互联网、云计算、人工智能等现代信息技术的发展和应用，信息化已成为推动世界经济和社会全面发展的关键因素，成为人类进步的新标志。目前，信息化已成为我国国家战略体系的重要组成部分，2016 年中共中央办公厅、国务院办公厅印发《国家信息化发展战略纲要》，指出将信息化贯穿我国现代化进程始终，以信息化驱动现代化。《"十四五"规划和 2035 年远景目标纲要》中将"加快数字化发展，建设数字中国"作为重要内容，并将基本实现新型工业化、信息化、城镇化、农业现代化，建成现代化经济体系设为远景目标。

我国风景园林行业信息化进程在此宏观趋势下逐步发展，大致经历了引进数字化技术，并结合自身实践内涵开展理论与技术探索的早期发展阶段；以数字技术和网络技术为工具，全面辅助行业实践的中期发展阶段；随着现代信息技术的广泛应用以及社会经济发展模式转变和社会治理手段的快速变革，而面临迫切发展需求的近期发展阶段。风景园林信息化研究也可分为与此相应的三个阶段，在发展的时间上则比行业应用有若干年的前置，反映了相关研究对信息化发展前景的前瞻性预判以及对发展趋势的引领和推动。

我国风景园林信息化研究在 20 世纪 80 年代至 90 年代进入早期发展阶段。这一阶段的研究具有高起点和结合传统文化内涵的特点，在数字技术应用前沿做出了创新性探索。刘滨谊利用计算机技术及遥感技术构建数字化模型，基于视觉模拟的方法评价风景"旷奥度"，从中华传统文化视角出发将主观感受与数字三维景观模型匹配，提出"风景景观环境－感受信息数字模拟"理论，赋予风景园林模型整合"风景景观环境－感受信息"的能力，探索了数字技术在风景审美和风景评价领域的应用。

风景园林信息化研究的中期阶段从 20 世纪 90 年代至 21 世纪头十年。在此阶段，风景园林实践领域经历了以数字化工具全面替代手工化方法的进程。与信息化相关的研究成果主要体现在风景园林遗产保护规划等领域开展地理信息系统应用等方面。在相关领域中，建筑行业"十五"期间启动行业信息化进程，"十一五"期间明确了以建筑信息模型（Building Information Modeling，BIM）为行业开展改革，提高行业信息化和可持续发展水平的途径，为未来信息化快速发展奠定了基础。

近十年是风景园林信息化研究的近期阶段。我国经济社会发展进入高质量发展阶段，现代信息技术促进产业升级、加速政府治理方式转变，信息化成为时代对风景园林领域的要求。首先，国家政策推动建设领域信息化发展，2015 年国务院发布《中国制造 2025》，明确了以数字化、网络化、智能化为制造业发展方向；2016 年以来，住建部及各省市相继出台政策要求加快建筑行业创新转型发展，指导 BIM 应用推广，反映了行业实践的内涵和形态加快信息化发展的趋势；同时，新型智慧城市建设加速发展，2018 年以来多个试点城市开始运用 BIM 进行工程项目审查审批和城市信息模型平台建设，反映了国家依托信息化手段变革城市治理方式的要求。"十四五"规划也将信息化设为重要的远景发展目标。这些社会经济和政策发展动态对风景园林信息化研究提出了新的要求。风景园林领域积极开展信息化研究和实践，快速推进新一代信息技术在学科和行业中的应用，逐渐形成了相对独立的研究领域和系列研究成果。

二、风景园林信息化研究主要成果和实践

近年来，风景园林信息化研究成果可概括为以下几个主要方面：数字景观理论为信息化发展奠定基础；信息化管理平台与智慧园林系统建设快速发展；风景园林遗产信息化研究领域逐步发展；风景园林信息模型技术与应用研究取得进展（图7）。

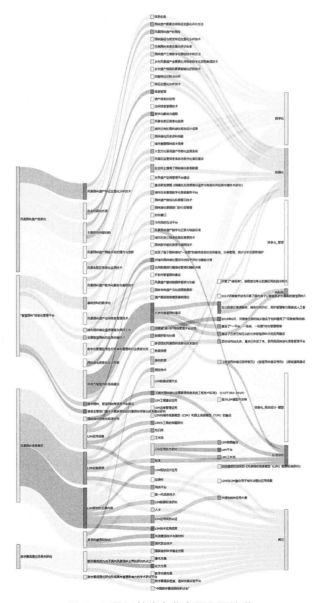

图 7　风景园林信息化专题主题关联

（一）数字景观理论及相关研究为信息化奠定基础

1. 研究背景

数字景观理论指出"数字中国"战略下的路径。2017 年年底，习近平总书记在中共中央政治局第二次集体学习时强调"实施国家大数据战略，加快建设数字中国"，表明数字中国建设已上升到国家建设的战略层面。在《"十四五"规划和 2035 年远景目标纲要》中，"数字中国"影响社会经济发展诸多方面，成为我国未来五年重要的发展领域。数字景观作为数字中国的重要组成部分，其研究与实践对接国家大数据战略，是城乡人居环境中风景园林规划设计的发展方向。

数字景观理论提出行业实践的创新性技术体系。数字景观技术以信息技术为基础，融合多学科理论与方法，助力风景园林研究、设计、营建与管控全过程，其应用涵盖信息采集与分析、景观模拟与仿真、数字化设计与建造、绩效评价等，实现了人居环境从数据分析到运营管理的全过程数字化。风景园林具有科学和艺术双重属性，数字景观技术突出了风景园林专业人员工作方式与思维模式中的科学属性。数字景观理论研究的深入与技术应用的进步推动了风景园林信息化的发展。

2. 研究进展

数字景观理论研究形成具有重要影响力的学术研究平台。自 2013 年，由中国风景园林学会支持，东南大学、全国高等学校风景园林学科专业指导委员会、全国风景园林专业学位研究生教育指导委员会、国务院学位委员会风景园林学科评议组、中国风景园林学会教育工作委员会、中国风景园林学会信息专业委员会和《中国园林》杂志社主办，每两年举办一次的"中国数字景观国际研讨会"有力推动了我国在该领域的研究，并于 2013 年首届会议发布"数字景观·南京宣言"，标志着我国风景园林行业正式进入"数字时代"。会议系列论文集展现了数字景观在国内外的研究及最新成果，系统讨论了数字景观在当下的应用和技术发展，展望了数字景观的应用前景。

3. 成果概述

数字景观成为当下国内风景园林业界的研究热点之一。相关研究与实践快速发展，围绕该议题的科研项目以及著作、论文等研究成果持续面世。在科研项目方面，近十年国家自然科学基金批准数字景观领域项目 28 项，累计资助经费 986 万元。在著作方面，自 2015 年起《参数模型构建》《编程景观》《基于 GIS 的北京乡村景观格局分析与规划》《竖向工程：智慧造景·3D 机械控制系统·雨洪管理》《参数化风景园林规划设计》等一批数字景观相关专著陆续出版，大部分主题聚焦地理信息系统在城市或景园环境的应用以及数字化、参数化的设计方法与技术。其中，2019 年《数字景观——逻辑、结构、方法与应用》的出版，系统化地构建了数字景观的理论与方法，推动了风景园林事业的科学化进程。在论文方面，近五年数字景观相关论文发表呈现快速上升的趋势[①]，其中期刊论文593篇（图8）、会议论文40篇，研究集中于GIS、大数据等数字景观技术在景园设计中的应用以及参数化、BIM等数字景观技术与方法的研发（图9）。

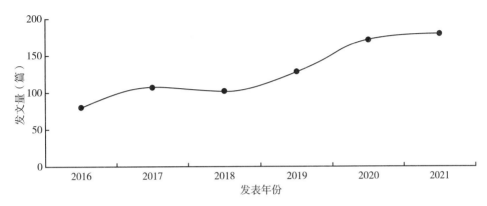

图8　数字景观领域期刊论文发表趋势

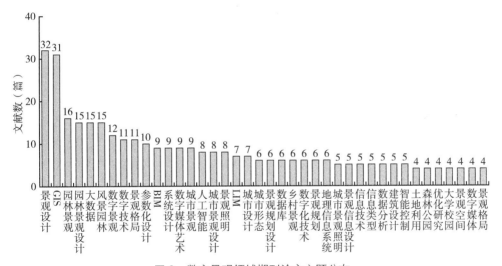

图9　数字景观领域期刊论文主题分布

数字景观教育与人才培养发展迅速，相关进展主要体现在教学内容的丰富、教学方法的变革与教学平台的建设三个方面。面向人才培养与行业应用，东南大学、清华大学、西安建筑科技大学、华南农业大学、同济大学等国内高校对数字景观驱动下的本科及研究生教学改革开展了探索，开设了数字景观相关课程或将相关教学内容融入课程体系。数字景观实验室、虚拟仿真实验平台等先进教研平台也在积极探索中。以高校为主体面向行业的技术培训开始输送专业型信息化人才。

———————————

① 来源于知网检索结果，检索时间跨度2016—2021年。

（二）"智慧园林"信息化管理平台建设及相关研究快速发展

1. 研究背景

园林绿化信息化管理平台是运用物联网、云计算、移动互联网、地理信息集成等新一代信息技术，以网络化、感知化、物联化、智能化为目标，构建城市园林绿化信息管理、综合监管、协同办公、辅助决策、公众服务一体的综合管理体系，以提高风景园林行业精细化和科学化管理水平，也可称为"智慧园林"。

"智慧园林"建设在"十三五"期间遵循《2016—2020年建筑业信息化发展纲要》的目标得到快速发展，并成为国家园林城市申报、评审和管理的要求。2016年住房和城乡建设部印发的《2016—2020年建筑业信息化发展纲要》中指出，"十三五"时期全面提高建筑业信息化水平，着力增强BIM、大数据、智能化、移动通信、云计算、物联网等信息技术集成应用能力，建筑业数字化、网络化、智能化取得突破性进展，初步建成一体化行业监管和服务平台，数据资源利用水平和信息服务能力明显提升。2016年住房和城乡建设部在《关于印发国家园林城市系列标准及申报评审管理办法的通知》附件《国家园林城市系列申报评审管理办法》第二十四条规定："已获命名的城市（县、镇）应建立健全园林绿化信息管理体系，逐步实现部、省、市、县、镇信息管理一体化"。其中，在《国家园林城市标准》中提道：①建立城市园林绿化专项数字化信息管理系统、信息发布与社会服务信息共享平台并有效运行；②城市园林绿化建设和管理实施动态监管；③可供市民查询，保障公众参与和社会监督。

2. 研究内容

"智慧园林"建设的实际需求推动相关研究的开展，主要内容包括5个方面：

（1）基础资料的信息化。资料信息化的工作已普遍开展，城市已有的园林绿化规划设计成果、园林绿化历史资料档案、城市重要园林苗木信息等都通过采集或者日常工作积累建立了资料数据库，便于查阅和管理。

（2）信息化管理应用在行政审批管理和行业信息交流过程中，主要服务于园林绿化管理部门的行政管理、对外窗口和与市民的互动平台。

（3）依托遥感和地理信息相关技术，各地相继开展了城市园林绿化遥感调查与测评工作，在空间上摸清了园林绿化家底数据。

（4）多个城市根据自身行业管理需求，在宏观管理、动态监测、智能管养等领域开展智慧园林相关平台建设，并运用多源数据进行精细化管理和辅助决策。

（5）部级、省级主管部门着手开展多层级的风景园林信息化体系建设研究，部分城市如北京、重庆已形成了市、县两级园林绿化信息管理平台。

风景园林管理信息化已列入国家和省部级项目研究，如财政部和世界银行"中国经济改革促进与能力加强项目（TCC6）""城市智慧园林建设技术导则及标准"，住房和城乡建设部科技计划项目"城市园林绿化信息管理与辅助决策技术及实现方法"以及"城市智慧园林建设内容及应用研究"等。

3. 成果概述

近十年，住房和城乡建设部指导各省市开展园林绿化信息化试点；各地方智慧园林系统建设逐步发展；园林绿化信息化行业标准出台；国家重点研发项目支撑智慧园林的监测关键技术取得突破。

（1）园林绿化信息化试点探索。住房和城乡建设部城乡规划管理中心于2012年研发了"城市园林绿化信息管理与辅助决策系统"，按照部门主导、城市配合和专业辅助的发展思路，在国内部分城市（县）开展了试点建设。2012—2019年已在全国13省（区）38个城市完成了系统敷设工作。该系统应用3S技术等技术手段实现了基于园林绿化"一张图"的绿地信息的空间查询、分类管理、统计分析和更新维护，并在此基础上对城市园林绿化情况做出科学评价与辅助决策。

（2）各地方智慧园林系统建设。

1）北京市智慧园林建设。北京智慧园林作为智慧北京的重要组成部分，近年来积极开展了智慧园林调研论证、探索与应用实践等各项工作，对智慧园林体系架构和建设内容进行研究，取得了《智慧园林建设指导意见》《智慧园林建设导则》《智能灌溉建设导则》等一系列研究成果。建设了"一平台、一张表、一张图"综合管理框架，在公园景区管理服务、绿色空间评价、养护管理等方面推进新一代信息技术与园林绿化的融合发展，开展了"绿视率"、游园赏花等大数据应用实践与探索，建设了互感互知互动的北京智慧园林应用示范，提升了北京园林绿化监测、管理、服务能力。

2）开封市智慧园林建设。2017—2018年，河南省开封市开展了国内首个以智能养护为目标的智慧园林平台试点建设。该平台以移动App为数据采集手段，构建了集人员管理、园林养护、巡查管理、日常办公、绩效考核于一体的城市园林绿化综合监管体系，实现了园林绿化管养工作从被动的事后管理到主动的事前预防的转变。

3）河南省省–市两级管理平台实践。2018—2019年，河南省住房和城乡建设厅组织建成了"河南省园林绿化信息管理与辅助决策平台"，该平台由省、市（县）两级平台构成。平台可满足省市两级国家园林城市系列申报、评审、动态监管等信息化管理要求，实现园林绿化行业数据统计分析以及绿规、绿线、古树名木的动态监管，初步探索了利用信息化手段进行多层级园林绿化管理的路径。

（3）园林绿化信息化标准发布。2019年11月29日，住房和城乡建设部颁布了《城市园林绿化监督管理信息系统工程技术标准》（CJJ/T 302—2019），自2020年3月1日起实施。该标准详细规定了城市园林绿化监管管理系统的软件功能、系统数据和运行维护等要求。

（4）支撑智慧园林的监测关键技术取得突破。在住房和城乡建设部城乡规划管理中心牵头科技部"十三五"重点研发课题"城镇生态资源高分遥感与地面协同监测关键技术研究"中，针对城镇园林绿地创新性地提出了城镇园林绿地资源遥感与地面观测协同监测模型。即利用筛选过的深度学习网络模型，通过对城镇绿地典型地物样本库的学习和训练，实现对高分遥感影像中城镇园林绿地资源的快速识别和提取，提取精度高于85%。该技术将大大提高城镇绿地遥感监测的识别速度，目前已在重庆市北碚区开展测试应用。

（三）风景园林遗产信息化研究领域逐步发展

1. 研究背景

风景园林遗产信息化是指运用现代信息技术，开发和利用风景园林遗产信息资源，促进遗产信息交流和遗产知识共享，提高风景园林遗产保护和管理的质量，推动遗产多元价值的保护和可持续发展。

新一代信息技术为风景园林遗产研究和实践注入了新的活力，使人类能够以前所未有的视角、频率和精度观察风景园林遗产，极大地提升了研究和保护的科学性、时效性和系统性，推动了国家、区域和地方层面遗产监测体系的建立。在此背景下，风景园林遗产信息化研究热点不断，逐渐形成了一个全新的独立研究领域，并呈现出多学科交叉融合的特征。

2. 研究内容

风景园林遗产信息化作为研究领域所包含的研究内容包括信息收集、对象特征识别与分析、信息管理以及遗产信息应用等方面。目前，该领域的主要研究内容可归纳为风景园林遗产的测绘、特征定量化分析技术、空间信息管理技术、数字化解说与阐释、风景名胜区信息化监测等方面。

3. 成果概述

（1）风景园林遗产测绘手段的提升与创新。以无人机、近景摄影测量和激光雷达为代表的新型测绘技术广泛应用于风景园林领域，提升了多尺度风景园林遗产环境和复杂要素测绘的水平和成果质量。学者通过案例实验建立了风景园林遗产数字化测绘和档案技术，弥补了传统手段在时效性、完整性和精准度方面的缺陷，填补了本底数据的空白。主要成果包括：①园林遗产三维数字化测绘技术和方法；②乡村风景遗产全要素空间信息数字化获取集成技术；③风景园林遗产数字化记录与档案标准。

（2）风景园林遗产特征定量化分析技术。应用数字化空间信息技术对风景园林遗产的特征展开了定量化分析，科学解读遗产的历史格局、视觉结构、设计手法、空间组织等特征，更加理性地认识遗产价值，为保护、监测和管理提供了定量化参考。研究成果包括：①园林遗产要素空间特征定量化评价方法；②园林路径与视觉特征定量化分析技术；③乡村遗产格局和要素智能化识别技术。

（3）风景园林遗产空间信息管理技术。风景园林遗产空间信息管理逐渐由二维地理信息数据库向三维数据库方向拓展，构建遗产数字化三维模型，实现遗产信息可视化。

学者开始研究三维地理信息系统软件平台在风景园林领域的应用,展示了 Google Earth、Skyline、ArcGIS、VRMap、IMAGIS、GeoGlobe 等系统的巨大应用前景。主要成果包括:①风景遗产基础数据库框架与功能;②园林专类遗产文化资源数据库;③遗产景观信息模型基础理论。

(4)风景名胜区信息化监测技术。风景名胜区信息化建设工作取得了长足进步与发展,并在实践中形成了具有自身特色的建设发展模式。国家、省、景区三级监管信息系统框架体系已经形成,各试点景区在基础网络、基础数据、保护管理类应用系统、旅游服务类应用系统、系统集成与应用等方面取得了重要进展,提高了风景名胜区在资源与环境保护、游客安全保障、防灾减灾、游览组织管理与公共服务、应对突发事件方面的能力,带来了显著的经济效益、生态效益和社会效益。主要成果包括:①大型文化景观遗产信息化监测系统;②风景区监管信息系统与数字化景区建设;③世界遗产监测管理平台建设。

(5)风景园林遗产数字化解说与阐释技术。学者组织跨学科、跨行业、跨部门的力量,借助虚拟现实、增强现实、移动互联、物联网、云计算等服务创造全新的风景园林遗产体验模式,使公众能更便捷地获取高质量的遗产信息,促进风景园林遗产多元价值保护与社会公平可持续发展。主要成果包括:①城市历史公园虚拟现实复原技术;②园林数字虚拟复原与阐释技术;③城市历史景观数字化信息服务平台;④园林遗产游戏化科普展示技术。

(四)风景园林信息模型技术与应用研究取得进展

1. 研究背景

风景园林信息模型(Landscape Information Modeling,LIM)是创建并利用数字化模型对风景园林工程项目的设计、建造和运营全过程进行管理和优化的过程、方法和技术。

LIM 是建筑信息模型(BIM)针对风景园林对象面向风景园林条件和要求的应用,其内涵不仅是一种构建数字模型的技术,而且是应用技术的方法体系和实施方法体系的过程。LIM 主要以工程项目为对象,以数字三维模型为载体,依托数据和信息进行管理和优化,在项目的规划设计、建造和运行即项目的全生命周期发挥作用。

LIM 研究从 2010 年左右开始,以探索 BIM 技术在风景园林领域的应用为主。2012 年,孙鹏、李雄提出在风景园林设计中应用 BIM 的主张,许天馨、刘雯在曹礼琨的指导下完成了硕士学位论文《基于 BIM 的国内自然式公园地形研究》和《基于 BIM 的风景名胜区规划范围数字化科学决策》。2013 年,东南大学举办中国首届数字景观国际论坛,哈佛大学 Stephen Ervin 在论坛报告中提出 LIM 概念和研究问题,深刻影响国内 LIM 研究。随后,相关研究多聚焦于 LIM 的概念、理论框架和发展展望以及国外相关发展动态的引介。2015 年之后,相关研究转向基于规划设计实践的设计研究,一系列 LIM 应用案例发表,学界对 LIM 内涵多元化的理解随着实践项目的验证和应用研究的深入而趋于统一,逐渐形成相对独立的研究领域。

2. 研究内容

LIM 研究包括理论研究和技术应用体系研究。LIM 理论研究着眼于概念内涵的厘清、专业技术特点的阐述和方法论的构建。LIM 技术应用体系的研究主要应对行业应用的具体需求，包括应用场景、应用技术和实施框架等方面。

LIM 应用场景来自风景园林实践的内涵和外延，反映了 LIM 的专业性特点，包括数据获取与处理、LIM 规划设计应用、LIM 工程建设应用、LIM 运维管理应用、LIM 向城市信息模型和国土信息模型的融合以及以 LIM 为工具的专题研究等。LIM 应用场景提出了技术需求，决定了使用技术的内容、方法和标准，是创新的推动力。

LIM 应用技术具有多学科融贯和综合的特点，需要吸收来自广泛的相关学科的科学技术发展成果，如先进测绘技术、新一代信息技术、先进建造技术与新材料、现代农业技术等。LIM 应用技术是应用体系创新发展的牵引力。

LIM 实施框架包括基础数据、软硬件、网络平台、数据资源、知识库、工作流、标准、人才等方面，具有多层级的特点。其基层是项目组层级，中心层级是企业层级，主体层级是行业层级，行业层级向上与更为广泛的 BIM 专业应用实施层级对接，融入信息化实践的总体环境。LIM 实施框架是构成技术应用体系的基础和保障。

目前，LIM 研究的主要内容反映在：LIM 数据标准研究，如住建部科技项目"风景园林信息模型（LIM）数据标准研究"；LIM 应用技术研究，如 LIM 数据融合、LIM 平台、LIM 工作流研究等；LIM 数据资源开发，如苗木 LIM 模型开发等；以及 LIM 应用项目实证等。

3. 研究成果

自 2008 年以来，LIM 理论研究方面的论文发表数量逐步增长；LIM 应用场景的研究从校园实验走向行业实践，LIM 规划设计应用场景日臻成熟，LIM 向 CIM 融合用于城市治理的应用场景随着相关实践项目落地和标准出台得到实质性发展；LIM 技术应用成果和 LIM 数据资源开发成果见诸论文的发表显著增加；LIM 应用项目实证方面，出现专门领域的行业奖项和实践项目获奖，如在中勘协 BIM 应用大赛等专门赛事中出现风景园林工程获奖。

三、风景园林信息化研究趋势和重点

近期，风景园林信息化的重点研究方向反映在：服务数字中国的数字景观理论研究、面向城镇化发展质量提升的"智慧园林"信息化管理研究、服务国家文化软实力提升的风景园林遗产信息化体系研究，以及赋能风景园林行业技术创新的 LIM 技术研究等方面。

（一）服务数字中国的数字景观理论研究

当下，数字景观在国土空间规划、绿地空间规划与管理、人文景观营造等多个方面均有所应用，对于解决我国人居环境现阶段"生态与形态协调""人本诉求满足""设计、实施一体化"中的问题，无论是技术方法层面或实践操作层面均卓有成效。在未来，"跨学科、跨领域"的技术方法融合以及"全流程、精准化"的设计实践协同方法将是数字景观研究的发展趋势。

（二）面向城镇化发展质量提升的"智慧园林"信息化管理研究

1. 城市园林绿化信息化标准规范研究

根据国家和风景园林行业有关标准、规范和指导性文件，结合各地区实际制定城市园林绿化信息化系列标准规范，主要包括但不限于城市园林绿化信息系统基础数据规范、城市智慧园林建设指南、城市园林绿化信息系统数据交换和共享规范等。

2. 国家－省－市三级园林绿化信息化管理体系研究

研究国家－省－市等多层级的园林绿化信息化管理体系，利用信息技术实现各层级城市园林绿化主管部门的绿线管控、绿规实施以及古树名木保护等监管功能，实现全国园林绿化数据的汇总与统计分析，规范国家－省－市三级间的园林绿化信息化管理工作流程并建立长效工作机制。

3. 利用信息化手段开展我国城市园林绿化碳汇能力研究

系统梳理国内外城市园林绿化碳中和研究发展现状，充分利用信息化手段开展我国城市园林绿地碳汇能力的研究和测算。分析园林绿地在我国当前提出的碳达峰和碳中和目标中的贡献，设定碳达峰城市园林绿化工作任务指标，提出推动园林绿化发展的政策、技术、标准需求和发展方向。

（三）服务国家文化软实力提升的风景园林遗产信息化体系研究

1. 风景园林遗产信息化标准与评价体系研究

在充分借鉴国内外相关领域成熟技术规范和实践经验的基础上，依照国家有关信息化建设的规定和要求以及遗产保护实际，研究建立包括基础信息数据、信息化基础设施、应用系统建设、数据信息安全、规范化管理等方面的技术标准规范，设立专门的评价体系，逐步实现信息化建设的规范化、科学化。

2. 风景园林遗产特征智能化识别与监测技术研究

遗产各类信息比重日益增大，物质比重日益降低，遗产日益由物质遗产特征向信息产品特征迈进，越来越多的遗产中嵌入智能化器件，使得遗产具有越来越强的信息处理功能。风景园林遗产信息化从档案资料信息化到物理空间信息化，将会进一步向遗产特征的定量化评估、集成性分析和智能化监测方向发展。动态化和智能化的信息管理将促进活态遗产保护理念的落地。在数字化技术的支持下，风景园林遗产信息的动态化、智能化管理将是未来学科发展的重要方向。

3. 数字风景园林遗产理论研究

目前在风景园林遗产信息化领域偏重对遗产本体进行记录、分析和传播，即遗产本体的数字化，偏重技术层面的研究。而这一领域的另一个部分是如何有效保护、利用和传播数字遗产，即已经完成数字化转换的遗产信息，其中包括对数字遗产信息的采集、展示、管理和分析，数字遗产相关政策与标准等内容的研究，是重要的理论研究内容。

4. 风景园林遗产管理机构信息化研究

在遗产的研究、保护、管理和推广等各个环节中广泛利用信息技术，并大力培养信息人才，完善信息服务，加速遗产相关机构建设信息系统。广泛利用信息技术，大力开发和利用信息资源，建立各种类型的遗产数据库和网络，实现产业各种遗产资源、要素的优化和重组，从而实现管理水平和行业服务升级。

（四）赋能风景园林行业技术创新的 LIM 技术研究

1. 自主可控的 LIM 底层数据标准研究

LIM 底层数据标准缺失影响信息统计、部品开发、软件功能开发，进而影响行业应用的发展，是 LIM 发展瓶颈背后的关键技术问题。以自主可控为目标开发 LIM 数据标准具有重要研究意义，也是近期急需攻克的技术攻关问题。

2. 以 LIM 为工具的仿真模拟研究

作为信息模型，LIM 承载项目全周期的信息，不仅具有数据协同的作用，还可以针对项目对象的空间要素、材料算量、经济指标、生态指标进行仿真模拟。将仿真模拟纳入行业实践工作流，将明显提升行业实践的科学依据，推动行业实践质量的显著提升。该方向是促进行业高质量发展的重要研究方向。

3. 基于 LIM 的智能建造技术研究

积极发展风景园林智能建造技术对于推动风景园林工程进入数字化、网络化、智能化的工业化发展环境具有重要意义。以 LIM 为基础衔接规划设计与施工建造，实现全周期信息化工作流是实现该目标的主要技术路径。因此，LIM 的工程应用是近期重要的技术研究问题。将卫星定位、自动控制机械、机器人建造等技术纳入 LIM 工作流，也是该方向的前瞻性研究领域。

参考文献

[1] 刘滨谊. 风景旷奥度：电子计算机、航测辅助风景规划设计 [J]. 新建筑，1988（3）：53–63.

[2] 刘滨谊. 遥感辅助的景观工程 [J]. 建筑学报，1989（7）：41–46.

[3] 刘滨谊. 电子计算机风景景观信息系统的建立 [J]. 同济大学学报（自然科学版），1991（1）：91–101.

[4] 金芸. 江南私家园林路径空间量化研究 [D]. 南京：南京农业大学，2011.

[5] 郭黛姮，贺艳. 数字再现圆明园 [M]. 上海：中西书局，2012.

[6] 刘雯. 基于 BIM 的风景名胜区规划范围数字化科学决策 [D]. 北京：北京林业大学，2012.

[7] 钟继涛，李雷. 我国园林行业建筑信息模型发展前景探讨 [J]. 风景园林，2012（1）：91–94.

[8] 彼得·派切克，郭湧. 智慧造景 [J]. 风景园林，2013（1）：33–37.

[9] 蔡凌豪. 风景园林数字化规划设计概念谱系与流程图解 [J]. 风景园林，2013（1）：48–57.

[10] 施春煜. 空间技术在集中型遗产地和分散型遗产地保护监测中的应用——以杭州西湖文化景观和苏州古典园林为例 [J]. 中国园林，2013，29（9）：117–119.

[11] 赖文波，杜春兰，贾铠针，等. 景观信息模型（LIM）框架构建研究——以重庆大学 B 校区三角地改造为例 [J]. 中国园林，2015，31（7）：26–30.

[12] 刘颂. 数字景观的缘起、发展与应对 [J]. 园林，2015（10）：12–15.

[13] 施敏洁. 基于 GIS 的西湖世界文化遗产监测系统设计与实现 [D]. 杭州：浙江工业大学，2015.

[14] 孙瑾. 庐山文化景观遗产数字化保护研究 [D]. 南昌：江西师范大学，2015.

[15] 古丽圆，古新仁，扬·伍斯德拉. 三维数字技术在园林测绘中的应用——以假山测绘为例 [J]. 建筑学报，2016（S1）：35–40.

[16] 刘颂，张桐恺，李春晖. 数字景观技术研究应用进展 [J]. 西部人居环境学刊，2016（4）：1–7.

[17] 袁旸洋. 基于耦合原理的参数化风景园林规划设计机制研究 [D]. 南京：东南大学，2016.

[18] 张宝鑫，王涛. 古典皇家园林数字化及其游戏化科普展示 [J]. 建设科技，2016（23）：52–53.

[19] 包瑞清，王丁冉. 面向风景园林数字化设计教学的开源硬件设计实验初探 [J]. 风景园林，2017（11）：41–45.

[20] 郭湧，武廷海，王学荣. LIM 模型辅助"规画"研究——秦始皇陵园数字地面模型构建实验 [J]. 风景园林，2017（11）：29–34.

[21] 黄邓楷，赖文波. 风景园林信息模型（LIM）发展现况及前景评析 [J]. 风景园林，2017（11）：23–28.

[22] 杨晨. 数字化遗产景观——澳大利亚巴拉瑞特城市历史景观数字化实践及其创新性 [J]. 中国园林，2017，33（6）：83–88.

[23] 杨锐. 风景园林学科建设中的 9 个关键问题 [J]. 中国园林，2017（1）：13–16.

[24] 曹静，何汀滢，陈筝，等. 基于智能交互的景观体验增强设计 [J]. 景观设计学（英文版），2018，6（2）：30–41.

[25] 郭迪杰，高伟，李腾. 基于数字景观技术的风景园林专业教学改革研究——以华南农业大学风景园林专业为例 [J]. 广东园林，2018（8）：25–29.

[26] 刘瑜. 人工智能对设计的影响 [J]. 景观设计学，2018，6（2）：52–55.

[27] 杨晨，韩锋. 数字化遗产景观：基于三维点云技术的上海豫园大假山空间特征研究 [J]. 中国园林，2018，34（11）：20–24.

[28] 张青萍，李霞. 基于数据库建设的江南园林文化遗产保护研究 [J]. 建筑与文化，2018（1）：65–67.

[29] 包瑞清. 基于机器学习的风景园林智能化分析应用研究 [J]. 风景园林，2019（5）：29–34.

[30] 彼得·派切克. 通往风景园林行业的BIM之路——数字化竖向设计教育[J]. 风景园林, 2019, 26（5）: 8–12.

[31] 成玉宁. 数字景观——逻辑、结构、方法与应用[M]. 南京: 东南大学出版社, 2019.

[32] 戴代新, 陈语娴, 戴开宇, 等. 城市历史公园计算机三维可视化研究: 上海复兴公园1926年至1935年历史场景复原[J]. 建筑遗产, 2019（3）: 105–113.

[33] 郭湧, 胡洁, 郑越, 等. 面向行业实践的风景园林信息模型技术应用体系研究: 企业LIM平台构建[J]. 风景园林, 2019（5）: 13–17.

[34] 李哲, 成玉宁. 数字技术环境下景观规划设计教学改革与实践[J]. 风景园林, 2019（S2）: 67–71.

[35] 师卫华, 季珏, 张琰, 等. 城市园林绿化智慧化管理体系及平台建设初探[J]. 中国园林, 2019, 35（8）: 134–138.

[36] 师卫华, 王新文, 季珏, 等. 智能巡管养模式下的开封市智慧园林建设[J]. 园林, 2019（5）: 62–67.

[37] 师卫华, 郑重玖, 申涛, 等. 全国园林绿化数字化管理体系及平台建设研究[J]. 风景园林, 2019, 26（8）: 39–43.

[38] 王婉颖, 冯潇. 园林植物三维数字模型的构建与应用探索[J]. 风景园林, 2019, 26（12）: 103–108.

[39] 安得烈亚斯·卢卡, 郭湧, 高昂, 等. 智慧BIM乔木模型: 从设计图纸到施工现场[J]. 中国园林, 2020, 36（9）: 29–35.

[40] 曹玮, 王晓春, 薛白, 等. 扬州园林复道回廊的空间句法解析——以何园、个园为例[J]. 扬州大学学报（农业与生命科学版）, 2020, 41（4）: 119–126.

[41] 郭湧. 论风景园林信息模型的概念内涵和技术应用体系[J]. 中国园林, 2020（9）: 17–22.

[42] 梁慧琳, 张青萍. 园林文化遗产三维数字化测绘与信息管理研究进展[J]. 南京林业大学学报（自然科学版）, 2020, 44（5）: 9–16.

[43] 师卫华, 陈崇, 李程, 等. 我国城乡建设行业信息化平台建设思路探讨[J]. 建设科技, 2020（15）: 51–53.

[44] 舒斌龙, 王忠杰, 王兆辰, 等. 风景园林信息模型（LIM）技术实践探究与应用实证[J]. 中国园林, 2020, 36（9）: 23–28.

[45] 王永明, 李东玉, 封志明. 城市园林绿化智慧化管理体系及平台建设初探[J]. 现代园艺, 2020, 43（22）: 154–155.

[46] 项波, 温婷, 郭汉, 等. 时空数据融合的自然遗产地监测与保护管理平台设计方案研究[J]. 中国园林, 2020, 36（11）: 95–99.

[47] 杨晨, 李·夏特. 数字化园林遗产图录: 扬州何园[M]. 上海: 同济大学出版社, 2020.

[48] 袁旸洋, 成玉宁, 李哲. "金课"背景下风景园林专业虚拟仿真实验教学项目建设研究[J]. 风景园林, 2020（S2）: 70–72.

[49] 张洋, 夏舫, 李长霖. 智慧公园建设框架构建研究——以北京海淀公园智慧化改造为例[J]. 风景园林, 2020, 27（5）: 78–87.

[50] 成实, 张潇涵, 成玉宁. 数字景观技术在中国风景园林领域的运用前瞻[J]. 风景园林, 2021（1）: 46–52.

[51] 成玉宁. 数字景观开启风景园林4.0时代[J]. 江苏建筑, 2021（4）: 5–17.

[52] 阮望舟, 沈莺. 杭州"智慧园林"智治实践[J]. 中国建设信息化, 2021（11）: 20–23.

[53] 尚璐, 李夏林, 屈顺雅, 等. 智慧园林在鄂尔多斯生态环境职业学院校园的应用和探索[J]. 绿色科技, 2021, 23（3）: 34–35, 75.

[54] 王发亮, 林康. 基于物联网与GIS的智慧园林系统设计与实现[J]. 北京测绘, 2021, 35（2）: 280–284.

[55] 王金益, 郭湧, 李长霖, 等. 公园无人化管理与智慧化运营实践——龙湖G-PARK能量公园[J]. 风景

园林, 2021, 28（1）: 71–75.

［56］张超君, 蒋凯峰, 苏一江. 智慧园林设计及其技术应用思考［J］. 城市建筑, 2021, 18（1）: 195–198.

［57］Yang Chen, Feng Han, Leigh Shutter, et al. Capturing Spatial Patterns of Rural Landscapes with Point Cloud［J］. Geographical Research, 2019, 58（1）: 77–93.

［58］Cao Yujie, Chun Liu, Chen Yang, et al. Pattern identification and analysis for the traditional village using low altitude UAV–borne remote sensing: multifeatured geospatial data to support rural landscape investigation, documentation and management［J］. Journal of Cultural Heritage, 2020（44）: 185–195.

［59］Yang Chen, Feng Han. A Digital Information System for Cultural Landscapes: The Case of Slender West Lake Scenic Area in Yangzhou, China［J］. Built Heritage, 2020, 4（3）: 1–14.

撰稿人: 郭 湧 胡 永 杨 晨 师卫华 袁旸洋
赵艳香 孙秀峰 包瑞清 王 鑫 胡俊琦

ABSTRACTS

Comprehensive Report

Advances in Landscape Architecture

1. Introduction

Landscape architecture is a discipline that applies both scientific and artistic means to explore, design, plan and manage the natural and cultural environment. It aims to coordinate the relationship between human and nature, protect and recover the natural environment, create healthy and beautiful built environment.

In the last decade, the connotation and extension of landscape architecture have been constantly developing, and the research interest, tradition and type of practice have been enriched as well. However, the focus of landscape architecture centering on the continuous improvement of human and natural ecosystems has not changed, and it continues to play a unique and irreplaceable role in resource and environmental protection and human settlement construction. New urbanization, regional coordinated development, rural revitalization, healthy China, digital China and other national strategies and planning principles, the new concept of park city and urban development paradigm, people-oriented development notion have constituted the social background for Chinese landscape architecture under vigorous development. In addition, Chinese landscape architecture has played an active role in international cooperation on climate change, the Belt and Road initiative, regional culture, biodiversity, food safety, health and well-being.

In 2011, Landscape Architecture was formally established as one of the first-level disciplines.

The promotion of the status of the discipline has firmly supported the future development of the discipline, as well as all fields of the discipline. On the one hand, the development of traditional research and practice continues to deepen, including the history of landscape architecture, planning and design, garden plants, landscape ecology, scenic spots, science and technology, etc. On the other hand, there emerges the extended research in the field of fundamental theory and practice, such as national landscape, regional landscape, urban eco-systems, park city, national parks and nature reserve, sponge urban biodiversity, ecological restoration, social participation, smart landscape, landscape performance, public health, etc., and they all showed new progress and trend for future development.

2. Current Development

Over the past decade, building on the traditional strength of Chinese landscape architecture, the subject of landscape architecture is responding to the national strategic needs and collaborates with urban planning, architecture, ecology, engineering, environment and other relevant disciplines. While strengthening its core value, landscape architecture has showed characteristics of interdisciplinary integration and made great strides in the fields of landscape history and theory, landscape planning and design, landscape ecology, scenic spots and nature reserves, landscape plants, landscape science and technology, and landscape education etc.

(1) Landscape History and Theory

The study of Chinese landscape architecture history has shown rapid progress in the last decade, with the research objects arranging from the national territory at all geographical scales to all land-use types.

From a macro perspective, the spatial landscape forms at national, regional and settlement scales and the natural and artificial environmental systems within, have been an important research field in the study of Chinese landscape history in the last decade. With the gradual enrichment of the research in this field, the history of Chinese landscape architecture is extending its connotation, expands its outreach and improves its system. The trajectory of Chinese people's adaptation and transformation of nature, leaving their thoughts and marks on the earth, as well as the logic behind are becoming clearer to follow. Moreover, during the last decade, research on the history of ancient gardens has also made promising breakthroughs in several research areas, such as general history study, local history study, theoretical study and foreign landscape architecture

study. These achievements have further consolidated the integrity and systemic nature of Chinese landscape architecture history.

(2) Landscape Planning and Design

China has experienced a new phase of rapid urbanization. In response to recent policy requirements such as "ecological civilization" and "building beautiful China", there has been a noteworthy expansion and change in theoretical research and practical development of landscape planning and design. From the aspects of ecological community planning and design, green system and spatial planning and design to rural planning and design, new theoretical and practical contents have also emerged and played a substantial leading role, including prioritisation of ecological values, sustainable development, humanistic care, public participation and evidence-based design. Combined with the development of the discipline, the reform of the planning system and the orientation of the national 14th Five-Year Plan, landscape planning and design in China is facing new emphasis and challenge. The key research areas include beautiful China construction and ecological community planning and design, landscape planning and design in the context of new urbanisation transformation, landscape planning and design in the context of rural revitalisation, environmental design of public living spaces with a focus on people's well-being and evidence-based design.

(3) Ecological Studies of Landscape Architecture

Landscape ecology has always been one of the cores of landscape architecture. The research object of landscape ecology is landscape ecosystems which covers three main aspects: the cognition of landscape ecosystem structure, the analysis and evaluation of landscape ecosystem service, and the reconstruction and restoration of landscape ecosystem. The cognition of landscape ecosystem structure focuses on the composition of landscape ecosystems and the interactions between the constituent elements. The analysis and evaluation of landscape ecosystem service focuses on the functional analysis and benefits assessment of landscape ecosystems (mainly urban green space ecosystem). The reconstruction and restoration of landscape ecosystems concentrate on applying ecological principles and the cognition and evaluation of landscape ecosystem to carry out human intervention, optimisation and functional rehabilitation, which is closely synthesised with landscape planning and design, and engineering science and technology.

Landscape ecology has interdisciplinary characteristics, and is influenced by general ecology, urban ecology, restoration ecology and other related ecological disciplines. At the same time, it fully reflects the elements of landscape architecture as an artificial ecosystem. Compared with the past, landscape ecology has increasingly shown a trend of systematisation in the past decade. In coping with climate change, biodiversity conservation, pollution control, natural disaster prevention and ecological security, the role of landscape ecosystem has received increasing attention. Related research has been significantly active in recent years and highlighted in the evaluation of urban biodiversity, the ecological functions of urban green spaces, the application of ecological restoration theories and techniques, and the ecological infrastructure.

(4) Scenic and Historic Area and Nature Reserves

As the reforms have progressed over the last decade, the central government has highly emphasized the role of national parks and nature reserves in constructing ecological civilization, which has extensively promoted the status of national parks and nature reserves among the general public. In terms of the construction of the national park system, the last decade has been a vital stage in the genesis and evolution of national park system reform. The amount of theoretical research has been grown rapidly, with a wide range of research background, and deep interdisciplinary integration. The top-level design of the nature reserve system is still at the phase of framework and lacks extensive practice of integrating and optimizing nature reserves at the national level, and there are still many barriers to be confronted.

(5) Landscape Plantings

In the past ten years, noteworthy progress has been made in investigating and collecting landscape plant germplasm resources, selecting new landscape plant varieties, seedling, breeding and maintenance techniques, as well as landscape plant applications. Chinese landscape plant research has taken the lead in the genome-wide era of landscape plants. At present, the Chinese landscape planting discipline has reached the world-advanced level in terms of infrastructure, talent reserve, research methods and approaches. It can compete in international competition and lead the molecular formation mechanism of essential traits of landscape plants, and the innovation of germplasm of traditional Chinese renowned flowers. Researchers have contributed greatly to the development of the landscaping industry in China.

The progress has also been made in the breeding of germplasm resources and new varieties of landscape plants. More than 70 varieties were included in the "National Flower Germplasm Repository", and special project on breeding technology of key protected wildflowers and

the special investigation project of Chinese key ornamental plant germplasm resources, were successfully implemented. Furthermore, China has obtained international registration authority for ginger flowers, bamboo, waxberry, begonia, camellia etc. The main advances in breeding technology are tissue culture, container nursery, seedling transplanting and flowering control. The concerns of tree pruning, biological management, and the conservation of old and valuable trees are increasing, and new achievements keep emerging. A series of studies on landscape plant genomics has laid a solid foundation for understanding the formation of complex traits in landscape plants. Since the announcement of the first flower genome - plum genome in 2012, the research on landscape plant genome has developed swiftly. By 2020, more than 100 landscape plants' genomic information has been revealed.

(6) Science and Technology of Landscape Architecture

Research on landscape information science and digital technology has become a vital research hotspot, mainly concentrating on establishing and utilizing landscape information models and information management platforms. The studies in this field focus on constructing various types of digital planning platforms based on digital planning processes and given ecological simulation and forecasting, using multiple big data to explore digital planning approaches that take into account natural ecological and socio-economic scopes.

With the acceleration of urbanization in recent years, landscape engineering has become an indispensable part in urban planning and development. Since 2010, landscape engineering has stepped into a period of information development, a stage in which new technologies and materials are developing rapidly and the technical approaches of landscaping are being upgraded. The main progress include ecological restoration technology, three-dimensional greening technology, sponge city technology, economical construction technology, intelligent construction technology, assembled construction technology, etc. These new technologies have introduced a new driving force for the development of landscape engineering. At present, the new materials emerging in landscape engineering can be generally divided into five categories, namely paving materials, geotechnical materials, waterproofing materials, shaping materials and drainage materials.

(7) Landscape Architecture Education

The first-level subject of Landscape Architecture was officially established in 2011, with six secondary domains under it, including Landscape History and Theory, Landscape Planning and

Design, Landscape Planning and Ecological Restoration, Landscape Heritage and Conservation, Landscape Plants and Applications, and Landscape Technical Science. Landscape architecture education has progressively moved from disorderly to orderly, from unregulated to regulated, and from without qualified guidance to qualified guidance. The discipline of landscape architecture is currently spread across the country, the number of universities offering courses has continued to increase, and the faculty continues to grow.

The concepts and philosophy of landscape architecture education have evolved with the development of the discipline, from private to open, from individual to public, and from small scale to regional and global scales. The undergraduate education system has continued to be standardized, and the curriculum has been developed. Professional education, with its emphasis on knowledge teaching and practical training, focuses on training students to solve specific problems in landscape architecture practice, and its curriculum is dominated by service areas and characterized by sub-directional training. Master's education in landscape architecture has achieved joint development in scale, structure, quality and efficiency, and the characteristics of talent training have become increasingly evident. The landscape architecture faculty reflects the attributes of interweaving the discipline's multidisciplinary and interdisciplinary knowledge systems.

(8) Landscape Architecture Economics and Management

Under the background of "ecological civilization construction", "clear waters and green mountains are as good as mountains of gold and silver", "innovation, coordination, green, openness and sharing", "park cities", and "national ecological garden cities", the landscape management has been carried out in an orderly manner. With the national landscaping development, numerous achievements and outstanding practices have been formed in greening construction, maintenance management, standardized management, scientific research management and talent training. The key achievement include the continuous standardization of landscape construction and management, the orderly implementation of park city construction and management, the promotion of conservation-oriented landscape construction and the accumulation of experience in the study of the comprehensive benefits of landscaping. Across the country, urban green space planning considers various objectives such as landscape, ecology, spatial structure optimization and industrial upgrading and taps into comprehensive social and economic benefits based on enhancing the ecological and habitat environment in urban and rural areas.

Moreover, landscape maintenance and management mechanism were further improved, and the level of management refinement was enhanced. The standardization of landscaping supported the industry, the foundation for the development of landscaping was further consolidated, the legal management of landscaping steadily developed, and the scientific research and popularization of landscaping was promoted in-depth. The establishment of scientific and technological support platforms, science and innovation centers and scientific popularization platforms for the landscaping industry played an essential role in enhancing the level of practitioners.

3. Comparative study of landscape Architecture at home and abroad

With the acceleration of global urbanization in recent years, the challenges of climate and ecological environment change, population growth and cultural diversity have become increasingly serious. The discipline of landscape architecture, with its focus on reconciling the relationship between human and nature, has not only been proven to provide a variety of services for the well-being of mankind, but has also actively promoted multi-professional cooperation and expanded the scope of the discipline in addressing and mitigating these challenges.

Based on the analysis of key words related to landscape architecture published by domestic and foreign scholars from 2011 to 2020, it is found that the research of landscape architecture in foreign countries during this period mainly focuses on landscape and environment evolution, landscape model construction, biodiversity, climate change, vegetation restoration and protection, landscape design and sustainable development. The discipline of landscape architecture in China pays more attention to landscape planning and design, scenic spots, green infrastructure and other fields. The hot words of human settlement, vernacular landscape and national landscape reflect the characteristics of the development of landscape architecture in China.

Although the difference between domestic and foreign research interests is diminishing, the ecological field remains the common topic. Foreign landscape architecture disciplines have shifted their focus to macro research at the large regional scale, and domestic research on macro level has gradually started. For example, large-scale research such as territorial landscape has built relatively complete structural system. The study of landscape architecture in foreign countries is particularly networked and organized, with prominent characteristics of academic community. In China, a number of local cooperation networks have also formed, focusing on engineering science and natural science, and the cross-research cooperation between humanities and social sciences, such as economics and sociology, has been strengthened as well.

4. Prospect and Response for the development of Landscape Architecture Discipline

(1)Strategic requirement for Landscape Architecture

Globalization is not only an opportunity but also a challenge for the development of landscape architecture. The current and future development of landscape architecture is bound to be closely combined with the trend of globalization. It is also an important task for the discipline of Landscape Architecture in China to provide Chinese wisdom for global issues such as climate change, carbon emissions, environmental pollution and biodiversity. Cultural confidence requires maintaining the characteristics of Chinese landscape architecture in the context of globalization, taking traditional culture and traditional wisdom as the foundation and core competitiveness of the discipline, and taking the main problems in China as the main anchor for the development of discipline research and practice.

Ecological civilization and beautiful China construction continue to advance, the continuous improvement of national spatial pattern provides active support for the evolvement of landscape architecture. Constant effort has been made in the research of planning and design, ecological evaluation and planning, national park, nature reserve, cultural landscape, garden plants to achieve the protection and renovation goal of national ecosystem management. At the same time, continuous attention should be paid to the construction of ecological security support system for multi-scale human settlements in different land regions, especially the Chinese methods and approaches for regional urban-rural integration construction.

In the future, landscape architecture should focus on the unique and urgent problems facing China's urbanization, including public life and ecology, and closely follow the main characteristics of the current people-oriented new urbanization transformation. At the same time, we shall promote green equity, improve people's well-being, in order to realize people's aspiration for a better life.

With the rapid development of intelligence, digitization and information technology, landscape architecture should also combine artificial intelligence, big data, block chain, deep learning and other new technologies to carry out a lot of tentative exploration, it will play an increasingly important role in the future landscape architecture.

(2)The future development trend and response for Landscape Architecture

The future development trend and response of landscape architecture mainly include:

continuously improving the theoretical system and connotation of Chinese landscape architecture; expand and deepen the connotation of landscape planning and design based on the national spatial development system, conduct the special theoretical research combined with national key strategic needs and practice, carry out the research on landscape planning and design methods with concern of people's well-being, to build safe, healthy and friendly public environment. At the same time, reinforce the scientific aspect of landscape architecture to be standardized and intelligent. Finally, we should continue to promote the development of landscape architecture education and strengthen the construction of talent team, as the guarantee of high-quality development of the discipline.

Written by Jia Jianzhong, Wang Xiangrong, Fu Yanrong, Wu Danzi, Zhang Shiyang,
Bian Simin, Xu Qin, Zhang Jinshi, Wei Fang, Zhuang Youbo, Deng Wugong, Li Xinyu,
Yin Hao, Li Yunyuan, Guo Yong, Lin Guangsi, Yan Wei, Ma Lin, Liu Yanmei

Reports on Special Topics

Advances in Theory of Landscape Architecture and Garden History

This project introduces basic theories and historical research of Chinese landscape architecture during 2011 and 2020, covering retrospect, major achievements and research trend and priorities. The part of retrospect states theories and development of Chinese landscape architecture in the past ten years and study of landscape architecture history of other countries, analyzing the key points and tendency. The part of major achievements introduces important basic theories, recent development of traditional theories and significant outcome and research focus of general history, dynastic history, local chronicles, modern and contemporary history, history of other countries, historiography and disciplinary history. The part of research trend and priorities comments and anticipates the research hotspots on theories and history of landscape architecture in the future, including basic theoretical system of landscape architecture, historical cases of landscape architecture, ideology and craftsmanship of traditional gardening, archaeological studies and preservation and restoration of landscape, landscape history and cultural landscape, development of modern and contemporary landscape architecture. The project aims to thoroughly understand the research progress of Chinese landscape architecture in the past ten years so as to provide historical and theoretical support to the development of landscape architecture, giving hints and

insights for future studies.

Written by Wu Dongfan, Wang Xin, Huang Xiao, Duan Jianqiang, Zhao Jijun, Mao Huasong,
Gu Kai, Zhou Hongjun, Zhang Tianjie, Zhao Caijun, Zhang Rui, Shi Shulin

Advances in Planning of Landscape Architecture

Since 2000, China has experienced a rapid development of urbanization, the new requirement for the Ecological Civilization Construction and Beautiful China construction have been put forward. The national planning system has also undergone major changes. The research field of landscape architecture planning has been significantly expanded, the planning methodology is more integrated and systematic, and the scope of planning practice is more diversified responding to social needs.

This report reviews basic theory, methodology and practical development of landscape architecture planning research area since 2010, focuses on 16 main aspects of landscape architecture planning, including planning theory, planning method, urban ecological space, urban ecological restoration, charming landscape area, garden city establish and green space system, park system, park city, urban large-scale green space, greenway, brownfield restoration, ecological infrastructure, garden exhibition, historical garden protection and public park restruction, landscape style and rural scenery.

According to discipline development, planning system reform and the orientation of the National Fourteenth Five-Year Plan, this report predicts the key research directions of landscape architecture planning in the next 5 years:

In terms of theoretical and methodological research, ① balancing the relationship between human and nature under environmental and climate changes with new stage development requirements, ② embracing information technology, ③ emphasize public safety, public health, social inclusion and other human-orientated aspects, ④ reflecting the oriental characteristic will be the key areas for future landscape architecture planning research;

In terms of practical research, ① urban park system and high-quality planning construction of public parks, ② nature-based solutions(NbS) and urban ecological infrastructure system planning and construction, ③ urban ecological space protection and ecological restoration, ④ green and low-carbon landscape planning and construction based on carbon peak and neutrality goals, ⑤ multi-type and diversified urban green spaces construction, ⑥ exploration of multi-mode and multi-path park city planning, ⑦ regional-scale human-natural ecosystem planning, ⑧ ecological resources and ecological space system planning based on the value realization of ecological products will be the focus for future landscape architecture planning research.

Written by Wang Zhongjie, Wang Bin, Zheng Xiaodi, Zheng Xi, He Fengchun,
Zhao Wenbin, Zhao Peng, Gao Fei, Ma Haoran, Ye Feng, Zhang Qingyan,
Deng Wugong, Li Luping, He Xusheng, Li Yunchao

Advances in Design of Landscape Architecture

The connotation of landscape architecture discipline is constantly enriched, and its knowledge system is becoming more and more complex. Based on the original value and contemporary needs of the discipline, contemporary landscape architecture design needs to constantly summarize histories, find laws and make innovations. In recent ten years, the discipline has continued to explore and develop theory and practice in different directions, such as cultural landscape, ecological and sustainable design, human oriented design and landscape equity.

In order to solve the new human settlement environment problems, methods and theoretical research have also emerged accordingly, including naturalization design and habitat regulation, sponge city construction and low impact development design, microclimate regulation design, waterfront space design, cultural landscape and rural landscape design, landscape intervention under the background of stock renewal design and inclusive design. Also, the evidence-based design and landscape performance evaluation system also provide rules for design decisions. The operation of urban parks and public space also provides a guarantee for the continued vitality of the completed site and the sustainable meeting of public needs.

In terms of design practice, the "Double Urban Repairs" combining ecological restoration and urban repair is used to solve urban diseases. Ecological restoration and habitat construction have developed to pay attention to the comprehensive ecological restoration of land and space; The practice of low impact development and elastic rain and flood management has been applied in various types of projects; The urban waterfront public space focuses on shaping the city image and forms a five in one composite corridor. Contemporary urban public space design embodies the diversified adjustment and integration. With community renewal becoming a hot spot, relevant practices are mainly reflected in activating community by stock renewal and public participation. At the same time, new practices continue to emerge and make new contributions to the overall revitalization of rural areas.

Based on the development of the past decade, the key research fields in the future include: low impact development and sustainable design, waterfront space ecological restoration and design, urban habitat restoration and ecological planting design, urban open space design, old community transformation, post-industrial landscape transformation, landscape evidence-based design and landscape performance, rural landscape design and design criticism. It also focuses on the role of ecological value, human oriented design, public participation and evidence-based design.

Written by Zheng Xi, Yao Rui, Hou Xiaolei, Yu Yang, Shen Jie,
Yang Lingchen, Yuan Jia, Wei Fang

Advances in Ecological Construction of Urban Landscape

Based on the concept of ecological garden city, this chapter summarizes and prospects the relevant research theories and practical technologies involved in the process of ecological construction of urban green space in recent 10 years. With the proposal of accelerating ecological civilization construction and "beautiful China" in 2017, ecological consciousness in urban green space construction is further enhanced. The development from "ecological garden city" to "park city" is not only the transformation in concepts, but also a further reflection on the way of human existence. From focusing on urban greening indicators to urban ecosystem protection and restoration, urban ecosystem structure is optimized through natural artificial built environment and given full play to the ecosystem characteristics of urban self-regulation, self-recovery and sustainable development. This chapter focuses on the current situation, achievements and recent research trends of ecological function evaluation of urban green space, technology and practice of urban green space ecological construction and rural green space construction. The ecological function evaluation of urban green space mainly focuses on the location monitoring of urban green space ecosystem and five aspects of main service functions related to human well-being (carbon sink, air purification, rainwater infiltration, heat island mitigation, ecological culture). The technology and practice of conservation-oriented landscape, ecological restoration and vertical greening are studied in field of urban green space ecological construction. Furthermore, the domestic and abroad research progress on rural greening and green space construction are summarized. Finally, based on the status quo and development trend of urban green space ecological construction, it is proposed that the research on digital landscaping system, urban ecological restoration theory and advanced technology of urban greening should be given priority in the near future, so as to provide strong support for intellectualization of management decision-making and scientification of greening construction and standardization of industry construction.

Written by Li Xinyu, Xie Junfei, Dai Ziyun, Fan Shuxin, Liu Shiliang, Zheng Sijun,
Wu Yuyi, Feng Yilong, Wang Guoyu, Xue Fei, Duan Minjie, Li Jiale, Qiu Lanfen

Advances in Scenic and Historic Area & Nature Reserves

Scenic and historic area and nature reserves are precious natural and cultural heritage resources in China. In the new era of building socialism with Chinese characteristics with ecological civilization, the discipline development of and historic area and nature reserves should aim at protecting natural and cultural heritage, building China's charming land space and reviving landscape civilization, comprehensively examining and studying the whole land landscape space from the perspective of landscape architecture. Strengthening multi-level theoretical research, deepening the practical research of and historic area, nature reserves, national parks, world

heritage and other protected areas, and expand research in charming landscape area and global landscape, gradually build the Chinese landscape system, enrich the subject connotation and extend the subject boundary.

Written by Deng Wugong, Zhuang Youbo, Li Xin, Yu Han, He Lu, Yang En, Zhu Zhentong,
Sun Tie, Lin Yuqing, Wang Xiaoshi, Song Songsong, Kang Xiaoxu, Liang Zhuang,
Chen Benxiang, Chen Luping, Song Liang, Cheng Peng, Wu Yun,
Fan Yuanyuan, Yang Tianqing

Advances in Landscape Plants

Landscape plants are those plants which are grown with the objective to beautify our surroundings. In addition to this, these plants must serve certain functional, architectural and engineering uses. The study of landscape plants in China began in the 1950s and developed rapidly after 1979. In the past 10 years, important progress has been made in the investigation and collection of plant germplasm resources, the breeding of new plant varieties, the breeding technology of plant seedlings, and the plant application. Research of landscape plant has taken the lead in entering the era of the plant whole genome.

At present, the main research directions include: ① Plant Germplasm Resources. It involves the investigation, collection and preservation of germplasm resources of garden plants, and carries out systematic evaluation on important ornamental characters and stress resistant shapes, so as to provide materials for the breeding of new varieties. ② New Varieties Breeding. Traditional breeding methods combine molecular breeding technology to cultivate excellent new varieties of landscape plants, enrich the diversity of urban plants, and carry out research on new variety system and breeding technology. ③ Propagation Technology. It includes the sexual and asexual reproduction technology of landscape plants, nursery management, production and management of seedlings, seeds and balls. ④ Theory and Technology of Cultivation and Maintenance. Studies on the growth and development law of plants, the theory and technology of planting and anti-season construction. ⑤ Studies on pest control of garden plants including the monitoring, diagnosis and control of landscape plant diseases, the occurrence and control technology of plant pests, invasive plants and weeds, etc. ⑥ Theory and Technology of Protection and Rejuvenation of Ancient and Famous Trees. ⑦ Plant Application Theory and Technology. Including flower decoration and plant community planting theory and technology. ⑧ Molecular Biology of Landscape Plants. Including the genomics of landscape plants, the molecular basis of ornamental characters and stress resistance, etc.

Nowadays, landscape plant discipline in China has reached the world advanced level in infrastructure, special talents, research methods, which has the ability to participate in international competition and lead development in terms of the molecular formation mechanism of important traits of landscape plants and the innovation of Chinese traditional famous flower germplasm. A large number of research achievements have made important contributions to the development of China's landscaping industry.

Written by Yin Hao, Cai Ming, Zhao Hongbo, Wang Jingang, Zhang Wei,
Jia Yin, Feng Xianhui, Wang Yongge, Chen Xiangbo

Advances in Construction and Technology of Landscape Architecture

From 2010 to now, it is the development stage of innovation and informatization of landscape engineering construction. At this stage, with the rapid development of emerging technologies and the improvement of traditional gardening technical means, various new materials, new technologies and new methods are fully applied to the construction process of landscape engineering, which simplifies the production process, improves the construction efficiency and shortens the construction time, which has attracted extensive attention and attention. Innovation and informatization provide more possibilities and promote the development of landscape engineering. ① Innovation and improvement of traditional gardening technical means: the traditional gardening technical means have been fully innovated and improved, and have significant performance in Garden Road and pavement engineering, plant engineering, earthwork, rockery engineering, water engineering, etc. ② Ecological restoration technology: Nowadays, ecological restoration technology has become an important part of landscape engineering, with research and achievements in mine ecological restoration, high slope ecological restoration, water environment ecological restoration, etc. ③ Three dimensional Greening Technology: in recent years, three-dimensional greening has become an important way to realize urban sustainable development, and plays a multiplier role in improving residents' living environment and urban ecological environment. The main technical means include solar water-saving automatic irrigation technology, integrated irrigation technology of water and fertilizer, new soilless cultivation technology, plant wall lighting technology, modular three-dimensional greening technology, intelligent light roof greening technology, etc. ④ Sponge city construction technology: like a sponge, a sponge city has good "elasticity" in adapting to environmental changes and responding to natural disasters. It absorbs, stores, infiltrates and purifies water when it rains, and "releases" and uses the stored water when necessary. It mainly includes infiltration technology, storage technology, regulation technology, transfer technology, sewage interception and purification technology, etc. ⑤ Energy saving garden construction technology: energy saving garden construction refers to the maximum saving of various resources in various links such as planning, design, construction and maintenance according to the principle of rational and circular utilization of resources. It mainly includes energy-saving technology, water-saving irrigation technology, landscaping waste resource reuse technology, etc. ⑥ Intelligent garden construction technology: it involves the application of new technology in the early measurement stage, design stage, engineering construction stage, operation and maintenance stage and mutual products. Such as CORS technology, RTK technology, BIM Technology, 3D printing technology, intelligent irrigation technology, etc. ⑦ Prefabricated garden construction technology: a systematic construction mode in which some or all components of garden facilities are produced in factory, transported to the construction site through corresponding transportation methods, and installed orderly by mechanization in the project according to certain standards. Such as green wall construction technology, prefabricated precast concrete road technology, prefabricated roof greening technology, etc. ⑧ Application of new materials: the application of various new materials also provides a lot of convenience for garden engineering construction. Such as renewable PC environmental protection brick, ceramic cutting block, glass light stone, etc.

Written by Li Yunyuan, Zhang Bin, Lu Yi, Wang Ke, Ge Xiaoyu,

Xia Hui, Sun Weiguo, Lin Chensong

Advances in Economy and Management of Landscape Architecture

This report summarizes the development status, practical theories, achievements and trends of landscape economy and management research from 2010 to 2020.The research background of landscape economy and management theory has changed greatly in the past decade. China is vigorously promoting the construction of ecological civilization, deepening the reform of decentralization, management and service. New concepts such as "Park City" and "People's City" have been put forward, and overall targets for the construction of ecological civilization have been set for both long-term and immediate development. Related management institutions presents a diversified trend after functional adjustment. The high quality development of the national landscape has formed a large number of achievements in management, such as landscape construction, park city, economizing landscape, comprehensive benefit improvement, maintenance, standardized, scientific research and personnel training. Combined with the "Outline of the 14th Five-Year Plan (2021-2025) for National Economic" and landscape economy and management development status, this report puts forward seven key research directions of landscape economy and management, which provides support for future theoretical research and discipline development of this industry. The seven research directions are as follows: Improve the greening ecological benefits. Actively developing park city residents and gardening service system construction. Promote the level of cross-regional coordinated development and intelligent construction of urban landscape. Strengthen the management of safe operation and fine maintenance in urban landscape during the post-epidemic period.

Written by Yan Wei, Zhou Ruwen, Zhu Xiangming, Dai Yongmei, Li Meidan, Han Xiao, Mao Xiaowei, Chen Xianzhang, Lv Xiongwei, Peng Chengyi, Li Xin, Xu Zhong, Wang Hui, Chen Yanyan, Luo Yuwei, Li Tingting, Huang Zhenqiang, Sun Nan, Xu Jin

Advances in Education of Landscape Architecture

The topic of landscape architecture education mainly reviews the development process of China's landscape architecture education in higher vocational, undergraduate, graduate education, teaching conditions and teaching staff, teaching results, and international exchanges and cooperation since 2010. Then, the report summarizes and reviews the researches and practices on landscape architecture's first-level discipline construction, undergraduate professional construction, talent training model, teaching philosophy, curriculum system, practical teaching, teaching methods and techniques, and professional and subject evaluations. Finally, we point out and analyze the key research directions and needs of the future development of landscape architecture education from the aspects of landscape architecture's degree system research, constructions of first-class disciplines and first-class majors, majors and discipline evaluations, new teaching technologies and forms.

Written by Lin Guangsi, Zheng Xiaodi, Zhang Lin, Zhou Chunguang,
Qiu Bing, Zheng Wenjun, Zeng Ying, Yang Yang, Xiao Lei

Advances in Urban Biodiversity

Biodiversity is the basis for human survival and development. Urban biodiversity refers to the differential degree of gene, species, and ecosystem with the regular combination of various living organisms except human being in urban areas.

As a special component of global biodiversity, urban biodiversity reflects the degree of enrichment and variation of organisms except humans in urban areas. Urban biodiversity is an important part of urban environment, and also a resource to guarantee sustainable development of the urban environment and economy. Since the 1990s, urban biodiversity conservation has become a hot issue of present research in China and abroad. Main research and practice themes include urban biodiversity survey and data platform construction, biodiversity influence mechanism, biological habitat system construction, and urban biodiversity management.

Urban biodiversity conservation is an important content of landscape architecture industry and a key topic of academic communication. It is also a significant field of research on landscape architecture discipline in recent years, focusing on background survey on biological resources, biodiversity assessment, biological habitat network construction, biological habitat construction and restoration, ex situ conservation, control of alien species, conservation planning, etc. ① In terms of the background survey on biological resources, survey practice and method study have been conducted at different scales, such as the entire city, regional green space or individual green space, with field survey of ground samples as the main method and remote sensing technology as a supplement. There is an preliminary application of biodiversity mapping technology. ② Urban biodiversity assessment focuses on the evaluation methods and index systems of biodiversity in regional or individual green spaces have been discussed. ③ The construction of urban biological habitat network aspect concentrates on habitat type establishment and arrangement optimization or the setting of important habitats such as corridors have been researched for the purpose of biodiversity promotion, usually at the scale of the entire city. ④ The habitat construction and restoration aspect, it is mainly focused on the suitability assessment and construction of habitat for some species, and the restoration of essential habitats such as rivers and wetlands. ⑤ The ex situ conservation aspect focuses on research and compilation of design standards for botanical and zoological gardens, and the optimization of plant community design. ⑥ For the control of harmful invasive alien species, key focus is the control of invasive species in urban green spaces. ⑦ In terms of conservation planning, the main focus is on the optimization of conservation planning methods with case studies. It should be studied further on the survey and monitoring and data sharing of biological resources in cities, value assessment of urban biodiversity, and sustainable conservation and management to better guide practice in the future.

Written by Fu Yanrong, Hu Yuandong, Ren Binbin, Li Fangzheng,
Gan Liang, Zhu Yi, Mo Fei, Xu Enkai, Liu Yanmei

Advances in Landscape Architecture and Healthy Life

Landscape architecture and healthy life are inseparable, and the development in recent years has been even more rapid. The COVID-19 has raised health issues to the height of public attention. This topic briefly reviews the development of landscape architecture and healthy life in China and abroad, and introduced in detail the China's main achievements in this field, including theoretical researches of physical health, mental health, social health and public crisis response, as well as the practical achievements in laws and policies, projects at different spatial levels and public crisis response. On this basis, based on the characteristics of landscape architecture and the need for professional development in landscape architecture, actively respond to the major national strategic of "healthy China", starting from the research on the mechanism of landscape architecture to promote healthy life and the research on practical strategies, it is proposed future strategic research directions in this field.

Written by Zhong Le, Kang Ning, Chen Chongxian, Liu Wenping,
Chen Zheng, Xue Fei, Jiang Bin

Advances in Informatization of Landscape Architecture

The new generation of information technology has injected fresh vigor into the research and practice of landscape architecture. The research on landscape architecture informatization has developed under the macro-background of social and economic informatization, and its origin can be traced back to the transformation period from industrial society to information society in western countries. Currently, informatization, as a critical factor driving the modernization process in our country, has already become an important component of the national strategy system. Under such a macroscopic trend, the research on landscape architecture informatization in our country is experiencing the urgent phase of development requirements after the phase of introduction, reference and practical application, and has formed a relatively independent research domain.

In recent years, the research in this domain has produced marked effects in digital landscape theory, "smart garden" information management platform, landscape architecture heritage informatization and landscape architecture information model (LIM) and other respects. The convening of the first session of "International Seminar on Digital Landscape Architecture in China" in 2013 marked the entry of our country's landscape architecture industry into the "digital age". Since then, correlation treatises and other scientific research achievements have increased noticeably, which has laid a foundation for the development of landscape architecture informatization. Driven by guided policy and actual demand, the construction of the "smart garden" information management platform has developed at a rapid clip, breakthroughs have been made in key technologies of urban green land monitoring and correlation technical norms have been standardized gradually, thereby continually meeting the requirements of meticulous and scientific industry management. The application of information technology has enhanced the scientific nature, timeliness and systematicness of the research and conservation of landscape architecture heritage. Over the past few years, notable results have been made in research in aspects such as heritage surveying and mapping technology, quantitatively analytical technology of characteristics, digital commentary and interpretation, and informatization monitoring of Scenic Attraction. These achievements have propelled the multiple value protection and sustainable development of landscape architecture heritage. As an application of building information modeling (BIM) in allusion to landscape architecture objects, the landscape architecture information model (LIM) has been gradually concerned ever since 2010. Over the years, progress has been made in research on respects such as methodology construction, application scenarios, applied technologies and implementation frameworks of LIM. The research of application scenarios moves from campus experiment to industrial practice, driving the integration of industry into the total environment of informatization practice.

Facing the future, as a digital landscape architecture research domain serving Digital China (DC), the integration of cross-disciplinary and cross-domain technical approaches, the entire-process and precise design practice synergy method will become a new tendency in research. In the research field of "smart garden" informatization management that helps the quality

enhancement of urbanization development, standard specifications for informatization, multi-level informatization management system, and the utilization of informatization means to help urban green land give play to the "carbon neutral" contributions are the key points of future studies. Deepening the research on the informationization standard and assessment system of landscape architecture heritage, identification and monitoring technique of heritage features and digital heritage theory will be conducive to the improvement of national cultural soft power. The research on LIM underlying data standards with independent intellectual property rights, analogue simulation based on LIM, and LIM-based intelligent building technology will be the key for the LIM empowering the landscape architecture industry to achieve technological innovation.

Written by Guo Yong, Hu Yong, Yang Chen, Shi Weihua, Yuan Yangyang,
Zhao Yanxiang, Sun Xiufeng, Bao Ruiqing, Wang Xin, Hu Junqi

索 引